全国科学技术名词审定委员会

公　布

科学技术名词·自然科学卷（全藏版）

27

心　理　学　名　词

（第二版）

CHINESE TERMS IN PSYCHOLOGY

（Second Edition）

第二届心理学名词审定委员会

国家自然科学基金资助项目

科　学　出　版　社

北　京

内 容 简 介

　　本书是全国科学技术名词审定委员会审定公布的第二版心理学名词，内容包括：总论、认知与实验心理学、心理统计与测量、理论心理学与心理学史、生理心理学、发展心理学、社会心理学、人格心理学、教育心理学、医学心理学、工程心理学、管理心理学、法律心理学、运动心理学、咨询心理学和军事心理学 16 部分，共 2849 条。本书对 2001 年出版公布的《心理学名词》做了少量修改，增加了一些新词，每条名词均给出了定义或注释。书末附有英汉和汉英两种索引，以利读者检索。这些名词是科研、教学、生产、经营以及新闻出版等部门应遵照使用的心理学规范名词。

图书在版编目 (CIP) 数据

───────────────────────────────

科学技术名词. 自然科学卷：全藏版 / 全国科学技术名词审定委员会审定.
—北京：科学出版社，2017.1
　ISBN 978-7-03-051399-1

　I. ①科… II. ①全… III. ①科学技术–名词术语 ②自然科学–名词术语
IV. ①N61

　中国版本图书馆 CIP 数据核字 (2016) 第 314947 号

───────────────────────────────

责任编辑：高素婷　夏　梁 / 责任校对：陈玉凤
责任印制：张　伟 / 封面设计：铭轩堂

───────────────────────────────

科 学 出 版 社 出版
北京东黄城根北街 16 号
邮政编码：100717
http://www.sciencep.com

北京厚诚则铭印刷科技有限公司印刷
科学出版社发行　各地新华书店经销
*
2017 年 1 月第 一 版　　开本：787×1092 1/16
2017 年 1 月第一次印刷　　印张：17
字数：362 000
定价：5980.00 元（全 30 册）
（如有印装质量问题，我社负责调换）

全国科学技术名词审定委员会
第六届委员会委员名单

特邀顾问：宋　健　许嘉璐　韩启德

主　　任：路甬祥

副 主 任：刘成军　曹健林　孙寿山　武　寅　谢克昌　林蕙青
　　　　　王　杰　刘　青

常　　委（以姓名笔画为序）：

王永炎　曲爱国　李宇明　李济生　沈爱民　张礼和　张先恩

张晓林　张焕乔　陆汝钤　陈运泰　金德龙　柳建尧　贺　化

韩　毅

委　　员（以姓名笔画为序）：

卜宪群　王　正　王　巍　王　夔　王玉平　王克仁　王虹峥

王振中　王铁琨　王德华　卞毓麟　文允镒　方开泰　尹伟伦

尹韵公　石力开　叶培建　冯志伟　冯惠玲　母国光　师昌绪

朱　星　朱士恩　朱建平　朱道本　仲增墉　刘　民　刘大响

刘功臣　刘西拉　刘汝林　刘跃进　刘瑞玉　闫志坚　严加安

苏国辉　李　林　李　巍　李传夔　李国玉　李承森　李保国

李培林　李德仁　杨　鲁　杨星科　步　平　肖序常　吴　奇

吴有生　吴志良　何大澄　何华武　汪文川　沈　恂　沈家煊

宋　彤　宋天虎　张　侃　张　耀　张人禾　张玉森　陆延昌

阿里木·哈沙尼　阿迪雅　陈　阜　陈有明　陈锁祥　卓新平

罗　玲　罗桂环　金伯泉　周凤起　周远翔　周应祺　周明鉴

周定国　周荣耀　郑　度　郑述谱　房　宁　封志明　郝时远

宫辉力　费　麟　胥燕婴　姚伟彬　姚建新　贾弘禔　高英茂

郭重庆　桑　旦　黄长著　黄玉山　董　鸣　董　琨　程恩富

谢地坤　照日格图　　　　鲍　强　窦以松　谭华荣　潘书祥

心理学名词审定委员会委员名单

第一届委员（1996—2000 年）

顾　问：荆其诚　王　甦　林仲贤

主　任：管连荣

副主任：沈德灿　陈永明

委　员（以姓名笔画为序）：

方富熹　石　林　乐国安　朱　滢　刘淑慧　许百华

吴振云　沈　政　张必隐　张武田　陈　龙　罗大华

周　谦　黄希庭　龚耀先　梁展鹏　管林初　缪小春

秘　书：韩布新

第二届委员（2007—2013 年）

顾　问：荆其诚　张厚粲　林仲贤　陈永明　沈德立　朱　滢

主　任：张　侃

副主任：乐国安　莫　雷　董　奇　叶浩生　沈模卫　杨玉芳　韩布新

委　员（以姓名笔画为序）：

王重鸣　王登峰　车文博　车宏生　方　平　卢家楣　申继亮

刘华山　江光荣　苏彦捷　李其维　杨治良　张力为　张文新

苗丹民　林文娟　林崇德　罗大华　金盛华　周晓林　侯玉波

洪　炜　姚树桥　姚梅林　钱铭怡　郭永玉　陶　沙　黄希庭

傅小兰　舒　华

秘　书：韩布新（兼）　黄　端

路甬祥序

　　我国是一个人口众多、历史悠久的文明古国，自古以来就十分重视语言文字的统一，主张"书同文、车同轨"，把语言文字的统一作为民族团结、国家统一和强盛的重要基础和象征。我国古代科学技术十分发达，以四大发明为代表的古代文明，曾使我国居于世界之巅，成为世界科技发展史上的光辉篇章。而伴随科学技术产生、传播的科技名词，从古代起就已成为中华文化的重要组成部分，在促进国家科技进步、社会发展和维护国家统一方面发挥着重要作用。

　　我国的科技名词规范统一活动有着十分悠久的历史。古代科学著作记载的大量科技名词术语，标志着我国古代科技之发达及科技名词之活跃与丰富。然而，建立正式的名词审定组织机构则是在清朝末年。1909年，我国成立了科学名词编订馆，专门从事科学名词的审定、规范工作。到了新中国成立之后，由于国家的高度重视，这项工作得以更加系统地、大规模地开展。1950年政务院设立的学术名词统一工作委员会，以及1985年国务院批准成立的全国自然科学名词审定委员会（现更名为全国科学技术名词审定委员会，简称全国科技名词委），都是政府授权代表国家审定和公布规范科技名词的权威性机构和专业队伍。他们肩负着国家和民族赋予的光荣使命，秉承着振兴中华的神圣职责，为科技名词规范统一事业默默耕耘，为我国科学技术的发展做出了基础性的贡献。

　　规范和统一科技名词，不仅在消除社会上的名词混乱现象，保障民族语言的纯洁与健康发展等方面极为重要，而且在保障和促进科技进步，支撑学科发展方面也具有重要意义。一个学科的名词术语的准确定名及推广，对这个学科的建立与发展极为重要。任何一门科学（或学科），都必须有自己的一套系统完善的名词来支撑，否则这门学科就立不起来，就不能成为独立的学科。郭沫若先生曾将科技名词的规范与统一称为"乃是一个独立自主国家在学术工作上所必须具备的条件，也是实现学术中国化的最起码的条件"，精辟地指出了这项基础性、支撑性工作的本质。

　　在长期的社会实践中，人们认识到科技名词的规范和统一工作对于一个国家的科技发展和文化传承非常重要，是实现科技现代化的一项支撑性的系统工程。没有这样一个系统的规范化的支撑条件，不仅现代科技的协调发展将遇到极大困难，而且在科技日益渗透人们生活各方面、各环节的今天，还将给教育、传播、交流、经贸等多方面带来困难和损害。

全国科技名词委自成立以来，已走过近20年的历程，前两任主任钱三强院士和卢嘉锡院士为我国的科技名词统一事业倾注了大量的心血和精力，在他们的正确领导和广大专家的共同努力下，取得了卓著的成就。2002年，我接任此工作，时逢国家科技、经济飞速发展之际，因而倍感责任的重大；及至今日，全国科技名词委已组建了60个学科名词审定分委员会，公布了50多个学科的63种科技名词，在自然科学、工程技术与社会科学方面均取得了协调发展，科技名词蔚成体系。而且，海峡两岸科技名词对照统一工作也取得了可喜的成绩。对此，我实感欣慰。这些成就无不凝聚着专家学者们的心血与汗水，无不闪烁着专家学者们的集体智慧。历史将会永远铭刻着广大专家学者孜孜以求、精益求精的艰辛劳作和为祖国科技发展做出的奠基性贡献。宋健院士曾在1990年全国科技名词委的大会上说过："历史将表明，这个委员会的工作将对中华民族的进步起到奠基性的推动作用。"这个预见性的评价是毫不为过的。

科技名词的规范和统一工作不仅仅是科技发展的基础，也是现代社会信息交流、教育和科学普及的基础，因此，它是一项具有广泛社会意义的建设工作。当今，我国的科学技术已取得突飞猛进的发展，许多学科领域已接近或达到国际前沿水平。与此同时，自然科学、工程技术与社会科学之间交叉融合的趋势越来越显著，科学技术迅速普及到了社会各个层面，科学技术同社会进步、经济发展已紧密地融为一体，并带动着各项事业的发展。所以，不仅科学技术发展本身产生的许多新概念、新名词需要规范和统一，而且由于科学技术的社会化，社会各领域也需要科技名词有一个更好的规范。另一方面，随着香港、澳门的回归，海峡两岸科技、文化、经贸交流不断扩大，祖国实现完全统一更加迫近，两岸科技名词对照统一任务也十分迫切。因而，我们的名词工作不仅对科技发展具有重要的价值和意义，而且在经济发展、社会进步、政治稳定、民族团结、国家统一和繁荣等方面都具有不可替代的特殊价值和意义。

最近，中央提出树立和落实科学发展观，这对科技名词工作提出了更高的要求。我们要按照科学发展观的要求，求真务实，开拓创新。科学发展观的本质与核心是以人为本，我们要建设一支优秀的名词工作队伍，既要保持和发扬老一辈科技名词工作者的优良传统，坚持真理、实事求是、甘于寂寞、淡泊名利，又要根据新形势的要求，面向未来、协调发展、与时俱进、锐意创新。此外，我们要充分利用网络等现代科技手段，使规范科技名词得到更好的传播和应用，为迅速提高全民文化素质做出更大贡献。科学发展观的基本要求是坚持以人为本，全面、协调、可持续发展，因此，科技名词工作既要紧密围绕当前国民经济建设形势，着重开展好科技领域的学科名词审定工作，同时又要在强调经济社会以及人与自然协调发展的思想指导下，开展好社会科学、文化教育和资源、生态、环境领域的科学名词审定工作，促进各个学科领域的相互融合和共同繁荣。科学发展观非常注重可持续发展的理念，因此，我们在不断丰富和发展已建立的科技名词体系的同时，还要进一步研究具有中国特色的术语学理论，以创建中国的术语学派。研究和建立中国特色的术语学理论，也是一种知识创新，是实现科技名词工作可持续发展的必由之路，我们应当为此付出更大的努力。

当前国际社会已处于以知识经济为走向的全球经济时代，科学技术发展的步伐将会越来越快。我国已加入世贸组织，我国的经济也正在迅速融入世界经济主流，因而国内外科技、文化、经贸的交流将越来越广泛和深入。可以预言，21 世纪中国的经济和中国的语言文字都将对国际社会产生空前的影响。因此，在今后 10 到 20 年之间，科技名词工作就变得更具现实意义，也更加迫切。"路漫漫其修远兮，吾今上下而求索"，我们应当在今后的工作中，进一步解放思想，务实创新、不断前进。不仅要及时地总结这些年来取得的工作经验，更要从本质上认识这项工作的内在规律，不断地开创科技名词统一工作新局面，做出我们这代人应当做出的历史性贡献。

2004 年深秋

卢嘉锡序

科技名词伴随科学技术而生，犹如人之诞生其名也随之产生一样。科技名词反映着科学研究的成果，带有时代的信息，铭刻着文化观念，是人类科学知识在语言中的结晶。作为科技交流和知识传播的载体，科技名词在科技发展和社会进步中起着重要作用。

在长期的社会实践中，人们认识到科技名词的统一和规范化是一个国家和民族发展科学技术的重要的基础性工作，是实现科技现代化的一项支撑性的系统工程。没有这样一个系统的规范化的支撑条件，科学技术的协调发展将遇到极大的困难。试想，假如在天文学领域没有关于各类天体的统一命名，那么，人们在浩瀚的宇宙当中，看到的只能是无序的混乱，很难找到科学的规律。如是，天文学就很难发展。其他学科也是这样。

古往今来，名词工作一直受到人们的重视。严济慈先生 60 多年前说过，"凡百工作，首重定名；每举其名，即知其事"。这句话反映了我国学术界长期以来对名词统一工作的认识和做法。古代的孔子曾说"名不正则言不顺"，指出了名实相副的必要性。荀子也曾说"名有固善，径易而不拂，谓之善名"，意为名有完善之名，平易好懂而不被人误解之名，可以说是好名。他的"正名篇"即是专门论述名词术语命名问题的。近代的严复则有"一名之立，旬月踟蹰"之说。可见在这些有学问的人眼里，"定名"不是一件随便的事情。任何一门科学都包含很多事实、思想和专业名词，科学思想是由科学事实和专业名词构成的。如果表达科学思想的专业名词不正确，那么科学事实也就难以令人相信了。

科技名词的统一和规范化标志着一个国家科技发展的水平。我国历来重视名词的统一与规范工作。从清朝末年的科学名词编订馆，到 1932 年成立的国立编译馆，以及新中国成立之初的学术名词统一工作委员会，直至 1985 年成立的全国自然科学名词审定委员会(现已改名为全国科学技术名词审定委员会，简称全国名词委)，其使命和职责都是相同的，都是审定和公布规范名词的权威性机构。现在，参与全国名词委领导工作的单位有中国科学院、科学技术部、教育部、中国科学技术协会、国家自然科学基金委员会、新闻出版署、国家质量技术监督局、国家广播电影电视总局、国家知识产权局和国家语言文字工作委员会，这些部委各自选派了有关领导干部担任全国名词委的领导，有力地推动科技名词的统一和推广应用工作。

全国名词委成立以后，我国的科技名词统一工作进入了一个新的阶段。在第一任主任委员钱三强同志的组织带领下，经过广大专家的艰苦努力，名词规范和统一工作取得了显著的成绩。1992 年三强同志不幸谢世。我接任后，继续推动和开展这项工作。在国家和有关部门的支持及广大专家学者的努力下，全国名词委 15 年来按学科共组建了 50 多个学科的名词审定分委员会，有 1800 多位专家、学者参加名词审定工作，还有更多的专家、学者参加书面审查和座谈讨论等，形成的科技名词工作队伍规模之大、水平层次之高前所未有。15 年间共审定公布了包括理、工、农、医及交叉学科等各学科领域的名词共计 50 多种。而且，对名词加注定义的工作经试点后业已逐渐展开。另外，遵照术语学理论，根据汉语汉字特点，结合科技名词审定工作实践，全国名词委制定并逐步完善了一套名词审定工作的原则与方法。可以说，在 20 世纪的最后15 年中，我国基本上建立起了比较完整的科技名词体系，为我国科技名词的规范和统一奠定了良好的基础，对我国科研、教学和学术交流起到了很好的作用。

在科技名词审定工作中，全国名词委密切结合科技发展和国民经济建设的需要，及时调整工作方针和任务，拓展新的学科领域开展名词审定工作，以更好地为社会服务、为国民经济建设服务。近些年来，又对科技新词的定名和海峡两岸科技名词对照统一工作给予了特别的重视。科技新词的审定和发布试用工作已取得了初步成效，显示了名词统一工作的活力，跟上了科技发展的步伐，起到了引导社会的作用。两岸科技名词对照统一工作是一项有利于祖国统一大业的基础性工作。全国名词委作为我国专门从事科技名词统一的机构，始终把此项工作视为自己责无旁贷的历史性任务。通过这些年的积极努力，我们已经取得了可喜的成绩。做好这项工作，必将对弘扬民族文化，促进两岸科教、文化、经贸的交流与发展做出历史性的贡献。

科技名词浩如烟海，门类繁多，规范和统一科技名词是一项相当繁重而复杂的长期工作。在科技名词审定工作中既要注意同国际上的名词命名原则与方法相衔接，又要依据和发挥博大精深的汉语文化，按照科技的概念和内涵，创造和规范出符合科技规律和汉语文字结构特点的科技名词。因而，这又是一项艰苦细致的工作。广大专家学者字斟句酌，精益求精，以高度的社会责任感和敬业精神投身于这项事业。可以说，全国名词委公布的名词是广大专家学者心血的结晶。这里，我代表全国名词委，向所有参与这项工作的专家学者们致以崇高的敬意和衷心的感谢！

审定和统一科技名词是为了推广应用。要使全国名词委众多专家多年的劳动成果——规范名词，成为社会各界及每位公民自觉遵守的规范，需要全社会的理解和支持。国务院和 4 个有关部委［国家科委(今科学技术部)、中国科学院、国家教委(今教育部)和新闻出版署］已分别于1987年和1990年行文全国，要求全国各科研、教学、生产、经营以及新闻出版等单位遵照使用全国名词委审定公布的名词。希望社会各界自觉认真地执行，共同做好这项对于科技发展、社会进步和国家统一极为重要的基础工作，为振兴中华而努力。

值此全国名词委成立15周年、科技名词书改装之际，写了以上这些话。是为序。

卢嘉锡

2000 年夏

钱 三 强 序

科技名词术语是科学概念的语言符号。人类在推动科学技术向前发展的历史长河中，同时产生和发展了各种科技名词术语，作为思想和认识交流的工具，进而推动科学技术的发展。

我国是一个历史悠久的文明古国，在科技史上谱写过光辉篇章。中国科技名词术语，以汉语为主导，经过了几千年的演化和发展，在语言形式和结构上体现了我国语言文字的特点和规律，简明扼要，蓄意深切。我国古代的科学著作，如已被译为英、德、法、俄、日等文字的《本草纲目》、《天工开物》等，包含大量科技名词术语。从元、明以后，开始翻译西方科技著作，创译了大批科技名词术语，为传播科学知识，发展我国的科学技术起到了积极作用。

统一科技名词术语是一个国家发展科学技术所必须具备的基础条件之一。世界经济发达国家都十分关心和重视科技名词术语的统一。我国早在 1909 年就成立了科学名词编订馆，后又于 1919 年中国科学社成立了科学名词审定委员会，1928 年大学院成立了译名统一委员会。1932 年成立了国立编译馆，在当时教育部主持下先后拟订和审查了各学科的名词草案。

新中国成立后，国家决定在政务院文化教育委员会下，设立学术名词统一工作委员会，郭沫若任主任委员。委员会分设自然科学、社会科学、医药卫生、艺术科学和时事名词五大组，聘请了各专业著名科学家、专家，审定和出版了一批科学名词，为新中国成立后的科学技术的交流和发展起到了重要作用。后来，由于历史的原因，这一重要工作陷于停顿。

当今，世界科学技术迅速发展，新学科、新概念、新理论、新方法不断涌现，相应地出现了大批新的科技名词术语。统一科技名词术语，对科学知识的传播，新学科的开拓，新理论的建立，国内外科技交流，学科和行业之间的沟通，科技成果的推广、应用和生产技术的发展，科技图书文献的编纂、出版和检索，科技情报的传递等方面，都是不可缺少的。 特别是计算机技术的推广使用，对统一科技名词术语提出了更紧迫的要求。

为适应这种新形势的需要，经国务院批准，1985 年 4 月正式成立了全国自然科学名词审定委员会。委员会的任务是确定工作方针，拟定科技名词术语审定工作计划、实施方案和步骤，组织审定自然科学各学科名词术语，并予以公布。根据国务院授权，委员会审定公布的名词术语，科研、教学、生产、经营以及新闻出版等各部门，均应遵照使用。

全国自然科学名词审定委员会由中国科学院、国家科学技术委员会、国家教育委员会、中国科学技术协会、国家技术监督局、国家新闻出版署、国家自然科学基金委员会分别委派了正、副主任担任领导工作。在中国科协各专业学会密切配合下，逐步建立各专业审定分委员会，并已建立起一支由各学科著名专家、学者组成的近千人的审定队伍，负责审定本学科的名词术语。我国的名词审定工作进入了一个新的阶段。

这次名词术语审定工作是对科学概念进行汉语订名，同时附以相应的英文名称，既有我国语言特色，又方便国内外科技交流。通过实践，初步摸索了具有我国特色的科技名词术语审定的原则与方法，以及名词术语的学科分类、相关概念等问题，并开始探讨当代术语学的理论和方法，以期逐步建立起符合我国语言规律的自然科学名词术语体系。

统一我国的科技名词术语，是一项繁重的任务，它既是一项专业性很强的学术性工作，又涉及亿万人使用习惯的问题。审定工作中我们要认真处理好科学性、系统性和通俗性之间的关系；主科与副科间的关系；学科间交叉名词术语的协调一致；专家集中审定与广泛听取意见等问题。

汉语是世界五分之一人口使用的语言，也是联合国的工作语言之一。除我国外，世界上还有一些国家和地区使用汉语，或使用与汉语关系密切的语言。做好我国的科技名词术语统一工作，为今后对外科技交流创造了更好的条件，使我炎黄子孙，在世界科技进步中发挥更大的作用，做出重要的贡献。

统一我国科技名词术语需要较长的时间和过程，随着科学技术的不断发展，科技名词术语的审定工作，需要不断地发展、补充和完善。我们将本着实事求是的原则，严谨的科学态度做好审定工作，成熟一批公布一批，提供各界使用。我们特别希望得到科技界、教育界、经济界、文化界、新闻出版界等各方面同志的关心、支持和帮助，共同为早日实现我国科技名词术语的统一和规范化而努力。

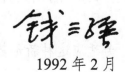

1992 年 2 月

第二版前言

1999 年全国科学技术名词审定委员会公布了《心理学名词》(2973 条)。在 10 多年的使用过程中，发现一些问题，并由于未加释义的汉英对照名词远远不敷需要，在进行学术交流时常因对名词内涵理解不同而产生歧义，迫切需要通过释义进一步明确其科学内涵。2007 年 11 月中国心理学会受全国科学技术名词审定委员会的委托，成立了第二届心理学名词审定委员会。其任务是对第一版《心理学名词》进行修订和加注释义。这项工作是对统一和规范我国心理学名词的使用的又一次努力。众所周知，任何名词只有赋予了特定而准确的含义，才能在使用者的信息交流之间被正确而有效地使用，科学名词更是如此，心理学名词尤其如此。这是因为现代科学心理学源于西方，在我国又经历了曲折的传播和发展过程；改革开放以来心理学蓬勃发展的过程中，必不可少地进一步引进了大量英语的心理学名词。众多的学者在不同的著作和场合各自将其翻译成汉语，并基于各自的理解赋予不同的内涵。由前辈心理学者主持审定的第一版《心理学名词》旨在统一和规范汉语名，现在的释义工作则在于进一步统一和规范各个名词内涵，其意义是不言而喻的。

第二届心理学名词审定委员会由来自全国科研和教学单位的 6 位顾问和 39 位专家组成。自成立大会召开后即开始按会议确定的程序开展工作。按认知与实验心理学、心理统计与测量、理论心理学与心理学史、生理心理学、发展心理学、社会心理学、人格心理学、教育心理学、医学心理学、工程心理学、管理心理学、法律心理学、运动心理学、咨询心理学、军事心理学 15 个分支学科开始名词遴选和释义工作。2008 年 1 月召开了第一次审定会，对各分支学科组初选名词3450 条进行了审定，并对相关具体问题提出了意见和建议。2009 年 2 至 7 月先后召开了 4 次审定会，分学科组逐条审议并完成了所有名词释义初稿审定工作。由于工作量巨大,各专业委员会的主任委员及负责人代表、顾问委员共约 60 人次参与了相关领域的名词释义审定工作，确定了约3000 条。经过各分组的再次修订并广泛征求同行意见，委员会于 2009 年 12 月召开了心理学名词释义终审会，再次对近 3000 条名词释义进行了审定，确定了 2865 条；定稿后送请陈永明、沈德立、朱滢三位专家复审，根据复审意见做了适当修订，确定了 2849 条。这项工作成果现经全国科学技术名词审定委员会审核批准，予以公布。

在整个审定过程中，我们参考了大量的工具书和材料，包括国内外最新版的心理学教材和有关专著、美国心理学会的最新版心理学名词释义，以及几个国际公认的名词释义网站，力求做到释义准确、精练、明确。同时在审定工作过程中我们也体会到，给名词释义是一项高难度的工作，尽管大家付出了很多努力，一些释义一定还有不足之处，甚至纰漏，敬请各位读者提出，以便再版时做进一步的修正和完善，使得这一工具更好地服务于全国心理学界和对心理学有兴趣的读者。

除了审定委员会的顾问和委员外，还有很多老师和同学都参加了此项工作，没有他们的努力工作和无私奉献，显然不可能完成这项工作的。我们要特别感谢全国科学技术名词审定委员会的高素婷编审，她的执着、耐心、专业水准是本释义工作得以高质量告竣的最重要保证。我们还要特别感谢中国心理学会秘书处的黄端同志，作为本项工作的责任秘书，花费大量的精力协调各个专家组和全体的工作，更承担了繁重的文书工作。没有她的奉献，这项工作不会有今天的结果。

　　今天，全世界都看好中国，中国社会各界都对心理学更加瞩目，中国心理学界各位同仁也都在更加努力地从事基础的、应用的、服务性的工作。希望我们这次的努力能对这个总体的努力有所裨益。

第二届心理学名词审定委员会

2013 年 12 月

第一版前言

　　心理学是观察和探讨人类心理现象变化规律的科学,是介于自然科学和社会科学之间的一门交叉学科。自冯特 1879 年建立第一个心理学实验室以来,心理学作为一门独立的学科,其体系的发展已相当完善,但由于其学科的独特性质,在其一百多年的发展中,学派林立,理论更迭频繁。尤其是本世纪下半叶兴起的认知革命,影响了几乎所有分支领域的思想体系,产生了大量的名词。近 30 多年来,心理学发展迅速,新理论、新技术、新概念不断出现,相应地产生了许多新的心理学名词。随着国内外出版的心理学书刊、杂志日渐增多,大众传媒对心理学知识的传播越来越多,学术交流活动日趋频繁,在心理学名词使用上存在一些混乱现象,心理学名词的规范化已成为当务之急。心理学名词的统一和规范化,对心理学的研究、教学,心理学文献的编纂、检索,以及国内外学术交流,尤其是信息时代的全球沟通,都具有重要意义。

　　早在 1924 年,我国心理学界就曾出版过一本《心理学名词汉译》。1954 年,有关人员编辑出版了《英汉心理学名词》。1981 年,科学出版社又组织有关人员编辑出版了《英汉心理学词汇》。在中国心理学会编辑出版的学术刊物《心理学报》和《心理科学》上,一直强调在投稿论文中要使用规范名词。这些工作对我国心理学的发展和心理学名词的规范与统一起到了积极的推动作用。

　　由全国科学技术名词审定委员会(以下简称"全国名词委")和中国心理学会共同组建的心理学名词审定委员会于 1996 年 6 月成立,聘请著名心理学家荆其诚、王甦、林仲贤为顾问,管连荣为主任,沈德灿、陈永明为副主任,以及 19 名知名心理学家为审定委员(其中包括香港中文大学心理系梁展鹏博士),具体负责收选名词和审定工作。

　　1996 年 6 月 22 日召开了心理学名词审定委员会第一次北京地区委员会议以后,各位委员按各分支学科系统地初选出 3000 多条名词。汇总后发现大约有 27%的名词有"一义多词"情况,有的名词有 5 种以上不同称谓。1996 年 10 月在北京召开了第一次心理学名词审定工作会议,在全国名词委领导亲自指导下,对《心理学名词》初稿,尤其是 150 多个一词多义的名词和 30 多个涉及多个分支学科的名词,逐条进行了讨论,经删简、修改,整理出《心理学名词》征求意见稿(3049 条),并按全国名词委的体例要求编排后,反馈到 25 名委员手中再次核定,于 1997 年 3 月正式分送各有关高校和科研单位的 180 多位心理学家广泛征求意见。1997 年 5 月前后共收到 120 余份反馈意见。同年 7 月召开第二次心理学名词审定工作会议,对征求到的意见进行认真讨论,按学科分支进行了综合平衡,最后确定了送审稿。1997 年 12 月,荆其诚、王甦、林仲贤三位教授受全国名词委的委托对心理学名词报批稿进行复审,提出了终审修改意见。心理学名词审定委员会又组织北京的委员开会,根据复审意见进行了认真研究,再次做了相应的修改,现经全国名词委批准,予以公布。

本次公布的心理学基本名词，分基础心理学和应用心理学两大类，共 2973 条。每条名词都给出了国外文献中较常用的相应英文词。正文中汉文名按学科分类和相关概念体系排列，类别的划分主要是为了便于从学科概念体系进行审定，并非严谨的学科分类。同一名词可能与多个专业概念相关，但作为公布的规范词编排时只出现一次，不重复列出。

根据全国名词委审定工作条例的要求，在这次审定工作中，对心理学常用的和使用混乱的名词进行了统一。如"meta-analysis"一词，原有"元分析""超级分析""再分析"等多种不同译名，此次统一为"元分析"。又如"ergonomics"一词，国内对应的中文译名有"尔刚学""功效学""工效学""人类工效学"等，现在本书将其统一为"[人类]工效学"。再如"cognition"一词，作为现代心理学的核心名词之一，在亚洲使用汉字国家的心理学界一直译为"认知"，有些专家建议译为"认识"，但考虑到该名词已约定俗成，且从未引起误解，故参加审定的心理学专家均认为应沿用"认知"。对某些以外国科学家姓氏命名的名词，按全国名词委外国科学家译名协调委员会的协调结果定名。

在名词审定工作中，各级领导及心理学专家、学者给予了热情支持，提出许多有益的意见和建议。在各专业组的审定工作中，我们还邀请了下列专家(按姓氏笔画排序)：万传文、马启伟、马剑虹、王重鸣、车宏生、匡培梓、朱祖祥、任未多、苏彦捷、李心天、李世棒、李其维、李京诚、吴宗宪、吴谅、吴健民、何为民、汪新建、张立为、张瑶、陈双双、陈琦、林国彬、郑日昌、郑全全、孟庆茂、姚梅林、钱铭怡、梁宝勇、焦书兰等同志参加审定工作，谨此一并致谢。我们希望广大心理学工作者在使用过程中继续提出宝贵意见，以便今后修订、增补，使之日臻完善。

心理学名词审定委员会

1998 年 3 月

编 排 说 明

一、本书公布的是心理学名词，共 2849 条，每条名词均给出了定义或注释。

二、全书分 16 部分：总论、认知与实验心理学、心理统计与测量、理论心理学与心理学史、生理心理学、发展心理学、社会心理学、人格心理学、教育心理学、医学心理学、工程心理学、管理心理学、法律心理学、运动心理学、咨询心理学和军事心理学。

三、正文按汉文名所属学科的相关概念体系排列。汉文名后给出了与该词概念相对应的英文名。

四、每个汉文名都附有相应的定义或注释。定义一般只给出其基本内涵，注释则扼要说明其特点。当一个汉文名有不同的概念时，则用（1）、（2）等表示。

五、一个汉文名对应几个英文同义词时，英文词之间用"，"分开。

六、凡英文词的首字母大、小写均可时，一律小写；英文除必须用复数者，一般用单数形式。

七、"[　　]"中的字为可省略的部分。

八、主要异名和释文中的条目用楷体表示。"全称""简称"是与正名等效使用的名词；"又称"为非推荐名，只在一定范围内使用；"俗称"为非学术用语；"曾称"为被淘汰的旧名。

九、正文后所附的英汉索引按英文字母顺序排列；汉英索引按汉语拼音顺序排列。所示号码为该词在正文中的序码。索引中带"*"者为规范名的异名或在释文中出现的条目。

目　录

正文

附录

01. 总　　论

01.001　心理学　psychology
研究人的心智与行为的学科。

01.002　普通心理学　general psychology
研究心理学基本原理和现象的基础学科。

01.003　实验心理学　experimental psychology
用实验方法研究心理学的分支学科。

01.004　认知心理学　cognitive psychology
以信息加工的观点研究心理学的分支学科。

01.005　心理统计学　psychological statistics
研究运用统计学原理和方法，对心理学实验进行设计，对数据进行处理的分支学科。

01.006　心理测量学　psychometrics
以心理特征个别差异为主要研究对象，研究心理测量理论、方法、工具的分支学科。

01.007　理论心理学　theoretical psychology
以理论思辨、数学演绎和逻辑推理等方式研究心理学问题的分支学科。

01.008　发展心理学　developmental psychology
研究个体毕生(从产前期至出生、成长和衰亡)心理发生发展规律的分支学科。

01.009　生理心理学　physiological psychology
实验对象以动物为主，研究心理行为活动的生理学机制的分支学科。

01.010　社会心理学　social psychology
研究社会相互作用背景中人的社会行为及其心理基础的分支学科。

01.011　人格心理学　personality psychology
研究个性特征形成、动力、发展和评定等主要内容的分支学科。

01.012　应用心理学　applied psychology
将心理学基本原理应用于生活和工作实践的分支学科。

01.013　教育心理学　educational psychology
研究人在教育过程中的心理活动规律及其应用的分支学科。

01.014　医学心理学　medical psychology
研究心理现象在健康与疾病中的作用的分支学科。

01.015　工程心理学　engineering psychology
研究人在人机系统中的信息加工特点及其局限性的分支学科。

01.016　管理心理学　managerial psychology
研究管理过程中个体、群体与组织的心理现象及其规律的分支学科。

01.017　工业与组织心理学　industrial/ organizational psychology, I/O psychology
研究组织与工业活动中人与群体的心理过程和规律的分支学科。

01.018　广告心理学　advertising psychology
研究广告对于潜在消费者的作用和普遍意

义上的购买决策动机的分支学科。

01.019　法律心理学　psychology of law
研究立法、执法、守法、违法以及法制宣传教育活动过程中人的心理活动及其规律的分支学科。

01.020　运动心理学　sport psychology
研究人在体育运动中心理活动的特点及其

规律的分支学科。

01.021　咨询心理学　counseling psychology
研究如何运用心理学的理论与方法，协助个体更好地发挥其功能的分支学科。

01.022　军事心理学　military psychology
研究军事作业环境对军人心理活动影响特点及其规律的分支学科。

02.　认知与实验心理学

02.001　认知　cognition
人类获取、加工、存储和使用信息的心理过程的总称。

02.002　元认知　metacognition
个体对自身认知活动的认知。

02.003　认知过程　cognitive process
知觉、注意、记忆、语言、思维和意识等心理过程。

02.004　认知结构　cognitive structure
个体头脑中的知识结构。包括已有观念的全部内容及其组织。

02.005　认知地图　cognitive map
在经验基础上形成的关于物理空间的心理表征。

02.006　认知技能　cognitive skill
运用概念、规则等解决认知问题的能力。

02.007　认知方式　cognitive style
又称"认知风格"。在认知活动中表现出来的个体特征。

02.008　信息储存　information storage
把经过编码的信息保持在记忆中的过程。

02.009　信息提取　information retrieval
把存储信息转移到工作记忆中的过程。

02.010　信息加工理论　information processing theory
把人的认知过程看作是信息接受、编码、储存和提取过程，通过人机类比来研究认知的理论。

02.011　信息加工模型　information processing model
以信息加工的观点来说明人的认知结构、过程和功能的模型。

02.012　人工智能　artificial intelligence, AI
研究和设计具有智能的机器系统的学科。

02.013　计算机模型　computer model
利用计算机大量、高速处理信息的能力，以程序设定客观系统中的某些规律或规则并基于某些数据运行，以便观察与预测客观系统状况的一种概念模式。

02.014　计算机模拟　computer simulation
应用计算机程序完成人的认知活动的方法。

02.015　发展年龄　developmental age
以年龄为单位表示的身体和心理发展情况。

02.016　本能漂移　instinct drift
习得行为随着时间趋向于本能行为的现象。

02.017　生活变化单位　life-change unit, LCU
1973 年由霍姆斯(T. H. Holmes)等人提出的对健康危害程度具有不同权重的生活应激事件。

02.018　反馈　feedback
过去事件或活动的结果所提供的信息。

02.019　皮肤电反应　galvanic skin response
由个体情绪变化引起的皮肤电阻的变化。

02.020　测谎仪　lie detector
根据生理指标变化,辅助推测应答是否真实的仪器。

02.021　心理物理学　psychophysics
研究心理量与物理量关系的心理学分支学科。

02.022　感觉　sensation
个体对直接作用于自身的客观事物个别属性的反映。

02.023　感觉[通]道　sense modality
个体接受刺激和传入信息形成感觉经验的通道。

02.024　跨通道匹配　cross-modality matching
又称"交叉感觉匹配"。在不同感觉通道之间,调节其对应的刺激强度,使其在各通道中产生主观上相同的刺激强度的过程。

02.025　阈限　threshold
刚刚能引起感觉或感觉差异的最小刺激量。包括绝对阈限和差别阈限。

02.026　绝对阈限　absolute threshold
刚刚能引起感觉的最小刺激量。

02.027　差别阈限　differential threshold
又称"最小可觉差(just noticeable difference, JND, jnd)"。刚刚能引起感觉差异的刺激之间的差。

02.028　感受性　sensitivity
对于刺激物的感觉能力或感觉的灵敏程度。

02.029　绝对感受性　absolute sensitivity
个体对刚能引起感觉的最小刺激量的感觉能力。

02.030　差别感受性　differential sensitivity
个体觉察到刺激量最小差异的感觉能力。

02.031　感觉适应　sensory adaptation
刺激物持续作用于感受器而使其感受性发生变化的现象。

02.032　感觉编码　sensory coding
感觉器官把刺激的特征转换为可被大脑理解的神经信息的过程。

02.033　感觉对比　sensory contrast
同一感受器接受不同的刺激而使感受性发生变化的现象。

02.034　感觉融合　sensory mix
两个以上刺激同时作用而产生一种新感觉的现象。

02.035　感觉间相互作用　sensory interaction
对某种刺激的感受性,由于同时受到刺激的

其他感受器的功能状态的影响而发生变化的现象。

02.036 递增系列 ascending series
按照刺激强度从小到大以等间隔变化的方式呈现给被试的刺激序列。

02.037 递减系列 descending series
按照刺激强度从大到小以等间隔变化的方式呈现给被试的刺激序列。

02.038 不确定间距 interval of uncertainty
无法察觉与标准刺激差异的几个连续比较刺激的区间。

02.039 主观相等点 point of subjective equality, PSE
主观上认为与标准刺激强度一致的刺激强度。是不确定间距的中点。

02.040 误差 error
测量值与真实值之间的差异。

02.041 预期误差 anticipation error
用最小变化法测定阈限时，因期望刺激强度的变化尽早达到阈限水平而产生的判断上的误差。

02.042 极限法 limit method
从远离阈限值开始等距渐增或渐减刺激，找出感觉转折点，确定阈限值的方法。

02.043 调整法 method of adjustment
又称"平均差误法(method of average error)"。反复递增或递减调整刺激水平直到刚好等于标准刺激的测量感觉阈限的方法。

02.044 恒定刺激法 method of constant stimulus

随机等次呈现若干等距的固定刺激(通常5～7个)来测量感觉阈限的方法。

02.045 最小变化法 method of minimal change
按递减和递增两个系列呈现尽可能小的刺激变化量，探求感觉的转折点，测量感觉阈限的方法。

02.046 阶梯法 staircase method
在感觉转折点附近按一定的梯级来渐增或渐减刺激强度，直至达到预设的标准或实验次数为止的测量感觉阈限的方法。

02.047 差别阈限法 differential limen method
根据费希纳定律，以差别阈限为单位制作心理等距量表的间接方法。

02.048 等距法 method of equal interval
通过把两个感觉的距离分成几个等份而制作心理等距量表的方法。

02.049 等级[排列]法 ranking method
按一定标准对多个刺激进行排序来制作心理顺序量表的方法。

02.050 数值评估法 method of magnitude estimation
根据主观感觉，用数字按比例表示一系列刺激强度来制作心理比例量表的方法。

02.051 分段法 fractionation method
通过把感觉加倍、减半或其他比例来制作心理比例量表的方法。

02.052 二分法 method of dichotomic classification
给被试呈现两个刺激，使其选择与两个原始刺激的距离均相等的刺激来制定心理量表的方法。

02.053　对偶比较法　method of paired comparison

把所有刺激匹配后成对呈现，对刺激的特性比较并判断来制作心理顺序量表的方法。

02.054　费希纳定律　Fechner's law

又称"对数定律(logarithmic law)"。由费希纳(G. T. Fechner)提出的表明心理量和物理量之间关系的定律。即心理量是刺激量的对数函数。用公式表示为：$S=k\lg R$。式中 S 是感觉强度，R 是刺激强度，k 是韦伯分数。

02.055　韦伯定律　Weber's law

由韦伯(E. H. Weber)发现的同一刺激差别量必须达到一定比例才能引起差别感觉的定律。即差别阈限与标准刺激成正比，并且两者间的比例是一个常数(k)。

02.056　韦伯分数　Weber's fraction

又称"韦伯比例(Weber's ratio)"。韦伯定律中，差别阈限与标准刺激强度的比值。用 k 表示，$k=\Delta I$(差别阈限)$/I$(标准刺激强度)。

02.057　史蒂文斯定律　Stevens' law

又称"幂[函数]定律(power law)"。由史蒂文斯(S. S. Stevens)提出的心理量和物理量之间共变关系的幂定律。即心理量是物理量的幂函数。用公式表示为：$S=bI^a$。式中 S 代表心理量，I 代表物理量，a、b 为常数。

02.058　刺激变量　stimulus variable

由刺激的不同特性来定义和划分各个水平的自变量。

02.059　等距变量　equal interval variable

有相等单位，没有绝对零点的一类变量。

02.060　顺序变量　ordinal variable

根据对象的某种属性的大小或多少排出顺序的既无相等单位，又无绝对零点的变量。

02.061　反应变量　response variable

被试对实验变量所表现的反应指标。

02.062　被试变量　subject variable

根据被试的各种固有特点定义和划分的自变量。

02.063　混淆变量　confounding variable

实验者未打算研究但对被试的行为和实验结果造成了影响的变量。

02.064　操作性定义　operational definition

用可测量的参量对心理学研究中的变量所做的定义。

02.065　个案研究　case study

对特定个体或组织进行观察和调查的研究方法。

02.066　相关研究　correlational research

对两个变量间的关联程度的研究方法。研究结果不能确定因果关系。

02.067　实验范式　experimental paradigm

在某一研究领域得到公认的相对固定的实验程序。

02.068　实验者效应　experimenter effect

主试在实验过程中有意识或无意识地对被试产生的影响。

02.069　自然实验　natural experiment

根据研究目的对一些条件加以控制和改变来进行研究的方法。

02.070　开窗实验　experiment of open window

通过记录标志不同加工步骤开始和结束的反应时，较直接地估计出每一种认知加工成分所经历的时间的方法。

02.071 准实验 quasi-experiment
对额外变量有控制但达不到真正实验设计水平的实验设计方法。

02.072 双重分离 double dissociation
两个实验操作分别影响两个独立变量的实验范式。

02.073 消除法 method of elimination
消除实验研究中明显干扰实验效果的额外变量的方法。

02.074 实验设计 experimental design
为验证实验假设，有计划地收集观测资料，而预先建立并在实验过程中执行的研究方案。

02.075 单被试实验设计 single-case experimental design
仅对一个或少数几个被试的行为变化进行分析的实验设计。

02.076 匹配组设计 matched-group design
根据前测成绩，将成绩相同或相近的被试分配到不同实验条件中的实验设计方法。

02.077 实验组 experimental group, EG
接受实验处理的被试组。

02.078 控制组 control group, CG
又称"对照组"。不接受实验处理，为实验组提供参照的被试组。

02.079 额外变量 extraneous variable
又称"控制变量(controlled variable)"。除了实验因素(自变量)以外，所有可能影响实验结果并需要进行控制的变量。

02.080 组间设计 between-group design
又称"独立组设计(independent group design)"。把被试分配到不同的自变量或自变量不同水平上的实验设计方法。

02.081 组内设计 within-group design
又称"被试内设计(within-subject design)"。将每个被试轮流分配到所有自变量或自变量水平的实验设计方法。

02.082 随机组设计 random group design
被试被随机地选择和分配到某个实验条件中的组间设计方法。

02.083 随机区组设计 randomized block design
一种组内设计。即将实验对象分成若干个区组，每组都要接受所有的实验处理，但组内的每个被试随机地接受一种实验处理。

02.084 完全随机化设计 completely randomized design
随机抽取研究对象并将其随机分配到若干个处理组分别接受不同的处理，以比较各个处理间差异的实验设计。

02.085 拉丁方设计 Latin square design
每一种实验条件在排列的每一横行和纵列中只出现一次的不完全组内设计方法。

02.086 混合设计 mixed design
某一个研究中有些自变量按组内设计方式，有些自变量按组间设计方式的多因素实验设计方法。

02.087 ABBA 平衡法 ABBA counterbalancing
将不同实验处理以正反两种顺序呈现给被试以平衡顺序效应的实验设计方法。

02.088 安慰剂控制 placebo control
实验设计中，设置没有任何实验处理的实

验条件，用来作为标志安慰剂效应水平的参照。

02.089 中断时间序列设计 interrupted time-series design
比较被试接受实验处理前后的反应模型，以评估自变量作用的设计。

02.090 实验性分离 experimental dissociation
同一自变量对两种测验产生不同甚至相反结果的实验现象。

02.091 反应 response
被试由刺激引发的行为表现。

02.092 反应偏向 response bias
又称"反应偏差"。被试以特定方式进行反应的系统性趋势。

02.093 反应时 reaction time, response time, RT
又称"反应潜伏期(response latency)"。被试从刺激到呈现反应所需的时间。

02.094 简单反应时 simple reaction time, SRT
又称"A反应时"。一个反应仅对应一个刺激，被试对刺激呈现立即做出反应需要的时间。

02.095 选择反应时 choice reaction time
又称"B反应时"。当呈现两个或两个以上的刺激时，被试分别对不同的刺激做不同的反应所需要的时间。

02.096 辨别反应时 discriminative reaction time
又称"C反应时"。当呈现两个或两个以上的刺激时，被试对某一特定的刺激做出反应所需要的时间。

02.097 选择时间 selection time
对于给定刺激，在多种备选反应中做出选择所需要的时间。为选择反应时与辨别反应时之差。

02.098 迫选法 forced-choice method
呈现的刺激中只有一个是信号，其余为噪声，要求被试从每次呈现的多个刺激中选出信号的方法。

02.099 口头报告 verbal report
又称"言语报告"。要求被试把自己内心正在进行或刚刚进行过的隐性事件用言语的形式报告出来的实验方法。

02.100 观察法 observational method
对人的行为进行有目的地、有计划地系统观察和记录的研究方法。

02.101 自然观察法 naturalistic observation
在自然发生的条件下，对现象不做任何改变或控制，通过观察进行研究的方法。

02.102 参与性观察法 participant observation
研究者作为被研究群体中的成员，在参与群体活动中观察，以收集所需材料和信息的方法。

02.103 非参与性观察法 non-participant observation
研究者以局外者的身份进行观察，以搜集所需材料和信息的方法。

02.104 模拟法 simulation method
用与被研究现象或过程(即原型)相似的模型，间接地探索心理特征和规律的研究方法。

02.105 传记法 biographical method

搜集与研究对象有关的传记资料以考察其心理和行为特征的研究方法。

02.106 访谈法 interview method

用口头形式向调查对象提问，以了解其心理活动的方法。

02.107 问卷法 questionnaire

用问卷形式向调查对象进行提问，通过对其回答的分析来了解其心理活动的方法。

02.108 信号检测理论 signal detection theory

依据统计决策程序，把人们在不确定信号是否出现的情况下做出的决策区分为客观感受性和主观反应标准的理论。

02.109 信号检测 signal detection

人们在不确定信号是否出现的情况下进行反应决策的过程。

02.110 信号噪声分布 signal-to-noise distribution

信号伴随噪声和信号单独呈现两种情况下，在心理感受量值上形成的两个分布。

02.111 似然比 likelihood ratio

又称"或然比"。某心理感受水平所对应的信号分布纵坐标值与噪声分布纵坐标值之比。

02.112 击中 hit

信号出现时，被试做出的"出现信号"的反应。

02.113 漏报 miss

信号出现时，被试做出的"没有信号"的反应。

02.114 虚报 false alarm

信号没有出现时，被试做出的"出现信号"的反应。

02.115 正确否定 correct rejection

信号没有出现时，被试做出的"没有信号"的反应。

02.116 接受者操作特征曲线 receiver-operating characteristic curve, ROC curve

又称"ROC 曲线""等感受性曲线(iso-sensitivity curve)"。在不同的先定概率上，以击中率为横坐标，虚报率为纵坐标绘制出的曲线。曲线上的每个点都反映相同感受性。

02.117 非条件反射 unconditioned reflex

由大脑皮质以下的神经中枢(如脑干、脊髓)完成的先天性反射。

02.118 条件反射 conditioned reflex, CR

人或动物在后天生活过程中以非条件反射为基础，经过学习和训练而形成的反射。

02.119 经典条件反射 classical conditioning

又称"经典性条件作用""巴甫洛夫条件反射(Pavlovian conditioning)"。将能诱发反应的刺激与中性刺激多次结合，使有机体能对后者单独出现时也能产生与条件刺激单独出现时的相同反应。由巴甫洛夫(I. P. Pavlov)最先提出。

02.120 中性刺激 neutral stimulus, NS

不能引起某种特定反应或反射行为的刺激。在巴甫洛夫的实验中就是铃声，这个行为本身并不会导致后来的流口水一类的行为。

02.121 条件刺激 conditioned stimulus, CS

在经典条件反射实验中，通过与无条件刺激反复同时呈现而能够引起反射反应的刺激。

02.122 无条件刺激 unconditioned stimulus, US
能够自然诱发无须学习反射性行为的刺激。

02.123 条件反应 conditioned response, CR
经过条件刺激与无条件刺激的几次匹配，建立条件反射后，条件刺激引发的反射反应。

02.124 无条件反应 unconditioned response
由无条件刺激引发的先天反射行为。

02.125 去条件作用 deconditioning
条件反应建立后，不再给予强化或建立相反的条件作用，使原来的条件反应消退的过程。

02.126 习得 acquisition
通过使某种反应得到强化形成一种条件反射的过程。如经学习获得的新知识和行为等。

02.127 期望 expectancy
主观上希望某一特定事件发生的心理倾向。

02.128 消退 extinction
当条件刺激后不再伴有条件刺激出现，反应的频率逐渐下降的过程。

02.129 自发性恢复 spontaneous recovery
一个反应明显消退之后又再次出现的现象。

02.130 刺激泛化 stimulus generalization
某种特定条件刺激反应形成后，与之类似的其他刺激也能引起同样的条件反应的现象。

02.131 刺激辨别 stimulus discrimination
习得的觉察不同刺激的能力。

02.132 再次条件反射 higher order conditioning
又称"高级条件作用"。在经典条件反射中，把一个被习得的条件刺激当作无条件刺激那样用于进一步强化学习的过程。

02.133 厌恶条件反射 aversive conditioning
又称"厌恶条件作用"。建立厌恶刺激与其诱发的不适反应之间的联系，做出避免或摆脱厌恶刺激的反应。

02.134 操作性条件反射 operant conditioning
又称"操作性条件作用""工具性条件反射(instrumental conditioning)"。强化人类或动物的自发活动或行为而形成的条件反射。

02.135 操作性消退 operant extinction
在操作性条件反射实验中，如果某一行为不再产生可预期的结果，反应消失的现象。

02.136 斯金纳箱 Skinner box
行为心理学派研究动物(主要是鼠和鸽)学习能力的箱形实验装置。因由斯金纳(B. F. Skinner)发明而得名。

02.137 强化理论 reinforcement theory
调控刺激与行为之间的关系以引导学习行为发生的理论。

02.138 强化 reinforcement
通过某种刺激增强或减弱特定行为的过程。包括正强化与负强化。

02.139 正强化 positive reinforcement
个体做出某种行为或反应，随后或同时得到某种奖励，从而使行为或反应强度、概率或速度增加的过程。

02.140 负强化 negative reinforcement
对于符合组织目标的行为，撤消或减弱原来存在的消极刺激或者条件以使这些行为发生频率提高的过程。

02.141　二级强化　secondary reinforcement
通过与原强化过程建立联系而形成新的强化的过程。

02.142　强化相倚　reinforcement contingency
某一反应与其产生环境变化间的稳定关系。

02.143　连续强化　continuous reinforcement, CRF
对每个符合要求的反应都给予的强化。

02.144　部分强化　partial reinforcement
只有一部分反应得到强化的非连续强化。

02.145　部分强化效应　partial reinforcement effect, PRE
部分强化比连续强化具有更强的抗消退力的现象。

02.146　替代强化　vicarious reinforcement
因示范者的行为受到直接强化而提高了观察者做出类似行为可能性的现象。

02.147　强化程式　schedule of reinforcement
何时以及以何种方式给予强化的各种规则。

02.148　强化间隔程式　interval schedule of reinforcement
根据时间间隔来确定如何给予强化的一种强化程式。包括可变间隔与固定间隔两种。

02.149　强化比率程式　ratio schedule of reinforcement
根据反应次数或比率来确定如何给予强化的一种强化程式。包括可变比率和固定比率两种。

02.150　普雷马克原理　Premack principle
又称"祖母原则"。由普雷马克(O. Premack)最早提出的一种强化理论。即用高概率行为活动强化低概率行为活动，从而促进低概率活动的发生。

02.151　惩罚物　punisher
伴随某一反应之后出现，并且能够降低该反应以后发生概率的刺激。

02.152　强化物　reinforcer
与行为相倚的任何能随时间推移而增加行为出现可能性的刺激。

02.153　一级强化物　primary reinforcer
能满足生理需要的非习得性强化物。

02.154　二级强化物　secondary reinforcer
习得的强化物。通过与一级强化物联系而获得强化性质。

02.155　代币强化物　token reinforcer
使用代币物可换取的真正强化物。如钱币、扑克牌、食品等。

02.156　条件性强化物　conditioned reinforcer
与由生物学因素决定的一级强化物联合在一起，对操作反应起作用的中性刺激。

02.157　启发法　heuristics
根据已有经验，在问题空间内进行较少的搜索，以达到问题解决的方法。

02.158　代表性启发法　representative heuristics
根据一个业已存在的分类或信息组合来评估整件事的可能性的方法。

02.159　可得性启发法　availability heuristics
个体在做出判断时更多地利用记忆中易于使用的信息的倾向。

02.160　锚定启发法　anchoring heuristics
又称"锚定试探法"。个体判断某个事件或结果时依赖于某个起始值的反应倾向。

02.161　陌生情境测试　strange situation test
将婴儿置于一个不熟悉的环境并与母亲或熟悉的照料者分离的一系列实验程序，判断婴儿的依恋类型的测验。

02.162　视觉　vision
视觉系统的外周感觉器官（眼）接受一定波长范围的光刺激，经中枢编码加工和分析后获得的主观感觉。

02.163　明视觉　photopic vision
在白昼或光亮条件下的视觉。主要是视网膜上视锥细胞的功能。

02.164　暗视觉　scotopic vision
在弱光条件下的视觉。主要是视网膜上视杆细胞的功能。

02.165　视觉阈限　visual threshold
引起视感觉的可见光刺激的最低强度。

02.166　视觉适应　visual adaptation
刺激物持续作用于视觉感受器而使其感受性发生变化的现象。

02.167　明适应　bright adaptation
从暗处进入亮处引起视觉感受性逐渐降低的现象。

02.168　暗适应　dark adaptation
从强光下进入暗处或照明忽然停止时，视觉感受性逐渐增强的现象。

02.169　暗适应曲线　dark adaptation curve
描述暗适应过程中视觉感受性变化的曲线。

02.170　视网膜对称点　corresponding retinal points
注视较小的物体时，物体在每只眼睛的中央凹分别形成的视像在双眼所处的相同或相应的部位。

02.171　注视点　fixation point
视知觉过程中，视线对准的对象的某一点。

02.172　视角　visual angle
离眼睛一定距离的物体的大小与眼睛形成的张角。

02.173　视野　visual field
头部不动状态下，眼睛固定注视空间某一点时能看到的空间范围。

02.174　视野计　perimeter
用于生理教学测定眼球视野，和用于医学眼科神经做必要测定的一种眼科专业仪器。

02.175　中央视觉　central vision
视网膜上黄斑区产生的视觉。

02.176　中央窝视觉　foveal vision
又称"中央凹视觉"。视网膜上黄斑的中心区产生的视觉。

02.177　周边视觉　peripheral vision
发生在注视点周边的视觉。

02.178　强度　intensity
光、声、电流等的强弱。

02.179　照度　illuminance
均匀投射到物体表面单位面积上的光通量。

02.180　视网膜照度　retinal illuminance
投射在视网膜单位面积上的光通量。

02.181 明度 brightness

有机体对物体表面亮度感觉的主观心理量。

02.182 明度对比 brightness contrast

因色彩明度差别形成的对比关系。

02.183 亮度 luminance

给定方向上离开、到达或穿过某一物体表面、单位立体角或单位投影面积上的光通量。

02.184 视见函数 luminosity function

又称"光亮度函数"。产生同等光感觉的不同波长之比。用以表示视网膜对不同波长光的敏感度的变化。

02.185 亮度对比 luminance contrast

目标物的亮度与其背景亮度之差同背景亮度之比。

02.186 亮暗比 light-dark ratio

画面中最亮与最暗区域的亮度之比。

02.187 马赫带 Mach band

因不同区域的亮度相互作用而在明暗边界处产生的主观亮度对比加强的现象。

02.188 同时对比 simultaneous contrast

两个或多个刺激同时作用于同一感受器时所引起的感觉对比。

02.189 浦肯野现象 Purkinje phenomenon

又称"浦肯野效应(Purkinje effect)""浦肯野位移(Purkinje shift)"。在光照条件变化的情况下,人眼对不同波长敏感性发生偏移的现象。

02.190 颜色视觉 color vision

简称"色觉"。可见光谱上不同波长的光波作用于视觉器官而产生不同颜色的视觉。

02.191 光谱色 spectral color

300~770nm 可见光波长范围内的单色光对应的颜色。

02.192 彩色 chromatic color

中性灰色以外的各种颜色。

02.193 非彩色 achromatic color

只具有明度和饱和度两种属性,不具有色调属性的颜色。

02.194 原色 fundamental color, primary color

又称"基色"。色纯度最高,用以调配其他色彩的基本色。包括红、绿、蓝三种颜色。

02.195 补色 complementary color

任何两种以适当比例混合后而呈现白色或灰色的颜色,这两种颜色即互为补色。

02.196 表面色 surface color

由漫反射形成的、不透明物体表面的颜色。

02.197 色饱和度 color saturation

又称"色品""色饱和"。颜色的纯度或强度。

02.198 色度 chromaticity

在特定颜色体系中,对具体颜色位置的物理描述。

02.199 色度图 chromaticity diagram

根据三原色原理制作的由各颜色三维坐标中的二维坐标构成的平面图。

02.200 色区 color zone

又称"颜色视野"。视网膜上感受颜色的区域。

02.201 色温 color temperature

又称"光源颜色温度"。光源颜色与某一温

度下的黑体(或完全辐射体)所发出的光色相同时黑体的温度。

02.202 显色指数 color-rendering index
被测光源下物体的颜色和参照光源下物体颜色的相符程度。是衡量光源显现所照物体真实颜色的参数。

02.203 单色仪 monochromator
从输入刺激中较宽的波长范围中机械地选出较窄范围的光的一种光学仪器。

02.204 色[调]环 color circle
根据色觉原理,用于表明颜色光混合的各种关系的圆形图。

02.205 色轮 color wheel
又称"混色轮"。由色盘、动力装置和计速装置构成的视觉实验仪器。用于颜色混合实验。

02.206 色表系 color appearance system
以颜色的色调、明度和饱和度来描述颜色的系统。

02.207 颜色方程 color equation
又称"配色公式""色匹配函数(color-matching function)"。以红、绿、蓝三种颜色按比例混合成各种颜色的数学表达式。

02.208 芒塞尔颜色立体 Munsell color solid
芒塞尔(A. H. Munsell)根据色觉心理学原理建立的类似球体的模型。用以表现表面色的色调、明度、饱和度三种基本特性。

02.209 颜色四方形 color square
黑林(K. E. K. Hering)提出的以四方形的每一个角排列四种原色,每一边排列位于两个邻近基本色之间中间色的视觉模型。

02.210 颜色三角 color triangle

又称"原色三角""麦克斯韦颜色三角(Maxwell color triangle)"。麦克斯韦(J. C. Maxwell)提出的其形状为一等腰直角三角形,三个顶角分别代表红、绿、蓝三种基色,三条边代表相应基色的相对比例的颜色标定技术。

02.211 颜色爱好 color preference
人在心理上对某种颜色的喜爱或偏好。

02.212 颜色宽容度 color tolerance
在色度图上,色度点的位置发生变化但人眼并不能察觉变化的范围。

02.213 颜色适应 chromatic adaptation
又称"色调适应""色彩适应"。视网膜某部位对产生某种颜色或色调的光线反应强度减弱并持续一段时间的现象。

02.214 颜色匹配 color matching
又称"配色"。使所配制的颜色与规定的颜色在视觉上相等或相同的过程。

02.215 颜色对比 color contrast
又称"色对抗"。两种不同的色光同时作用于视网膜相邻区域,或相继作用于视网膜同一区域而使颜色视觉发生变化的现象。

02.216 颜色混合 color mixture
几种色光同时作用于视网膜同一区域或不同色彩的颜料混合作用引起的颜色视觉变化现象。

02.217 加色混合 additive color mixture
两种或两种以上色光相混合呈现另一种色光的过程。

02.218 减色混合 subtractive color mixture
混合颜料分别吸收一些波长而反射另一些波长光的过程。使得混合色成为混合颜料相减的过程。

02.219 颜色混合律 law of color mixture
1854年格拉斯曼(H. Grassmann)根据彩色光混合现象总结提出的补色律、中间色律和代替律三条基本定律。

02.220 补色律 law of complementary color
颜色混合律之一。即任何一种色光与其互补色的适当比例相混合可以产生白色或灰色。

02.221 中间色律 law of intermediary color
颜色混合律之一。即任何两种非补色相混合产生一种新的混合色或介于两者之间的中间色。

02.222 代替律 law of substitution
颜色混合律之一。即任何不同色光混合产生的颜色相同的混合色，达到相同的视觉效果。

02.223 诱导色 induced color
对某一物体颜色的知觉受到另一物体颜色的影响，使其邻近的灰色变为其补色的现象。由颜色对比中的同时对比造成。

02.224 斯特鲁普效应 Stroop effect
在朗读用非相应颜色印制的颜色词时延迟和中断的现象。是为了纪念斯特鲁普(J. R. Stroop)有关选择性注意的实验而命名。

02.225 亥姆霍茨视觉说 Helmholtz's theory of color vision
又称"亥姆霍茨三色说(Helmholtz's trichromatic theory)"。假定视神经中有三种感受颜色刺激的感受器，其他色觉则由这三种感受器同时受到不同比例原色光的刺激而产生的视觉理论。

02.226 黑林视觉说 Hering's theory of color vision
又称"黑林四色说""拮抗理论(opponent-process theory)"。黑林提出的一种视觉理论。认为人视网膜上有3对互相拮抗的视素，即红-绿、黄-蓝、白-黑，在光波影响下起作用；每一对要素如红与绿、蓝与黄，作用相反，具有拮抗作用，表现是一个停止作用，另一个激活。

02.227 视觉双重说 duplex theory of vision, duplicity theory of vision
又称"视觉双重作用论""双视觉理论"。克里斯(J. V. Kries)于1912年提出的关于强光和弱光视觉各有专门器官的学说。认为视网膜上视杆细胞在微光条件下起作用，视锥细胞在明亮或强光视觉中起作用。

02.228 阶段说 stage theory
认为神经系统颜色信息加工分为感受器、皮质视觉传导和视中枢加工阶段的学说。第一阶段符合亥姆霍茨视觉说，后两阶段符合黑林视觉说。

02.229 色弱 color weakness
又称"异常三色视觉"。能辨认颜色但感受性较低的轻度色觉异常。

02.230 红色弱 red weakness
对红色的辨别能力较差的色弱。

02.231 色盲 color blindness
又称"道尔顿症(daltonism)"。由道尔顿(J.Dalton)首先发现的一种个体具有视觉能力，但不能把光谱上一些颜色和其他颜色区别开来的先天性色觉障碍。

02.232 全色盲 monochromatism
又称"单色视觉"。一种完全性视锥细胞功能障碍。三种原色均不能辨认，只有明度差别。

02.233 红绿色盲 red-green blindness

又称"甲型色盲(protanopia)"。红色盲和绿色盲的统称。不能分辨红色或绿色。

02.234 红色盲 red blindness
又称"第一色盲"。色盲的一种。主要是不能分辨红色。对红色与深绿色、蓝色与紫红色以及紫色不能分辨。常把绿色视为黄色，紫色看成蓝色，将绿色和蓝色相混为白色。

02.235 绿色盲 deuteranopia
又称"第二色盲"。色盲的一种。不能分辨淡绿色与深红色、紫色与青蓝色、紫红色与灰色，把绿色视为灰色或暗黑色。

02.236 蓝黄色盲 tritanopia, blue-yellow blindness
又称"第三色盲"。色盲的一种。不能分辨蓝黄颜色，只有红白绿三种显然不同的色觉。

02.237 二色视觉 dichromatic vision
又称"二色性色盲(dichromatopsia)"。色盲的一种。将光谱上的一切颜色看成是两种色调。包括只能看到红绿色或蓝黄色。

02.238 视敏度 visual acuity
眼辨别物体形态细节的能力。

02.239 分辨 discrimination
感知觉中对于刺激与刺激之间差别的区分能力。

02.240 蓝道环 Landolt ring
曾称"兰道环视标"。视力表中检测视力的一种图形。为一系列缺口朝向不同方向的圆环。

02.241 闪烁临界频率 critical flicker frequency, CFF
又称"闪光融合临界频率"。刚刚能够引起闪光融合感觉的刺激的最小频率。表现了视觉系统分辨时间能力的极限。

02.242 闪烁光度法 flicker photometry
通过调整一个刺激的亮度使得以特定频率闪烁的两个视野中的刺激融合以便测量闪烁临界频率的方法。

02.243 闪光融合器 flicker-fusion apparatus
一种用于测定闪烁临界频率的实验仪器。

02.244 闪光盲 flash blindness
由于高强度闪光引起的暂时性光敏感度下降的现象。

02.245 后像 afterimage
刺激停止作用于感觉器官后，感觉仍暂时留存的现象。

02.246 负后像 negative afterimage
后像的一种。刺激消失后，所遗留的后像在明度上与原刺激相反，在色彩上与原刺激互补。

02.247 正后像 positive afterimage
后像的一种。刺激消失后，所遗留的后像与原刺激的色彩和明度相似。

02.248 视觉后像 visual afterimage
视觉刺激停止作用后，视觉仍暂时留存的现象。与视网膜中视觉感受器内色素的漂白和复原有关。

02.249 听觉后像 auditory afterimage
声音刺激停止作用后暂时保留的感觉印象。

02.250 运动后像 movement afterimage
持续注视向同一方向运动的物体后立刻将视线转向静止物体，会看到静止物体向相反方向缓慢运动的现象。

02.251　动觉后效　kinesthetic aftereffect, KAE
反复触摸有宽窄变化的刺激一段时间后，对标准刺激宽度的估计产生偏差的现象。

02.252　麦科洛效应　McCollough effect
由麦科洛(C. McCollough)发现的一组视觉后效现象。即通过红蓝滤色片看垂直和水平光栅后再看白光栅时，垂直和水平白光栅分别得到红或蓝色后像。

02.253　心理声学　psychoacoustics
研究人对有关声音、听觉以及其生理基础和心理反应的心理物理学分支学科。

02.254　听觉　hearing, audition
声波作用于听觉器官，使其感受细胞兴奋，并通过听神经发放冲动，经各级听觉中枢分析后引起的感觉。

02.255　单耳听觉　monaural hearing
个体用单侧耳接受声音刺激所产生的听觉。

02.256　双耳听觉　binaural hearing
个体用双耳接受声音刺激所产生的听觉。进入双耳的声波存在时间差、强度差和相位差，在空间知觉中起重要作用。

02.257　内耳　inner ear
由前庭器官和耳蜗组成的位置觉与听觉装置。主要负责接收从中耳或直接从颅骨传来的声波振动。

02.258　中耳　middle ear
位于外耳与内耳之间的部分。其内含有三块听小骨形成的听骨链，自鼓膜连至前庭，并将振动传递至内耳。

02.259　耳蜗　cochlea
位于内耳前庭前内侧的蜗牛壳状结构。内部基底膜上有听觉感受器毛细胞，负责将来自中耳的振动信号转换为相应的神经电信号。

02.260　耳膜　eardrum
又称"鼓膜"。将外耳道与中耳隔开的一弹性灰白色半透明薄膜。负责接受声音刺激并产生振动。

02.261　半规管　semicircular canal
内耳中与前庭相连的三个半环状管。其内充满内淋巴并互相垂直，负责感受平衡。

02.262　基音　fundamental tone
由物体整体振动所产生的复合音中频率最低的音。决定复合音的音高。

02.263　纯音　pure tone
只有一种频率的声音。如音叉发出的声音。

02.264　复合音　compound tone
包含多个频率的声音。平时所听到的绝大部分声音是复合音。

02.265　倍音　overtone
由产生基音的同一物体产生的音调为基音倍数的音调。

02.266　差音　difference tone
同时听到两个音时知觉到的其他音中频率等于两个音频率差的低音。

02.267　合音　combination tone
同时听到两个较强音时会知觉到的另外的声音。

02.268　乐音　musical tone
发音物体有规律地振动而产生的具有基频和多个泛音的音。

02.269　噪声　noise
发声体做无规则振动时发出的音高和音强

变化混乱，听起来不和谐的声音。

02.270　音高　pitch
由声波频率引起的心理量。

02.271　语音音高　pitch of speech sound
人类发音器官发出的具有区别意义功能的声波频率。

02.272　响度　loudness
感觉上判断出的声音的强弱或响亮程度。主要由发声体振动的幅度所决定。

02.273　音色　clang color
主要由发声体的材料和结构所决定的声音的感觉特性。

02.274　音拍　beat
音乐中时间被分成的均等的基本单位。长度依据乐曲的速度而定。

02.275　听觉阈限　auditory threshold
某一频率上使声音能够被觉察的最小声强。

02.276　听觉敏度　auditory acuity
辨别不同频率或不同声强声音的能力。通常用听觉阈限的倒数表示。

02.277　听力测量　audiometry
测量个体对不同频率声音的感受能力。通常使用听力计完成。

02.278　听力计　audiometer
对听力进行测量的仪器。通常带一对耳麦和反馈按钮，有的使用计算机操控。

02.279　听觉范围　audibility range
能够被个体感觉到的声音的振动频率的分布区间。

02.280　最小可听压　minimum audible pressure, MAP
通过耳机播放刺激，在声音刚刚能够被觉察情况下使用微麦克风记录到的耳道声压。

02.281　最小可听野　minimum audible field, MAF
在声场中声音刚刚能够被觉察情况下于被试头部位置（被试离开情况下）记录到的声强。

02.282　声压级　acoustic pressure level
某点的声压与标准参考声压的比值取常用对数再乘以 20 的值。符号为 L_P，单位为分贝（dB）。

02.283　声级计　sound level meter
测量声压级的仪器。

02.284　可听度曲线　audibility curve
不同频率上可听的声强范围。包括听觉阈限曲线和听觉耐受阈限曲线。

02.285　听觉阈限曲线　auditory threshold curve
将不同频率刚刚可以听到的声音的强度连接起来所形成的曲线。

02.286　听觉耐受阈限曲线　auditory tolerance threshold curve
在不同频率声强增加到人可以接受的水平所连接起来形成的曲线。

02.287　等响曲线　equal loudness contour
以频率为横坐标，声强为纵坐标，各种频率的声音的响度感觉相等的一组曲线。

02.288　等高曲线　equal pitch contour
以频率为横坐标，声强为纵坐标，各种频率的音高感觉相等的一组曲线。

02.289　听力图　audiogram
从 250Hz 到 8000Hz 的听觉阈限曲线。

02.290　音隙　tonal gap
只对小部分频率的声音丧失听觉的现象。是感音性耳聋的一种。

02.291　音岛　tonal island
对较大部分频率声音丧失听觉的现象。

02.292　音笼　sound cage
又称"听觉定向测定仪"。可在与听轴中心等距离的各方位上产生声音刺激的仪器。

02.293　听觉登记　auditory register
听觉系统对声音的刺激信息的瞬间保持。

02.294　掩蔽　masking
对某刺激的感觉因其他刺激的干扰而变得困难的现象。

02.295　听觉掩蔽　auditory masking
因其他声音干扰而使听觉发生困难，原可听声必须增加强度才能重新听到的现象。

02.296　后向掩蔽　backward masking
掩蔽声在测试信号之后的非同时掩蔽现象。

02.297　前向掩蔽　forward masking
掩蔽声在测试信号之前的非同时掩蔽现象。

02.298　声音阴影　acoustic shadow
由于某种地形障碍或裂缝导致声波无法传播的地带。

02.299　听觉反射　acoustic reflex
哺乳动物在接受高强度声音刺激时中耳产生的非随意肌收缩现象。

02.300　听觉适应　auditory adaptation
短时间暴露在噪声环境中导致听觉阈限提高 10dB 以上的现象。离开噪声环境数分钟内可恢复。

02.301　听觉疲劳　auditory fatigue
较长时间接触一定强度的噪声导致听觉阈限提高 15dB 以上的现象。离开噪声环境至少几小时后才恢复正常。

02.302　听觉闪烁　auditory flicker
由非连续的声音刺激引起的一种类似视觉上闪烁感觉的听觉现象。

02.303　幻听　auditory hallucination
出现于听觉器官的虚幻的知觉。是精神病人常见症状之一，多见于精神分裂症。

02.304　听觉理论　theory of hearing
说明听觉神经系统如何对声波频率进行编码的理论。

02.305　听觉频率理论　frequency theory of hearing
解释声波频率如何产生声音的听觉理论。

02.306　听觉位置说　place theory of hearing
认为基底膜的不同部位负责对不同频率的声音起反应的学说。有共鸣说和行波说两种观点。

02.307　共鸣说　resonance theory
认为不同频率引发耳蜗基底膜不同部位产生共振，冲动继而传送到大脑皮质听觉中枢的不同部位从而辨别音高的学说。

02.308　行波说　traveling wave theory
认为在声波作用下，基底膜整体波形振动像血管中的脉压波一样(即行波)，其最大波峰位置取决于不同频率的学说。

02.309　排放说　volley theory
认为对低频声音，单个听神经纤维发放冲动；对高频声音，多神经纤维随声波的周期而同步地轮流发放冲动的学说。

02.310　嗅觉　olfactory sensation
由发散于空气中的物质微粒作用于上鼻道嗅上皮中的嗅细胞产生神经冲动传至神经中枢引起的感觉。

02.311　嗅觉阈限　olfactory threshold
能够引起嗅觉的有气味物质的最小浓度。

02.312　嗅觉计　olfactometer
用来测量嗅觉敏锐度的仪器。

02.313　嗅觉缺乏　anosmia
对某一种气味无法感知的病症。

02.314　嗅觉过敏　hyperosmia
嗅觉过分敏感现象。在丛集性头痛、偏头痛和艾迪生(Addison)病患者中常见。

02.315　味觉　gustatory sensation
有味物质刺激口腔内味觉感受体(如味蕾等)诱发神经冲动传入中枢引发的感觉。

02.316　气味　flavor
嗅觉系统的感受。

02.317　味觉区　taste area
某一种味觉感受器或负责味觉加工的中枢核团所分布的区域。

02.318　单味觉　gustum
对咸、甜、酸、苦四味之一的基本感觉。

02.319　味觉敏度　taste acuity
对最低刺激量能够产生味觉的指标。

02.320　味觉阈限　taste threshold
感到某种味觉存在或发生变化所需刺激强度的临界值。

02.321　味觉绝对阈限　taste absolute threshold
能够引起味觉的有味物质的最小浓度。

02.322　味觉融合临界点　critical fusion point in taste
以方波脉冲刺激舌头产生连续而不间断的酸味感觉所需要的最小脉冲频率。

02.323　味觉四面体　taste tetrahedron
表示味觉性质之间关系的一个四面实心图。甜、咸、酸、苦四种基本味觉分别置于四个顶点。

02.324　味觉适应　taste adaptation
有味刺激作用于味觉细胞一定时间后引起的味觉感受性降低的现象。

02.325　味觉频率理论　taste frequency theory
不同部位味蕾对不同味觉刺激具有不同的感受性，将味觉刺激类比于光谱的理论。

02.326　本体感受　proprioception
对身体或者身体某个部分的位置、方向和运动等的感觉。

02.327　肤觉　cutaneous sensation
皮肤感觉的统称。包括触觉、温度觉、痛觉等。

02.328　触觉　touch sensation
刺激物直接接触皮肤表面所产生的一种感觉。

02.329　触觉定位　tactual localization
利用触觉辨认确定刺激在自己身体上作用的部位。

02.330 触点 touch spot
皮肤上对触觉刺激特别敏感的区域。也即皮肤上以点状方式密集的触觉感受器区域。

02.331 触觉感受野 touch receptive field
高等动物大脑皮质中央后回的触觉细胞在外周皮肤上对应的感受区域。

02.332 两点阈 two-point limen
同时刺激皮肤上的两个点，个体能分辨为两个点时，触点之间的最小距离。

02.333 时间总和作用 temporal summation
刺激持续作用时间较长时，神经效应的累积作用。即感觉的强度随刺激持续时间的延长而提高的现象。

02.334 触觉计 aesthesiometer
测量触觉敏感性的仪器。

02.335 压觉 pressure sensation
皮肤对压力的感觉。

02.336 压觉适应 pressure sensation adaptation
皮肤与物体接触或承受某种压力持续一定时间后感受性下降，甚至完全消失的现象。

02.337 温度觉 temperature sensation
皮肤对温度和温度变化产生的感觉。包括温觉和冷觉。

02.338 温觉 warm sensation
当外界温度刺激高于生理零度时产生的一种温度觉。

02.339 冷觉 cold sensation
当外界温度刺激低于生理零度时产生的一种温度觉。

02.340 生理零度 physiological zero
体验不到温度觉的温度范围。

02.341 温点 warm spot
皮肤上分布着的对温度刺激反应的点。其感受器是自主神经末梢。

02.342 冷点 cold point
皮肤上分布着的对冷刺激反应的点。其感受器是自主神经末梢。

02.343 痛觉 algesia
对感觉神经末梢有害的刺激所引起的一种令人不愉快的感觉。

02.344 痛点 pain spot
刺激作用于皮肤时，能够产生痛觉的点。

02.345 热辐射法 radiant-heat method
逐渐增强热源热量投射使皮肤表面产生疼痛，直到与原疼痛相当的温度测痛方法。

02.346 痛觉计 algesimeter
又称"痛觉仪"。测量痛觉敏感性的仪器。

02.347 快痛 fast pain
又称"锐痛"。皮肤表层因受到针刺、电脉冲等刺激短促作用而引起的感觉。

02.348 慢痛 slow pain
又称"钝痛"。皮肤深层或肌肉、筋膜和内脏等部位受到足够强度刺激而产生的痛觉。

02.349 热痛觉 thermalgesia
对热刺激体验到疼痛的感觉。

02.350 痒觉 itching sensation
因触摸皮肤一定部位或其他因素而引起的轻微的异样感觉。

02.351 痛觉特殊功能说 specific function theory of pain
认为皮肤及皮肤下组织的游离神经末梢是特殊的痛觉感受器的痛觉学说。

02.352 动觉 kinesthesis
对自己身体各部位运动的力量、速度和方位的知觉。

02.353 动觉计 kinesthesiometer
测量动觉准确性的仪器。

02.354 肌觉 muscle sensation
对肌肉动作和位置的感觉。

02.355 振动觉 vibration sensation
外界物体以一定频率的振动作用于皮肤而引起的感觉。

02.356 振动适应 vibration adaptation
振动刺激持续作用于人的皮肤，致使皮肤对振动的感受性下降的现象。

02.357 平衡觉 equilibratory sensation
对自身身体平衡状态、头部运动速度和方向的感觉。

02.358 运动协调 motor coordination
各运动器官协调动作与运动的能力。

02.359 内脏感觉 visceral sensation
对内脏各器官活动状况的感觉。如饥、涨、疼痛等。

02.360 体内平衡 homeostasis
又称"内环境平衡"。机体保持体内环境相对稳定的倾向和机制。

02.361 联觉 synaesthesia
一种感觉引起另外一种感觉。如色听联觉，即听到一种声音会引起一种色觉。

02.362 知觉 perception
个体对感觉信息的加工和解释的过程。是对事物整体特性的反映。

02.363 阈下知觉 subliminal perception
强度尚未达到感觉阈限的刺激引起的个体无意识的知觉反应。

02.364 时间知觉 time perception
人对客观现象延续性和顺序性的感知。受刺激性质和情境、活动内容、年龄、生活经验、职业训练、情绪、动机、态度等影响。

02.365 知觉防御 perceptual defense
对引发恐惧或感到具有威胁的刺激回避、阻滞或反应缓慢的倾向。

02.366 知觉警觉 perceptual vigilance
又称"知觉敏感"。个体潜意识中对微弱刺激产生知觉的现象。

02.367 分类知觉 categorical perception
根据对象表面特征将其归入特定类别的知觉。

02.368 知觉选择性 selectivity of perception
个体在面临复杂的刺激时，下意识地选择部分事物进行知觉的特性。

02.369 图形–背景 figure-ground
注意对象与知觉域的其他部分之间的对比。

02.370 可逆图形 reversible figure
图形和背景可以相互转换的双关图案。可以有多种知觉体验的视觉刺激。

02.371 鲁宾酒杯–人面图 Rubin's goblet profile figure

一张黑白色的可逆图形。白色部分可被知觉为酒杯，黑色部分可被知觉为人面，用于研究图形-背景知觉。

02.372 不可能图形 impossible figure
知觉上合理但是实际不存在的图形。

02.373 良好图形 good figure
具有简明性、规则的、对称的图形。

02.374 轮廓 contour
区分图形和背景的界限。

02.375 主观轮廓 subjective contour
主观上知觉到的区分图形和背景的界限。

02.376 知觉组织 perceptual organization
分辨那些信息应该属于一个整体而把这些信息组织成一个独立目标的过程。

02.377 格式塔组织原则 Gestalt principle of organization
格式塔学派提出的对目标进行知觉组织的一系列原则。包括连续原则、接近原则、相似原则等。

02.378 连续原则 principle of continuity
方向相同、互相紧密相连的物体会被知觉为一个整体。

02.379 接近原则 principle of proximity
在空间或时间上比较接近的成分容易被知觉为一个整体。

02.380 相似原则 principle of similarity
在物理特点方面相似的成分容易被知觉为一个整体。

02.381 知觉恒常性 perceptual constancy
对物理刺激变化而保持稳定知觉的特性。主要

包括颜色恒常性、形状恒常性、大小恒常性等。

02.382 颜色恒常性 color constancy
照明条件在一定范围内变化时，一个表面或目标仍被知觉为同一种颜色的特性。

02.383 明度恒常性 brightness constancy
即使照明条件发生变化，一个物体的明度仍然保持相对稳定的特性。

02.384 形状恒常性 shape constancy
对于从不同距离和不同角度观察同一个物体导致的视网膜上成像的不同，依然将其知觉为同一个物体的特性。

02.385 物体恒常性 object constancy
在不同情况下对于同一物体的知觉保持相对稳定的特性。

02.386 距离恒常性 distance constancy
在不同观察情况下，对同一段距离的知觉保持相对不变的特性。

02.387 速度恒常性 velocity constancy
在不同观察情况下，对相同速度的知觉保持相对不变的特性。

02.388 大小恒常性 size constancy
当观察物体的距离(视网膜像)改变时，知觉到的物体大小保持不变的特性。

02.389 视知觉 visual perception
把来自视觉通路的信息转化成对目标的解释和体验的过程。

02.390 形状知觉 form perception, shape perception
对接收到的关于外界客体形状信息的知觉。

02.391 大小知觉 size perception

对接收到的关于外界客体大小信息的知觉。

02.392 视觉噪声 visual noise
知觉到的与目标无关的视觉刺激。

02.393 听知觉 auditory perception
把来自听觉通路的信息转化成对目标的解释和体验的过程。

02.394 听觉定位 auditory localization
基于双耳差别线索、耳郭引起的谱变化线索以及强度、混响、谱成分等信息对声源进行定位的过程。

02.395 双耳相位差 binaural phase difference
由于双耳与声源的距离不同，声波到达双耳的相位有差别的现象。

02.396 双耳时差 binaural time difference
除了来自正前方和正后方外，由其他方向传来的声音到达双耳的时间有先后而造成的时间差。

02.397 双耳强度差 binaural intensity difference
声源同侧的耳朵获得的声音较强，对侧耳朵由于声波受头颅阻挡得到的声音较弱的现象。

02.398 双听技术 dichotic listening
给双耳分别呈现听觉刺激，要求被试注意其中一只或两只耳朵信息的方法。通常用于研究选择性注意。

02.399 空间知觉 space perception
对物体的形状、大小、方位、距离等构成空间关系要素的知觉。

02.400 立体知觉 stereoscopic perception
对物体三维空间位置的分辨感知能力。

02.401 距离知觉 distance perception
又称"深度知觉(depth perception)"。利用所获得的视觉信息对物体的远近距离的知觉。

02.402 方位知觉 orientation perception
基于双耳差别线索等信息对于声源方位的知觉。

02.403 眼球调节 eyeball accommodation
眼晶状体周围的肌肉控制其曲度及厚薄变化的过程。

02.404 视网膜像差 retinal disparity
因双眼位置不同导致双眼视网膜成像的差异。

02.405 视差 parallax
从有一定距离的两个点上观察同一个目标所产生的方向差异。

02.406 运动视差 motion parallax
当观察者运动时，原本静止的物体看上去似乎也在运动，物体越近所知觉的运动速度越快的现象。

02.407 单眼运动视差 monocular movement parallax
单眼视觉情况下，为了产生对物体间前后位置的判断，观察者移动身体以在视网膜上获得被观察物体的像差。

02.408 双眼视差 binocular parallax
由于目间距的存在，在观察近处物体时双眼对物体的成像稍有不同所导致的双眼视网膜像的差异。

02.409 视野单像区 horopter

在一定的辐合条件下，在视网膜对应区域的成像空间中所有各点的轨迹。该区的物体，都将落在视网膜对应点而形成单个的映像。

02.410 深度线索 depth cue
影响深度知觉的信息源。

02.411 单眼深度线索 monocular depth cue
只需要一只眼睛就能起作用的深度线索。包括运动视差、结构级差、相对大小等。

02.412 空气透视 aerial perspective
因空气存在，远处的物体不如近处的物体清晰的现象。属于单眼深度线索。

02.413 线条透视 linear perspective
向远方伸展的两根平行线看起来趋于接近的现象。属于单眼深度线索。

02.414 距离线索 distance cue
观察者借以判断观察对象的距离的各种线索。如物体在视网膜上的视像大小与观察者和被观察物体之间的距离成反比等。

02.415 双眼线索 binocular cue
需要两只眼睛同时起作用的深度线索。包括视轴辐合、双眼视差等。

02.416 双眼复视 binocular diplopia
没有落在视野单像区上的点因为其在双眼视网膜上视像的位置不同，导致两个视觉影像形成的现象。

02.417 双眼视像融合 binocular fusion
来自视野单像区周围狭小区域内的目标物在视网膜上的视像基本相似的现象。

02.418 双眼竞争 binocular rivalry
当目标投射到两只眼睛的视像差异较大时，两个视像不能融合而是交替出现的知觉

现象。

02.419 双像 double image
目标投射到双眼的视像不能重合时，双眼所形成的视像。

02.420 费雷现象 Fere phenomenon
当感到焦虑或者压力时，皮肤的电位会发生变化，这种变化可以通过测量皮肤的电阻或者微电流得到的现象。

02.421 似动现象 apparent movement phenomenon
又称"φ现象(phi phenomenon)"。先后出现的两个静止刺激被个体知觉为刺激从前面一个位置向后面一个位置移动的现象。

02.422 似动知觉 apparent movement perception
实际上静止的物体很快地相继刺激视网膜上邻近部位所产生的物体在运动的知觉。

02.423 真动知觉 real movement perception
观察者处于静止状态时，物体的实际运动连续刺激视网膜各点所产生的物体在运动的知觉。

02.424 知觉后效 perceptual aftereffect
知觉到的对象消失后人脑中产生的对其相反的印象发生的效应。

02.425 自主运动 autokinetic movement
在特定的条件下，人们将静止刺激物看成是运动的现象。

02.426 诱导运动 induced movement
当一静止物体周围的其他物体运动时，该物体被知觉为运动的现象。

02.427 动景器 stroboscope

演示在一定速度条件下连续微小变化的静止物体产生运动的视觉效果的仪器。

02.428 追踪器 pursuitmeter
用于研究和测定知觉–动作技能的仪器。由追踪盘、操纵杆、计时器和计数器等部件组成。

02.429 立体镜 stereoscope
用平面镜或棱镜、木架、遮挡板等使左眼只看左图、右眼只看右图，从而形成立体视觉的仪器。分反射式和折射式两种。

02.430 知觉歪曲 perceptual distortion
个体对物体的知觉经验不完全符合或完全脱离物体本身特征的心理现象。

02.431 错觉 illusion
人在特定条件下对客观事物产生的有固定倾向的受到歪曲的知觉。可产生于各种感知觉通道中和不同感觉通道之间。

02.432 视错觉 optical illusion
个体接受视觉信息时因外界事物影响产生的歪曲性视知觉。

02.433 几何视错觉 geometrical optical illusion
因构成图形的几何元素彼此影响而使观察者对几何图形的长度、方向、大小和形状等的经验与事实不符的现象。

02.434 大小错觉 size illusion
同样的物体，在一些比它大的物体中看上去显得小，而在一些比它小的物体中则显得大的现象。

02.435 方向错觉 direction illusion
在周围背景的影响下，知觉到的图形的位置方向与实际的位置方向不一致的知觉现象。

02.436 波根多夫错觉 Poggendorff illusion
被两条平行线遮蔽的直线，看起来被分隔开的两条直线段不在一条直线上的现象。

02.437 黑林错觉 Hering's illusion
两条平行的直线，被许多在平行线中相交的直线分割后，看起来似乎向外弯曲的现象。

02.438 长度错觉 length illusion
在一定条件下原本等长的线段看起来长度不同的现象。包括横竖错觉、米勒–莱尔错觉、蓬佐错觉等。

02.439 横竖错觉 horizontal-vertical illusion
相互垂直的两条等长线段，其中垂直线平分水平线，而垂直线看起来比水平线长的现象。

02.440 米勒–莱尔错觉 Müller-Lyer illusion
两条完全相同的平行线段，两端有射线向外发散的线段比两端射线向内发散的线段知觉更长的现象。

02.441 蓬佐错觉 Ponzo illusion
因受两边纵向斜线影响，两条等长平行线看起来不等长，或同一角中同样大的圆，近角顶端的圆看起来比远者大的现象。

02.442 冯特错觉 Wundt illusion
竖直两条平行线，在特定背景下可能被错误地知觉为向内弯曲的现象。

02.443 拧绳错觉 twisted cord illusion
一组竖直且平行的线条，在某些背景下被知觉为向某一方向弯曲的现象。

02.444 透视错觉 perspective illusion
由于环境的透视效果使得大小相等的两个物体看起来因距离不同而有大小区别的现象。或在平面上再现空间感、主体感时给人造成的错觉。

02.445　月亮错觉　moon illusion
月亮刚刚在地平线升起时看起来比在天顶时要大，而实际上月亮离观察者的距离是恒定的视觉现象。

02.446　运动错觉　motion illusion
运动或静止物体因其他运动或静止物体引起静止或运动的视觉现象。

02.447　瀑布错觉　waterfall illusion
当人观察向下流动的瀑布一段时间后，再观察固定的区域，就会感觉到原本固定的区域向上运动的现象。

02.448　自主运动错觉　autokinetic illusion
当人在一个漆黑的房间中注视着一个固定的光点一段时间后，这个光点好像就会动起来的现象。

02.449　形重错觉　size-weight illusion
用两手掂量两个质量相同但大小不同的物体，倾向于将体积大者知觉为较轻的现象。

02.450　亚里士多德错觉　Aristotle illusion
当人用交叉的两个手指触碰一个物体，比如自己的鼻子时，会感觉到像在触碰两个物体的现象。

02.451　艾宾豪斯错觉　Ebbinghaus illusion
在中心圆具有相同半径时，人觉得被小圆包围的中心圆比被大圆包围的中心圆更大的现象。

02.452　亥姆霍茨错觉　Helmholtz illusion
一个在黑背景下的白色方块，和同样大小在白色背景下的黑色方块相比，人容易将前者知觉为较大的现象。

02.453　站台错觉　station illusion
由视觉优先而导致的相邻火车的运动而误判断自己所在火车向相反方向运动的错觉。

02.454　普尔弗里希效应　Pulfrich effect
观察者双眼注视一个在平面上左右摆动的物体时，一只眼用滤光片遮挡，该物体被知觉为忽前忽后地做椭圆运动的现象。

02.455　模式识别　pattern recognition
人或计算机把外界输入对象的信息与记忆中的有关信息进行比较，并判断对象的类别和特征的过程。

02.456　面孔识别　facial recognition
自动辨认出图像中面孔的能力。

02.457　原型　prototype
用以代表某一类别的样例。包含了该类别的所有典型特征。

02.458　原型说　prototype theory
认为一个类别是由其典型特征的集合所定义的，类别下的不同成员有着不同程度的典型性的学说。

02.459　特征比较模型　feature comparison model
通过提取刺激的特征、与已存的类别特征进行比较，将刺激进行分类的模型。

02.460　特征觉察器　feature detector
对刺激的某些特征(如亮度、朝向等)具有特异性反应的神经元。

02.461　马尔计算理论　Marr computational theory
马尔(D. Marr)提出的关于物体识别的计算理论。将视觉表征分为初级简图、2.5 维简图和三维模型。

02.462　编码特异性原则　encoding specific-ity principle
记忆的存储包括材料和编码方式两类信息，因此采取与编码方式相匹配的提取线索能够最有效地提取原有信息的原则。

02.463　模块论　modularity theory
认为进化而来的人脑具有先天的结构或预置功能，能够执行特定的任务或处理某一特定领域问题的理论主张。

02.464　注意　attention
心理活动的指向性。

02.465　有意注意　voluntary attention
又称"随意注意"。自觉的、因预定目的产生的，经过意志努力保持的注意。

02.466　无意注意　involuntary attention
又称"不随意注意"。由强烈的、新颖的或感兴趣的事物引发的无预定目的和意志努力的注意。

02.467　有意后注意　post voluntary attention
又称"随意后注意"。事前有预定目的，不需要意志努力的注意。是在有意注意的基础上产生的一种特殊形态的注意，是人所独有的注意形态。

02.468　选择性注意　selective attention
在面临干扰或竞争刺激时，保持在行为或认知定向上的注意。

02.469　分配性注意　divided attention
同时分配到一个以上任务上的注意。

02.470　注意分配　distribution of attention
注意同时指向正在进行的两种或多种任务的现象。

02.471　注意广度　attention span
同一时间内个体能够清楚觉察或知觉到的客体数量。

02.472　注意稳定性　stability of attention
注意长时间保持在某种任务上的能力。

02.473　注意转移　shifting of attention
注意从一个任务向另一个任务转移的现象。

02.474　分心　distraction
注意从当前任务向非当前任务转移的现象。

02.475　通道容量　channel capacity
特定感觉通道在单位时间内所能传递的信息量。

02.476　衰减说　attenuation theory
认为部分信息的强度在进入神经系统时会遭到衰减，低于激活阈限的信息将无法得到加工的学说。

02.477　过滤器模型　filter model
布罗德本特(D. E. Broadbent)1958 年依据双听实验的结果提出的一种理论解释模型。即将注意比作一个过滤器，认为信息在进入神经系统时因容量限制被过滤。

02.478　早期选择模型　early selective model
认为信息过滤发生在认知加工较早阶段，未被注意的信息被排除在高级知觉加工外的理论解释模型。

02.479　有限资源模型　resource limitation model
认为注意加工需要占有资源，当认知资源完全被占用时，新信息将得不到加工的理论解释模型。

02.480　并行分布加工模型　parallel distri-

buted processing model, PDP model
又称"PDP 模型"。认知系统由众多具有输入、输出和激活功能的加工单元组成，可同时或协同对信息进行加工的理论解释模型。

02.481　加工水平　level of processing
又称"加工深度(depth of processing)"。信息加工的精细程度。可分为感知加工、符号加工和语义加工三种水平。

02.482　并行加工　parallel processing
认知系统同时对多源输入信息进行加工的现象。

02.483　系列加工　serial processing
认知系统对多源输入信息逐一进行加工的现象。

02.484　并行搜索　parallel search
同时对所有输入项目进行加工的搜索。

02.485　系列搜索　serial search
逐一对所有输入项目进行加工的搜索。

02.486　自上而下加工　top-down processing
又称"概念驱动加工(conceptually driven process)"。从有关对象一般知识开始加工，形成的期望或对对象的假设将影响加工的所有阶段或水平的加工方式。

02.487　自下而上加工　bottom-up processing
又称"数据驱动加工(data-driven process)"。从外部信息开始的加工方式。即从较低水平的加工到较高水平的加工。

02.488　前注意加工　preattentive processing
注意的第一阶段，认知系统对信息的简单特征进行快速的、自动的平行加工。

02.489　内源性注意定向　endogenous atten-

tion orienting
由个体主观目的自上而下驱动的注意定向。

02.490　外源性注意定向　exogenous attention orienting
由客观刺激引导或诱发自下而上驱动的注意定向。

02.491　执行功能　executive function
控制和维持其他认知过程的认知系统。

02.492　表象　mental image
过去感知过的事物的形象在头脑中的再现。

02.493　记忆表象　memory image
感知过的事物在头脑中重现的印象。

02.494　表征　representation
反映外部现实的内部认知符号。

02.495　视觉表象　visual image
物体、场景等视觉信息的主观体验。

02.496　动觉表象　kinesthetic imagery
在头脑中重现的身体动作的肌肉运动感觉。

02.497　想象表象　imaginative image
对已有表象改造而成的新形象。

02.498　心理旋转　mental rotation
大脑对物体表征进行二维或三维旋转的过程。

02.499　心理扫描　mental scanning
大脑对表征进行扫视的过程。

02.500　心理运动　psychomotor
从感知到动作反应的过程及其相互协调的活动。

02.501　想象　imagination

大脑中形成从未在客观世界感知到的表象或观念的过程。

02.502　再造想象　reproductive imagination
以经验、记忆为基础，根据语言描述或图样示意，在头脑中形成相应新形象的过程。

02.503　创造想象　creative imagination
不依据现成的语言描述或图样示意，独立地创造出新形象的过程。

02.504　有意想象　voluntary imagination
又称"随意想象"。有预定目的、主动地进行的想象。

02.505　无意想象　involuntary imagination
又称"不随意想象"。无预定目的和计划的想象。

02.506　记忆　memory
大脑对客观事物的信息进行编码、储存和提取的认知过程。也指存储信息的结构及其内容。

02.507　记忆广度　memory span
能记住一次呈现的独立事物的最大数量。是短时记忆容量的测量指标。

02.508　记忆系统　memory system
对不同性质信息进行加工和表征，具有不同操作模式和原则、不同神经基础和发生机制的相互独立的记忆过程。

02.509　记忆搜索　memory search
在记忆中搜索特定信息的过程。主要用于网络型的语义记忆模型和短时记忆中的信息提取。

02.510　初级记忆　primary memory
对当前意识中的信息进行的保持。具有暂时

的性质。

02.511　次级记忆　secondary memory
对当前意识以外的过去经验的存储。具有长期保持的性质。

02.512　记忆组织　memory organization
记忆中信息存储的结构。

02.513　元记忆　metamemory
人对自身记忆活动的认识、评价和监控过程。

02.514　内隐记忆　implicit memory
对过去经验无意识的记忆过程。

02.515　外显记忆　explicit memory
对过去经验有意识的记忆过程。

02.516　瞬时记忆　immediate memory
又称"感觉登记(sensory register)"。刺激作用于感觉器官而形成的信息痕迹。按刺激的物理特性对感觉形式进行编码，容量巨大，若不被注意且转入短时记忆即消失。

02.517　短时记忆　short-term memory, STM
容量有限且保持短暂的记忆。

02.518　长时记忆　long-term memory, LTM
有巨大容量可长期保持信息的记忆。

02.519　视觉记忆　visual memory
对视觉刺激信息进行编码、储存和提取的加工过程。

02.520　听觉记忆　acoustic memory
对听觉刺激进行编码、储存和提取的加工过程。

02.521　声像记忆　echoic memory

听觉刺激信息的感觉形式在听觉通道中短暂停留的过程。

02.522 陈述记忆 declarative memory
以事实性的过去经验为内容的记忆。

02.523 程序记忆 procedural memory
又称"非陈述记忆(nondeclarative memory)"。与陈述记忆相对。个体对具体事物操作法则的记忆。

02.524 情绪记忆 emotional memory
以体验过的情绪、情感为内容，以亲身感受和深切体验为方式的记忆。

02.525 情景记忆 episodic memory
以有关个体在特定时间、特定空间内经历的情景或事件以及与之相联系的信息为内容的记忆。

02.526 运动记忆 motor memory
以过去做过的运动、动作及相关信息为内容的记忆。

02.527 图像记忆 iconic memory
视觉刺激信息的感觉形式在视觉通道上短暂停留的过程。

02.528 形象记忆 imaginal memory
以感知过的事物形象为内容的记忆。

02.529 语义记忆 semantic memory
对词语及其语义永久性知识的记忆。即关于世界一般知识的记忆。

02.530 工作记忆 working memory
临时存储和操作信息的认知结构和过程。可从外界接受或从长时记忆中提取信息并对此进行操作。

02.531 全部报告法 whole-report procedure
要求被试报告出全部识记材料内容的感觉记忆研究方法。

02.532 部分报告法 partial-report procedure
要求被试只报告出全部识记材料中部分内容的感觉记忆研究方法。

02.533 速示器 tachistoscope
高速呈现各种视觉刺激的视觉实验仪器。

02.534 组块 chunk
由多个刺激联合而成较大的信息单位。

02.535 布朗–彼得森范式 Brown-Peterson paradigm
暂短呈现三个项目后，立即给被试两位数让其进行减三运算3～18s，在不同时间点上测验被试回忆项目的成绩以测量短时记忆的遗忘进程。

02.536 语义网络 semantic network
表征不同概念之间特定关系的网络。以节点代表概念，以连线代表概念之间的关系。

02.537 激活扩散模型 spreading activation model
一个概念节点被加工或受到刺激时，该节点被激活，并沿与其他节点的连线向四周扩散并逐渐减弱的理论模型。

02.538 层次网络模型 hierarchical network model
认为语义记忆的基本单元是概念，按逻辑的从属关系组成层次网络系统，相关特征则分层存储的理论模型。

02.539 命题网络模型 propositional network model
由命题表征表达的概念之间的关系建立的

模型。网络中的节点表示概念，连线表示概念间的联系。

02.540 命题表征 propositional representation
认为长时记忆信息储存方式是以命题形式对信息进行表征，不受母语及感觉通道的影响。

02.541 命题编码理论 propositional code theory
认为长时记忆中只有一种编码形式的理论。即只有命题形式的、语义的、抽象的表征。

02.542 编码 coding
对获得的信息进行表征，使其能被有效的加工和传递的心理过程。

02.543 自动编码 automatic coding
未经过主观意识的编码。

02.544 编码策略 coding strategy
个体获取信息，解释事物和组织信息为有意义的类别时采用的认知方式。

02.545 语义编码 semantic coding
对信息进行语义上的表征，使其能被有效地加工和传递的心理过程。

02.546 译码 decoding
信息加工过程中将长时记忆中储存的信息经检索提取并将代码还原为其所代表含义的过程。

02.547 双重编码说 dual coding hypothesis
主张人的长时记忆有表象和言语两种编码形式的理论。

02.548 识记 memorization
人对客观事物识别并记的过程。是记忆的开

始环节，也是保持和回忆的前提。

02.549 有意识记 intentional memorization
对记忆任务的要求和目的明确，可运用记忆的策略，注意力专注在刺激材料上的识记过程。

02.550 无意识记 unintentional memorization
无自觉的识记目的，不使用任何记忆策略，也不需要意志努力的识记过程。

02.551 意义识记 meaningful memorization
在对事物理解的基础上，依据事物的内在联系和已有的知识经验进行的识记。

02.552 机械识记 rote memorization
在不理解事物的情况下，根据事物的外部联系或表面形式进行的识记。

02.553 关键词法 key-word method
利用与学习项目发音相似且容易形成图像的项目进行联想以辅助记忆的方法。

02.554 储存 storage
记忆过程中，基于编码将组合整理过的信息做永久记录的心理操作。以便将来的检索。

02.555 记忆术 mnemonics
采用特殊的方式进行识记以改善记忆效果的技巧和方法。

02.556 复述 rehearsal
以言语对刚识记的材料进行重复，以巩固记忆的心理操作过程。

02.557 保持性复述 maintenance rehearsal
对识记项目仅进行听觉表征的机械复述。

02.558 再现 reproduction

过去的经验或识记过的事物在头脑中重新出现或在行为上重新表现出来的过程。包括再认和回忆。

02.559 再认 recognition
过去的经验或识记过的事物再次呈现时的辨认过程。

02.560 再认广度 recognition span
在 0.5s 短时间内呈现材料后，能够立即再认材料的最大数量。

02.561 再认阈限 recognition threshold
能引起再认某一刺激的最低刺激强度。

02.562 回忆 recall
当原来的识记材料或接触过的事物不在当前环境中时，仍能从记忆系统中提取出相应信息的过程。

02.563 自由回忆 free recall
要求被试尽可能多地回忆出原先识记的项目的过程。

02.564 系列回忆 serial recall
又称"顺序回忆(ordered recall)"。要求被试按识记顺序提取项目的过程。

02.565 线索回忆 cued recall
要求被试借助提取线索而进行回忆的过程。

02.566 回忆法 recall method
原来识记的材料不在当前环境中时，要求被试把它提取出来的一种记忆研究的实验方法。

02.567 节省法 saving method
又称"再学法(relearning method)"。测量重新学习达到恰好背诵的程度时所用时间与先前学习所用时间的差来表示学习效果的

一种记忆研究的实验方法。

02.568 重建法 reconstruction method
要求被试把刚刚呈现过的刺激按原次序排列的一种记忆研究的实验方法。

02.569 启动 priming
先前经验对随后的认知任务产生正向或负向影响的过程。

02.570 语义启动 semantic priming
以启动刺激的语义、概念特征为启动条件，促进目标刺激反应的过程。

02.571 首因效应 primacy effect
(1)位于系列首部项目的记忆效果优于位于系列中部项目记忆效果的现象。(2)个体在与他人交往过程中，最先接收到的信息比后续信息对形成印象影响更大的现象。

02.572 近因效应 recency effect
(1)位于系列尾部项目的记忆效果优于位于系列中部项目记忆效果的现象。(2)个体与他人交往过程中，最近接收到的信息对形成印象影响更大的现象。

02.573 系列位置曲线 serial position curve
依据项目在识记过程中的顺序描绘出的识记效果(正确率或错误率)的曲线。

02.574 系列位置效应 serial position effect
识记系列项目时，项目在系列中的位置对记忆效果的影响。

02.575 联想 association
由一事物想到另一事物的心理过程。

02.576 联想记忆 associative memory
通过与其他的知识单元的联系进行的记忆。

02.577　联想律　association law
解释联想形成的法则。包括接近律、相似律、对比律、因果律等。

02.578　接近律　law of contiguity
联想律之一。对时间–空间上接近的事物易产生接近联想。

02.579　相似律　law of similarity
又称"类比律"。联想律之一。凡具有相似特征的事物，互相间容易产生联想。

02.580　对比律　law of contrast
联想律之一。相对立的事物之间可相互引起联想。

02.581　因果律　law of causation
联想律之一。事物的原因与结果之间的观念可相互引起联想。

02.582　联想值　association value
在心理学实验中用来衡量无意义音节引发联想能力大小的指标。一个音节能联想起的事物越多，其联想值越高。

02.583　自由联想　free association
对呈现的每个刺激尽可能快地说出最先想起的词或事实，反应的内容不受任何限制的联想方式。

02.584　控制联想　controlled association
又称"受控联想""限制联想"。与自由联想相对。对联想做出一定限制。一般分为完全控制和部分控制。

02.585　顺行联想　forward association
又称"顺向联想"。在先学过的项目与后学过的项目之间形成的联想。

02.586　即时联想　immediate association

又称"直接联想"。不借助中介性事物，直接由一个事物的观念引起另一事物的观念的联想。

02.587　远隔联想　remote association
又称"间接联想"。借助中介性事物在两个没有直接联系的事物之间形成的联想。

02.588　邻近联想　adjacent association
又称"接近联想"。在时间–空间上接近的事物之间形成的联想。

02.589　因果联想　association by causation
在有因果关系的事物之间形成的联想。

02.590　对比联想　association by contrast
在性质或形式上相对的事物之间形成的联想。

02.591　相似联想　association by similarity
又称"类似联想"。在性质或形式上相似的事物之间形成的联想。

02.592　联想网络模型　associative network model
联想记忆的数学模型。由项目本身、学习线索和其他项目组成记忆表征。再认时，记忆项目与线索绑定，联合激活记忆表征。回忆时，在长时记忆中搜索符合项目与线索间的联系。

02.593　保持　retention
对事物识记后形成的知识经验在头脑中的存储过程。

02.594　遗忘　forgetting
识记过的材料不能提取，或提取时发生错误的现象。

02.595　动机性遗忘　motivated forgetting

由一定的动机驱使而出现的主动性遗忘。

02.596　线索性遗忘　cue-dependent forgetting
又称"线索依赖性遗忘"。在信息提取时因缺乏恰当的提取线索而导致的遗忘。

02.597　遗忘曲线　forgetting curve
又称"保持曲线(retention curve)"。由艾宾豪斯(H. Ebbinghaus)在记忆研究中发现的记录遗忘发展进程的曲线。反映记忆保持量随时间而变化的一般规律。即识记后最初一般时间遗忘较快，以后逐渐减慢，稳定在一个水平上。

02.598　无意义音节　nonsense syllable
机械记忆实验时使用的一种材料。以拼音文字为基础，以若干个字母组合而成的不具有任何语义的音节。

02.599　记忆容量有限理论　theory of limited memory storage
一种遗忘理论假说。认为短时记忆能保持的信息项目有限。用来解释短时记忆中信息的遗忘过程。

02.600　记忆分子理论　molecular theory of memory
认为记忆过程中大脑相关细胞连接部位产生分子水平的改变的假说。

02.601　痕迹理论　trace theory
认为记忆的生理机制是以痕迹的形式保留在大脑中，痕迹得到巩固，事件就被记住的假说。

02.602　干扰理论　interference theory
认为遗忘不是记忆痕迹的衰退，而是新旧经验之间彼此相互干扰结果的假说。

02.603　前摄抑制　proactive inhibition

又称"前摄干扰(proactive interference)"。先学习的材料对识记和再现后学习的材料发生的干扰作用。

02.604　倒摄抑制　retroactive inhibition
又称"倒摄干扰(retroactive interference)"。后学习的材料对保持和回忆先学习的材料发生的干扰作用。

02.605　记忆痕迹　memory trace
由训练、练习或学习引起的大脑皮质相应部位的一系列生理变化。

02.606　记忆恢复　reminiscence
又称"复记"。识记某种材料后延缓回忆比即时回忆效果更好的现象。

02.607　约斯特定律　Jost's law
由约斯特(A. Jost)1897年研究发现的记忆保持过程的规律。即两个强度相同的学习序列，欲达到相同的学习效果，则先学序列的学习次数比较少，且消退较慢。

02.608　显明律　law of vividness
又称"显因律"。系列学习项目中的某项与其余各项不同或有突出特点时，对该项目的记忆效果优于其余各项的现象。

02.609　蔡加尼克效应　Zeigarnik effect
对未完成工作的记忆优于对已完成工作的记忆现象。由蔡加尼克(B. Zeigarnik)在1927年发现。

02.610　话到嘴边现象　tip-of-the-tongue phenomenon, TOT phenomenon
又称"舌尖现象"。在回忆过程中，明知对某事物相关信息非常熟悉但却暂时提取不出来的现象。

02.611　图式理论　schema theory

由获得的知识形成的心理结构。是个体对外部世界的理解，可用于组织现有知识，并为未来知识提供框架。

02.612 脚本 script
表示人们对日常生活事件记忆的高级知识结构。是知识表征的较大单位，表征特定情境中的事件和适当行为。

02.613 内部表征 internal representation
信息存储和组织的形式。是认知客体的反映，也是认知加工的对象。不同的表征方式对应着不同的加工方式。

02.614 概念 concept
以符号/词的形式对客观事物本质的描述。包括内涵和外延。

02.615 日常概念 everyday concept
日常的、现实的生活中接触到的和需要处理的事物对应的概念。

02.616 自然概念 natural concept
关于现实事物的概念。包括关于自然、社会和思维领域中各种客体、过程、联系和属性等的概念。

02.617 人工概念 artificial concept
实验室条件下，为模拟自然概念的形成过程而人为制造出的概念。通常是实验者将各种属性组合而成。

02.618 合取概念 conjunctive concept
根据一类事物中单个或多个相同属性而形成的概念。这些属性在概念中必须同时存在。

02.619 析取概念 disjunctive concept
根据不同的标准，由单个或多个属性相结合而形成的概念。这些属性在概念中不必同时

存在。

02.620 概念形成 concept formation
个体获得和掌握概念的过程。

02.621 概念结构 concept structure
构成所表征的概念的因素及其关系。

02.622 概念习得 concept acquisition
又称"概念获得"。经由学习而获得概念的过程。

02.623 概念确认 concept identification
一种简单的概念验证实验。如先让幼儿学习一种概念，随后要求指认该概念的事物。

02.624 概念体系 conceptual system
由一组相关的概念构成的一个整体。每个概念在体系中都占据一个确切的位置，层次分明，结构合理。

02.625 概括 generalization
把抽象出来的事物的若干共同属性联合起来推广到一类事物，使之普遍化的思维过程。

02.626 抽象 abstraction
抽取出某些事物的若干共同属性，并将这些属性推广到一类事物，使之普遍化的思维过程。

02.627 类比 analogy
根据两种事物之间性质的异同，用一种特定事物的性质来说明另一种特定事物，即借助前者理解后者的认知过程。

02.628 分析 analysis
思维的操作。将一个完整的对象分解为部分、属性或方面等，分别加以思考，并考虑它们相互之间的联系。

02.629 过滤式分析 analysis by filtering

没有确定的具体标准，连续地做出各种尝试，看其结果是否符合目的的分析。对各种可能的解决办法进行筛选。

02.630 假设检验说 hypothesis testing theory
由布鲁纳(J. Bruner)等人提出的一种假说。认为概念形成的过程是不断提出假设并验证假设的过程。

02.631 整体策略 whole strategy
在人工概念形成中，依据全部刺激形成假设的策略。

02.632 部分策略 partial strategy
根据肯定实例的部分属性形成概念假设并进行检验的策略。

02.633 同时性扫描 simultaneous scanning
根据第一个肯定实例所包含的部分属性形成多个部分假设，并同时予以检验的策略。

02.634 继时性扫描 successive scanning
在已形成的部分假设基础上，根据反馈，每次只检验一种假设的策略。

02.635 博弈性聚焦 focus gambling
一次改变第一个肯定实例(焦点)的两个或多个属性的策略。

02.636 保守性聚焦 conservative focusing
以第一个肯定实例(焦点)的全部属性为未知概念的相关属性，对各属性进行有无判别的策略。

02.637 共同中介说 theory of common mediation
由奥斯古德(C. E. Osgood)1953年提出的一个假说。认为概念是通过对一组刺激的共同的中介反应而形成的。

02.638 中介反应 mediation response
由刺激引发并激发后续行为的反应。

02.639 沃夫假设 Whorfian hypothesis
由沃夫(B. L. Whorf)提出的假设。认为不同语言在结构上对世界上不同事物的描述有所偏重，这种偏重对说话的人如何认知世界有一定影响。

02.640 判断 judgement
思维的基本形式之一。肯定或否定某种事物的存在，或说明事物是否具有某种属性的思维过程。

02.641 决策 decision making
权衡各种选择的利弊、风险，做出决定或选择。

02.642 赌徒谬误 gambler's fallacy
随机实验中，结果与期望有偏差时(如抛硬币结果正面远多于反面)，相信随后试验会向相反方向发展的认知偏差。

02.643 推理 inference, reasoning
从若干已知的判断得出新判断的思维形式。是借助已有的知识对事物进行间接的认识。

02.644 演绎推理 deductive inference
从一般原则得出关于具体事例的结论。其主要形式为三段论。

02.645 三段论 syllogism
在传统逻辑中，一个命题(结论)必然是从另外两个命题(前提)中得出的一种推论方法。包括大前提、小前提和结论法。

02.646 归纳推理 inductive inference
从众多具体事例中得出一般结论的推理。

02.647 逆向推理 backward inference

从问题的目标状态开始搜索直至找到通往初始状态的通路或方法。

02.648 直接推理 direct inference
只有一个前提的演绎推理。

02.649 间接推理 indirect inference
有两个以上相关前提的演绎推理。

02.650 无意识推理 unconscious inference
从感觉材料直接产生知觉的无意识过程。刺激未呈现的部分由此补足。

02.651 气氛效应 atmosphere effect
在三段论推理中，人们会受前提形式的气氛影响而得出结论的现象。

02.652 思维 thinking
运用分析和综合、抽象和概括等智力操作对感觉信息的加工。以记忆中的知识为媒介，反映事物的本质和内部联系。

02.653 逻辑思维 logical thinking
遵循严密的逻辑规律，对概念进行逐步分析，层层推演，最后得出符合逻辑的结论的思维方式。

02.654 具体思维 concrete thinking
利用头脑中的具体形象，通过对各种形象的组合与排列而进行的思维方式。

02.655 抽象思维 abstract thinking
利用已有的语词或符号表示的概念，进行判断推理的思维活动。是人类思维的核心和主要方式。

02.656 抽象逻辑思维 abstract-logic thinking
能进行假设演绎推理和命题推理的科学思维方式。

02.657 直觉思维 intuitive thinking
根据对事物现象及其变化的直接感触而做判断的思维方式。

02.658 直觉动作思维 intuitive-action thinking
依靠对事物的直接感知和实际动作解决问题的思维方式。

02.659 目的指向性思维 goal-directed thinking
指向一定问题解决的思维操作过程。受人的意识控制，是人主导的思维活动。

02.660 联想思维 associative thinking
与目的指向性思维相对。具有自发的联想性质的思维。通常没有明确的目的，很少受意识的控制。

02.661 再造思维 reproductive thinking
根据别人的言语叙述、文字描述或图形示意等，在头脑中形成相应新形象的思维过程。

02.662 创造思维 creative thinking
应用独持的、新颖的方式解决问题的思维活动。通常会需要重新组织已有的知识经验，提出新的方案或程序。

02.663 发散思维 divergent thinking
从问题的要求出发，沿不同的方向去探求多种答案，重新组织当前信息和已存储信息，产生出大量独特的新思想的思维形式。

02.664 辐合思维 convergent thinking
将与问题有关的信息聚集起来以获得一个正确答案的思维形式。

02.665 形象思维 imagery thinking
运用表象进行认知操作的思维活动。即在头脑中对已有表象进行加工改造而形成新形象的心理过程。

02.666 具体形象思维 concrete visual thinking

依靠对事物具体信息的表征解决问题的思维方式。

02.667 无形象思维 imageless thinking

没有表象参与的思维方式。由无表象的"意义"构成。

02.668 出声思维 thinking aloud

要求被试尽可能详细地通过口头言语把他们解决问题的思考过程全部表达出来的实验程序。

02.669 我向思维 autistic thinking

不顾外部现实世界因素，由内心愿望或欲求所控制的思维活动。

02.670 现实性思维 reality thinking

受外部现实世界约束的思维活动。其特点是注重客观现实，意识性较强，思维进程受逻辑、证据和现实的约束。

02.671 经验思维 empirical thinking

人们凭借日常生活经验进行的思维活动。

02.672 理论思维 theoretical thinking

根据科学的概念、理论和规律，判断某一事物，解决某个问题的思维活动。

02.673 集中性沉思 concentrative meditation

通过长时间把注意力集中于单一事物，来训练自己形成一个总焦点或单一注意点的方法。

02.674 思维流畅性 fluency of thinking

单位时间内发散项目的数量。创造性高的人，能在短时间内想出数量较多的项目。

02.675 思维独创性 originality of thinking

对问题能提出超乎寻常的、独特新颖的见解。是最高层次的思维特征。

02.676 直觉 intuition

一种不经过分析、推理的认识过程而直接快速地进行判断的认识能力。

02.677 顿悟 insight

又称"领悟"。在问题解决中，对整个问题情境的突然领悟和豁然开朗。理解了问题情境中的各种部分之间的关系。

02.678 灵感 inspiration

因思维过程中的认识飞跃而突然产生的新想法。

02.679 问题解决 problem solving

导致某个问题得到解决的思维活动。需要利用问题情景所提供的线索，也需要利用在长期经验中所积累的知识。

02.680 问题表征 problem representation

问题在头脑中的表现形式。包括各个组成部分在头脑中的相互关系等。

02.681 问题空间 problem space

问题解决者对所要解决的问题的一切可能的认识状态。包括对问题的初始状态、中间状态和目标状态的认识。

02.682 迂回问题 detour problem

为了实现最终目标，暂时扩大初始状态与目标状态之间差异的问题。

02.683 两难问题 dilemma problem

具有两种选择但每种选择都存在难以接受方面的问题。

02.684 外倾问题 externalizing problem

带有反社会或破坏性、违规的行为问题。

02.685　内倾问题　internalizing problem
指向于内部的情绪或行为的适应问题。

02.686　算法　algorithm
解决某个特定问题的一种方法或程序。保证最终解决问题。

02.687　手段–目的分析　means-ends analysis, MEA
将问题需要达到的目标状态与当前状态做比较，寻找适宜的手段减小两者之间的差别，从而达到目标状态的过程。

02.688　产生式系统　production system
完成一个特定任务需要许多各式各样的产生式，它们有机地组织在一起形成的一个整体。

02.689　口语记录　protocol
以口头言语的形式陈述出自己的心理活动过程及行为表现。使内在的过程外部言语化。

02.690　心理定势　mental set
重复先前的心理操作所引起的对活动的准备状态。可能促进问题解决，也可能妨碍问题解决。通常不进入意识。

02.691　功能固着　functional fixedness
认为物体只有通常的那种功能，在问题解决过程中难于从其他的角度去看待物体，发现其新功能的现象。

02.692　问题解决定势　problem solving set
问题解决的准备状态或行为倾向。可使人按常规不费力地解决问题，但妨碍创造性地解决问题。

02.693　形式运算　formal operation
针对假设和可能的情况进行思考，不必依靠真正感知到的具体的事物而进行的抽象思维。

02.694　决策框架　framing of decision
决策者所拥有的有关动作、结果以及某一特定选择可能引发的有关情况的一系列概念。

02.695　类推　reason by analogy
采用相似的事物来推论或衡量的方法。

02.696　技能　skill
借助相关知识和已有经验，并通过足够练习而获得的能够完成一定任务的动作系统。

02.697　动作　act
个体在一定动机和目的驱动下对相应客体做出的系列运动。

02.698　动作稳定性　action stability
个体保持动作属性随时间恒定的程度。

02.699　动作灵活性　dexterity of action
肢体动作能够根据实际情境进行随意变换的程度。是反映个体肢体技能的一项指标。

02.700　随意运动　voluntary movement
由大脑运动皮质直接控制、受意识支配的躯体运动。

02.701　不随意运动　involuntary movement
不受意志所支配而由肌肉不自主收缩所发生的一些无目的的动作。

02.702　练习　exercise
通过多次重复的控制调节，逐步学会一定技能或完成特定任务的过程。

02.703　程序性知识　procedural knowledge
如何做的知识。

02.704　练习曲线　practice curve

表征练习次数与练习成绩之间关系的线图。

02.705　练习极限　practice limit
通过练习能够达到的最高成绩。

02.706　天花板效应　ceiling effect
由于实验任务难度过低而导致被试成绩普遍较高且没有差异的现象。

02.707　地板效应　floor effect
由于实验任务难度过高而导致被试成绩普遍较低且没有差异的现象。

02.708　高原期　plateau period
随着学习成绩的提高而在练习曲线上表现的一段近乎平缓的线段。

02.709　文森特曲线　Vincent curve
通过将所有个体学习曲线的学习开始与结束时期划齐后再进行曲线整合从而得到的平均曲线。

02.710　迁移　transfer
一种学习影响另一种学习结果的现象。

02.711　交叉迁移　cross-transfer
一侧肢体的肌肉锻炼会使异侧肌肉力量同样得到改善的现象。反映出神经在运动训练中的重要性。

02.712　尝试错误说　trial and error theory
认为学习是渐进的尝试与不断改正错误的过程的学说。

02.713　回避性训练　avoidance training
通过在伤害性刺激产生前呈现无威胁预报信号，促使动物学会对预报信号产生回避行为的训练。

02.714　镜画　mirror drawing

要求被试通过观看镜中图形并使探笔依照图中路径移动至终点的测验任务。

02.715　迷津　maze
一种由通路和盲径组成的、具有起点和终点的心理实验装置。用以研究学习与学习能力等问题。

02.716　触棒迷津　stylus maze
要求被试用触棒在金属槽中完成迷津实验任务的一种迷津实验方式。

02.717　手指迷津　finger maze
在平板上装有凸起铁丝或沟槽作为路径，并蒙住被试眼睛，让其用食指探索正确途径的一种迷津实验方式。

02.718　纸笔迷津　paper-pencil maze
要求被试用铅笔在迷津图上划线以表示从入口到出口正确路径的一种迷津实验方式。

02.719　耶基斯–多德森定律　Yerkes-Dodson law
由耶基斯(R. M. Yerkes)和多德森(J. D. Dodson)研究发现提出的反映动机水平与工作效率关系的定律。即随唤醒或工作动机与任务难度水平的增加，呈现出与工作绩效之间倒U形曲线关系。

02.720　情绪　emotion
人对内外信息的态度体验以及相应的行为和身体反应。以个体的愿望和需要为中介。

02.721　情绪反应　emotional response
由情绪引起的主观体验、表情和生理唤醒。

02.722　情绪维度　emotional dimension
情绪所固有的某些特征。主要指情绪的动力性、激动性、强度和紧张度等方面。

02.723 表情 emotional expression
情绪发生时身体各部分的动作量化形式。包括面部表情、姿态表情和语调表情。

02.724 面部表情 facial expression
面部皮肤、肌肉和腺体分泌变化所组成的复合模式。

02.725 姿态表情 gesture expression
四肢与躯干动作传达的表情信息。

02.726 语调表情 intonation expression
用语调所表示的态度或口气。

02.727 情感 affection
与人的社会性需要相联系的主观体验。具有较大的稳定性、深刻性和持久性。

02.728 理智感 rational feeling
对认知和评价事物的自我感受。

02.729 热情 enthusiasm
对人、事、物等强烈的趋向性情感。

02.730 美感 aesthetic feeling
根据一定审美标准评价事物时产生的愉悦的情感体验。

02.731 情感两极性 bipolarity of feeling
情感的各维度均可以用两种对立状态来表达的特征。

02.732 需要 need
有机体内部的一种不平衡状态。表现为有机体对内部环境或外部生活条件的稳定要求，并成为有机体活动的源泉。

02.733 个体需要 individual need
个体对某种客观事物的要求。是个体行为积极性的源泉。

02.734 原生需要 primary need
又称"第一需要""生物性需要"。人和动物共同具有的需要。其作用是维持个体的生命和种族的延续。

02.735 派生需要 secondary need
又称"第二需要"。在原生需要的基础上，在社会生活的影响下，通过个体的学习、经验而获得的需要。

02.736 动机 motivation
由目标或对象引导、激发和维持个体活动的一种内在心理过程或内部动力。

02.737 冲动 impulse
无清楚、合理的理由而反复出现的强烈、短暂的动机。常损害他人和自身的利益。

02.738 动机本能说 instinct theory of motivation
认为人类的所有行为都是以本能为基础的学说。

02.739 动机享乐说 hedonic theory of motivation
认为人的一切活动都是来自求乐避苦的愿望、将追求快乐当作人的动机基础的学说。

02.740 高级心理过程 higher mental process
需要进行复杂信息加工的心理过程。一般认为包括思维、语言、情感、意志、记忆、推理等。

02.741 个体差异 individual difference
个体在其先天素质基础上通过后天环境与实践活动的相互作用而形成的、不同于其他个体的生理、心理特点。

02.742 人差方程 personal equation
由个体差异导致的观测误差。

02.743　抱负水平　aspiration level
个体在做某件事之前估计、渴望自己达到的成就水平。

02.744　心境　mood
一种比较微弱而在长时间里持续存在的情绪状态。具有弥散和广延的特点。

02.745　意志　will
个体有选择性地在自己的活动中设置一定目的，并为达到该目的而自觉决定和组织自己的行为的心理过程。

02.746　能力　ability
人们成功地完成某种活动所必需的个性心理特征。包括实际能力和潜在能力两个方面。

02.747　能力倾向　aptitude
经过适当训练或被置于适当环境下完成某项任务的可能性。

02.748　素质　diathesis
狭义指与某种身体症状有关的遗传品质或特征。广义指人们先天具有和后天习得的一系列特点与品质的综合。

02.749　智力　intelligence
个体学习和解决问题的综合能力。

02.750　气质　temperament
巴甫洛夫(I. P. Pavlov)提出的依赖于生理素质或与身体特点相联系的人格特征。

02.751　气质类型　temperament type
对气质按照体液、体型、血型、神经活动类型等来进行的分类。

02.752　多血质　sanguine temperament
以热情、感情丰富、抱有希望为特点的气质类型。

02.753　胆汁质　choleric temperament
以易激动的、敏感的、易发怒的、争强好斗为特点的气质类型。

02.754　黏液质　lymphatic temperament
以情绪平稳、稳重忠实、沉默寡言、自制力强为特点的气质类型。

02.755　抑郁质　melancholic temperament
以多愁善感、想象丰富、孤僻离群、软弱胆小为特点的气质类型。

02.756　气质血型说　blood type theory of temperament
根据血型来划分气质类型的学说。分为 A 型、B 型、O 型和 AB 型四种。

02.757　性格　character
人较为稳定的态度和行为的特征。

02.758　内向　introversion
又称"内倾"。个体倾向于指向内部的主观世界，表现出爱思考、孤僻、迟疑等特点的人格特质。

02.759　外向　extraversion
又称"外倾"。个体倾向于指向外部环境，表现出好交际、果断、冒险等特点的人格特质。

02.760　性格机能类型论　theory of character function type
贝恩(A. Bain)和里博(T. Ribot)提出的一种性格类型理论。即依据智力、情绪和意志将性格划分为理智型、情绪型、意志型和其他一些中间类型。

02.761　还原论　reductionism
主张通过把高级运动形式还原为低级运动形式，把复杂的事物分解为最基本的组成部分来进行研究和解释事物的一种观点和方法论。

02.762 整体论 holism
相对于还原论。即把一个事物以一个整体的功能作为独立单元进行研究的方法论。

02.763 特质理论 trait theory
由奥尔波特(G. W. Allport)提出的一种人格理论。认为人格由许多特质要素构成，特质是人格的最小单位，是激发与指导个体的各种反应的恒常的心理结构。

02.764 类型论 type theory
20 世纪 30~40 年代在德国产生的一种人格理论。即根据某种标准将具有相似人格特性的人加以归类，归类后即以该类最具代表性的特征加以命名。

02.765 人格结构 personality structure
人格的构成成分。是人格学者为解释心理特征和行为倾向中存在的稳定的个体差异而提出的假设性概念。

02.766 场依存性 field dependence
容易受外界信息的干扰而扭曲自己判断的倾向或认知风格。

02.767 场独立性 field independence
不受外界信息干扰的倾向或认知风格。

02.768 斯泰尔–克劳福德效应 Stile-Crawford effect
描述光线从瞳孔不同位置或角度进入眼睛而引起的视觉效应(明暗或色调)不同的现象。

02.769 人格量表 personality scale
依据一定的人格理论研制的用以测定个体人格特征的工具。

02.770 智力三元论 triarchic theory of intelligence
又称"成分智力说(theory of componental intelligence)"。由斯腾伯格(R. J. Sternberg)1985 年提出的智力理论。认为计划和执行任务时表现出的认知操作能力，包括元成分、执行成分和知识习得成分。

02.771 经验智力 experiential intelligence
斯腾伯格智力三元论的一个组成，运用经验处理新任务和新情境的能力及信息加工自动化的能力。

02.772 情境智力 contextual intelligence
斯腾伯格智力三元论的一个组成，适应环境、选择合适的环境以及有效地改变环境以适应需要的能力。

02.773 g 因素 general factor, g factor
斯皮尔曼(C. Spearman)提出的智力二因素中的一种。是个体从事各种活动必需的基本能力。

02.774 s 因素 specific factor, s factor
斯皮尔曼提出的智力二因素中的一种。是个体完成某种特定性质的作业所必备的特殊能力。

02.775 卡特尔智力理论 Cattell-Horn theory of intelligence
卡特尔(J. M. Cattell)提出的区分晶体智力和液体智力的学说。认为前者是已有知识的总和，后者则在于获得新知识。

02.776 晶体智力 crystallized intelligence
又称"晶态智力"。卡特尔智力理论中的一种组成，在有固定答案情况下，个体依据事实性资料的记忆、辨认和理解来解决问题的能力。

02.777　流体智力　fluid intelligence
又称"液态智力"。卡特尔智力理论中的一种组成，在新异且无固定答案情况下，个体表现出的信息加工、随机应变和问题解决的能力。

02.778　情绪智力　emotional intelligence
识别和理解自己和他人的情绪状态，并利用这些信息来促进问题解决和调控行为的能力。

02.779　智商　intelligence quotient, IQ
通过一系列标准测试所获得个人认知能力与同年龄段常模的比值。是智力测验中表示一个人智力水平的指数。

02.780　心理语言学　psycholinguistics
研究语言的产生、理解和获得等过程中有影响的心理或神经生物学因素的心理学分支学科。

02.781　神经语言学　neurolinguistics
研究语言的产生、理解和获得的神经机制的学科。

02.782　言语活动　speech activity
按一定语法规则发出一连串语音，以产生有意义话语的过程。

02.783　言语知觉　speech perception
听者对口语中语音、音节、词汇、韵律特征等信息的识别和理解。

02.784　语言理解　language comprehension
口语或书面的语言输入转化成意义的过程。

02.785　言语生成　speech production
从组织交流意图，激活概念，提取词义、句法和语音信息，到控制发音器官发出声音的过程。

02.786　言语清晰度　speech articulation
听者能够正确识别的言语单位数占发音者发出的言语单位数的百分比。

02.787　口头语言　spoken language
与书面语言相对。口头交际时所使用的、最早被人类普遍应用的语言形式。

02.788　书面语言　written language
与口头语言相对。用书写系统表达的语言。

02.789　手语　sign language
使用手势、身体动作、面部表情表达思想的语言。

02.790　第一语言　first language
又称"母语(native language)"。一个人出生之后最先接触并获得的语言。

02.791　第二语言　second language
在第一语言之后学习掌握的另一种语言。

02.792　双语　bilingualism
能熟练使用两种语言的现象。

02.793　理解策略　comprehension strategy
在一个人的语言知识和对周围世界的知识经验基础上形成的，可使人们以比较快的速度来理解句子的策略。

02.794　语调模式　intonation pattern
句子或短语的音高变化模式。标志着词的组合和词之间的凸显关系，反映句子的语法结构和语义。

02.795　言语范畴知觉　categorical perception of speech
不能区分属于同一音位范畴的不同语音而容易区分落在音位界限两侧的语音的现象。

02.796 词优势效应 word superiority effect
人们对出现在词中的字母识别更快、更准确的现象。

02.797 语法 grammar
将词组或短语组成句子以表达特定意思的一套规则。

02.798 语境 context
话语等语言学信息与说话的场所等非语言信息提供的背景。

02.799 复杂性派生理论 derivation theory of complexity
认为句子的心理复杂性与生成过程中的转换次数成正比的理论。

02.800 生成理论 generative theory
理论语言学中一个关于句法的理论。试图描述形式算法如何生成符合语法的语言结构。

02.801 生成语义学 generative semantics
生成语言学的一个语义学分支。主张语言的最深层的结构是义素，通过句法变化和词汇化而得到表层的句子形式。

02.802 生成语法 generative grammar
运用一系列规则对语言进行结构描写并说明如何产生合乎语法的句子的语法。

02.803 转换语法 transformational grammar
乔姆斯基(N. Chomsky)提出的用于句子深层结构和表层结构之间或不同形式表层结构之间进行变换的一套转换规则。

02.804 转换规则 transformational rule
把深层结构转化为表层结构或把一种形式的表层结构转化为另一种形式的表层结构所采用的句法规则。

02.805 表层结构 surface structure
实际上形成的句子各成分的表层排列。

02.806 深层结构 deep structure
表达句子意义的底层结构。

02.807 短语结构语法 phrase structure grammar
把句子分解为各种组成部分的规则系统。

02.808 树形图 tree diagram
又称"树状图"。说明同一语系中各语言谱系关系，或者句子中词之间语法关系的树形结构图。

02.809 歧义 ambiguity
语言学单位具有多于一种的意义。

02.810 词汇歧义 lexical ambiguity
一个词具有多种独立意义时出现的歧义。

02.811 句法歧义 syntactic ambiguity
一个句子中的词能组成多种合理的句法结构时出现的歧义。

02.812 句法 syntax
规定词如何结合成句子的语法规则。

02.813 心理词典 mental lexicon
人脑中关于词汇的正字法、语音、语义和句法等信息的知识库。

02.814 语义 semanteme
词汇、短语、句子、话语以及篇章等的意义。

03. 心理统计与测量

03.001 总体 population
研究对象的全体。通常分为无限总体和有限总体，前者的个体数目无限，后者的个体数目有限。

03.002 样本 sample
按照一定的抽样规则从全体研究对象（总体）中取得的一部分个体。用以进行观察和测量，据以推测总体的特征。

03.003 大样本 large sample
容量大于等于 30 的样本。

03.004 统计量 statistic
描述样本的数值。

03.005 频数 absolute frequency
又称"次数"。对总数据按某种标准进行分组，统计出的各个组内含有的个体数。

03.006 频数分布 frequency distribution
又称"次数分布""变量分布"。在统计分组的基础上，将总体中各单位按组归类整理，按一定顺序排列，形成总体中各单位在各组间的分布。

03.007 统计表 statistical table
将要统计分析的事物或指标以表格的形式列出来的一种表现形式。

03.008 统计图 statistical chart
用来表达统计指标与被说明的事物之间数量关系的图形。

03.009 直方图 histogram
用一系列宽度相等、高度不等的矩形连接起来的表示统计数据的图。

03.010 累计频数图 cumulative frequency polygon
用来表示向上或向下的累积频数的图形。

03.011 列联表 contingency table
观测数据按两个或两个以上变量分类时所列出的频数表。

03.012 散点图 scatterplot, scatter diagram
研究两个变量间相关时，可将每个个体的测量值与其相应的值作为一点，绘制而成的图。用以表示两个变量相关的分布趋势。

03.013 参数 parameter
描述总体特征的数值。由总体的全部观察值计算得出或者由样本统计值推论得到。

03.014 基础率 base rate
未经选择的总体中某类现象的出现率。

03.015 变量 variable
测量或操纵的条件、现象、事件或事物的特征。在性质、数量上可以变化。

03.016 连续变量 continuous variable
在区间内可以任意取值的变量。其数值是连续不断的，相邻两个数值可作无限分割（取无限个数值）。

03.017 离散型变量 discrete variable
数值只能用整数单位计算的变量。

03.018 自变量 independent variable
能够独立的变化而引起其他变量变化的条

件或因素。

03.019 因变量 dependent variable
实验中研究者要观测的量。随着自变量的改变而变化。

03.020 中介变量 intervening variable
位于两个观察变量之间用以解释这两个变量之间关系的变量。

03.021 区组变量 blocking variable
实验设计中用以划分区组的额外变量。

03.022 同质性 homogeneity
几个变量之间的相似程度。

03.023 描述统计 descriptive statistics
通过图表或数学方法，对数据资料进行整理、分析，并对数据的分布状态、数字特征和随机变量之间关系进行估计和描述的方法。分为集中趋势分析、离中趋势分析和相关分析三大部分。

03.024 集中趋势分析 central tendency analysis
对数据分布中大量数据向某个数值集中程度进行分析的一种描述统计方法。

03.025 离中趋势分析 dispersional tendency analysis
对数据分布中数据彼此分散程度进行分析的一种描述统计方法。

03.026 相关分析 correlation analysis
对双变量之间的相互关系进行分析的一种描述统计的方法。

03.027 集中趋势 central tendency
数据分布中大量数据向某方向集中的程度。

03.028 集中量数 measure of central tendency
描述集中趋势的量数。包括算术平均数、加权平均数、几何平均数和调和平均数。

03.029 算术平均数 arithmetic mean, AM
一组观察值的总和与其数目之比。

03.030 加权平均数 weighted mean
若干个价值大小不同的算术平均数的平均数。纳入计算的观察值对算术平均数具有不同的重要性时按不同的权重计算得到。

03.031 几何平均数 geometric mean, geometric average
n 个测量值连乘积的 n 次方根。

03.032 调和平均数 harmonic mean
一组测量值倒数的算术平均数的倒数。是反映集中趋势的一种量数。

03.033 中数 median
全称"中位数"。按顺序排列在一起的一组数据中居于中间位置的数。即在这组数据中，有一半数据比它大，有一半数据比它小。

03.034 众数 mode
在分布中出现次数最多的那个数的数值。

03.035 离中趋势 divergence tendency
在数列中各个数值之间的差距和离散程度。

03.036 差异量数 measure of difference
又称"离散量数"。度量和描述一组数据变异性或离中趋势的统计量。主要包括四分位差、方差、标准差等。

03.037 四分[位]差 quartile deviation
在一组按大小顺序排列的数据中，位于中间50%的数据的全距的一半。

03.038　方差　variance

又称"变异数""均方（mean square）"。总体中各变量值与其均数之差平方后的均数。即离均差平方后的平均数。

03.039　标准差　standard deviation

方差的平方根。用作一组数据离散程度的量数。

03.040　变异系数　coefficient of variation, CV

又称"相对标准差（relative standard deviation, RSD）"。标准差在平均值中所占的百分率。

03.041　剩余标准差　residual standard deviation

又称"标准估计误差（standard error of estimate）"。在回归模型中不能被回归直线所解释部分的变异大小。

03.042　处理均方　mean-square of treatment

在随机组设计中，变异中由于处理各水平间的不同和随机误差而产生的方差。

03.043　标准误差　standard error

描述样本均值对总体期望值的离散程度的统计量。

03.044　离差　deviation

表示某个数据偏离所在组数据平均值程度的统计量。通常用标准差、平均偏差或平均差来度量。

03.045　离差平方和　sum of deviation square

各个数据与其所在组平均数之差的平方总和。可以作为描述数据之间差异程度的指标。

03.046　百分位数　percentile

在整个分布中，某一值之下或等于该值的分数的百分比所对应的分数。

03.047　百分等级　percentile rank

在频率分布或分数群中低于给定值的那个分数的百分位数。与给定值对应。

03.048　相关系数　coefficient of correlation

用来反映变量之间相关关系密切程度和方向的统计指标。

03.049　Φ系数　Φ coefficient, phi coefficient

当两个分布都只有两个点值或只是表示某些质的属性时，它们之间的相关程度。是列联相关系数中的一种，适用于两个变量至少有一个为二值名称变量的情况。其取值范围为(0,1)，值越大表示两个变量相关性越强。

03.050　正态分布　normal distribution

概率论中最基本的一种分布，也是自然界最常见的一种分布。由平均值和方差两个参数决定。概率密度函数曲线以均值为对称中线，方差越小，分布越集中在均值附近。

03.051　标准正态分布　standard normal distribution

一种重要的连续型随机变量的概率分布。其平均数为 0、标准差为 1。

03.052　正态曲线　normal curve

正态分布的概率密度函数的图形。其特征是"钟"形曲线。

03.053　抽样　sampling

从总体中抽取一部分个体的过程。

03.054　随机抽样　random sampling

一种抽样的方法程序。按等概率原则直接从含有 N 个元素的总体中抽取 n 个元素组成样本（$N>n$）。

03.055　分层抽样　stratified sampling

将总体分层（如男的和女的、黑人和白人等）

的抽样程序。在各层中进行随机抽样,样本的数量与各层的总人数成比例。

03.056 两阶段抽样法 two-stage sampling
分两阶段完成抽样的抽样方法。一般先将总体分成若干群,从中随机选出一些群,再从被选出的群中进行随机抽样。

03.057 聚类抽样 cluster sampling
又称"整群抽样"。将总体中各单位归并成若干个互不交叉、互不重复的集合,即为群,然后以群为抽样单位抽取样本的一种抽样方式。

03.058 F 分布 F-distribution
自一个正态总体中随机抽取容量为 n_1 和 n_2 两个样本,其方差的比率分布。

03.059 t 分布 t-distribution
一种左右对称、峰态比较高狭,分布形状随样本容量 $n-1$ 的变化而变化的一族分布。

03.060 χ^2 分布 chi-square distribution
一个正偏态分布。随每次所抽取的随机变量 X 的个数(n 的大小)不同,其分布曲线的形状不同,n 或 $n-1$ 越小,分布越偏斜。df 很大时,接近正态分布,当 $df \to \infty$ 时,χ^2 分布即为正态分布。

03.061 推论统计 inferential statistics
运用统计推断的理论和方法,由随机抽取的样本推断总体特性的理论和方法。包括总体参数估计和假设检验两部分。

03.062 参数估计 parameter estimation
根据从总体中抽取的样本估计总体分布中包含的未知参数的方法。

03.063 点估计 point estimate
用数轴上某一点值表示的样本统计量来估计总体参数的方法。

03.064 区间估计 interval estimation
根据样本指标和抽样平均误差推断总体指标的可能范围的方法。

03.065 置信区间 confidence interval
在某一置信水平或显著性水平下总体参数所在的区域距离或长度。

03.066 置信系数 confidence coefficient
区间估计中置信区间的可信程度。是区间估计指标。

03.067 置信限 confidence limit
置信区间的上下限。

03.068 假设检验 hypothesis testing
在统计学中,通过样本统计量得出的差异做出一般性结论,判断总体参数之间是否存在差异的一种推论过程。

03.069 虚无假设 null hypothesis
又称"零假设"。心理学研究中被检验的假设。

03.070 备择假设 alternative hypothesis
在假设检验中关于两个变量之间关系的预测。

03.071 统计概率 statistical probability
一个随机事件发生的可能程度。

03.072 统计分析 statistical analysis
从数据出发去研究自然和社会规律的一种数理研究方法。

03.073 统计决策 statistical decision
依据概率统计提供的预测理论和方法所进行的决策。

03.074　统计显著性　statistical significance
运用概率来判断统计检验结果是否显著的
一项指标。

03.075　小概率事件　small probability event
发生概率小于 0.05 的事件。

03.076　贝叶斯定理　Bayes' theorem
关于随机事件A和B的条件概率和边缘概率
的定理。跟随机变量的条件概率以及边缘概
率分布有关。

03.077　中心极限定理　central limit theorem
概率论中讨论随机变量序列部分和的分布
渐近于正态分布的一类定理。

03.078　Ⅰ型错误　type Ⅰ error
又称"第一类错误(error of the first kind)"。
虚无假设本身正确,但由于抽样的随机性使
检验值落入了拒绝虚无假设的区域,致使做
出拒绝虚无假设的错误决断。

03.079　Ⅱ型错误　type Ⅱ error
又称"第二类错误(error of the second kind)"。
虚无假设本身不正确,但由于抽样的随机性
使检验值落入了接受虚无假设的区域,致使
做出接受虚无假设的错误决断。

**03.080　差异显著性　significance of differ-
ence**
不同样本的同一种统计量之间的差异程度
或某样本统计量与已知总体参数之间的差
异程度。

03.081　F检验　F-test
主要用于检验统计量是否服从F分布的一种
参数检验。由费希尔(R. Fisher)提出。

03.082　t检验　t-test
将 t 值作为检验两个独立或相关的正态总体

平均数差数的统计量的检验方法。

03.083　单样本t检验　one-sample t-test
样本统计量与其总体统计量,或理论值之间
的差异检验。如,要比较样本均值与总体均
值之间的差异可用单样本 t 检验。

**03.084　配对样本t检验　matched samples t-
test**
当观测值源自配对设计的配对样本时,基于
t 分布的总体均值差异检验。

03.085　Z检验　Z-test
通过计算Z值检验标准差已知的正态总体的
均值是否为某一常数,也可用作相关样本的
平均数差数等的检验方法。一般用于大样本
平均值差异性检验。

03.086　独立性检验　test of independence
主要检验双向多项分类数据中,两个类别特
征之间是独立还是具有显著的连带关系的
检验方法。是检验中的重要功能之一。

03.087　单尾检验　one-tailed test
又称"单侧检验(one-sided test)"。如果有充
分的理由认为样本代表的总体均数大于(或
小于)已知总体均数,则只需进行单方向的
检验。

03.088　双尾检验　two-tailed test
又称"双侧检验(two-sided test)"。只强调差
异不强调方向性的假设检验。

03.089　沙菲检验　Scheffé test
当方差分析结果显著时,需同时比较各组间
平均数差异的一种检验方法。

03.090　球形检验　sphericity test
因子分析中用于判断各题目之间相关系数
是否适于抽取因子的方法。

03.091 χ² 检验 chi-square test

根据事件出现频率而进行的一种统计显著性检验。最常用于方差检验、分布曲线拟合优度检验等方面。

03.092 非参数检验 non-parametric test

当假设检验总体分布未知或心理研究中所获得数据不全是等距变量或比率变量时，所使用的不需根据总体分布及参数进行统计分析的方法。

03.093 中数检验法 method of median test

一种用中位数作为统计量的非参数检验法。适用于两独立样本的差异显著性检验，用以检验两总体是否具有相同中数。

03.094 符号检验 sign test

通过对两个相关样本的每对数据差数的符号（正号或负号）进行检验的一种方法。比较这两个样本差异的显著性，从而推断总体均值是否相等。

03.095 曼-惠特尼 U 检验 Mann-Whitney U test

运用秩次之和比较两个独立样本的差异的一种非参数检验方法。

03.096 弗里德曼检验 Friedman test

把每一个个体的 k 个观测值的大小赋予相应等级，以这些等级为基础，计算 χ² 值作为检验统计量的一种非参数检验方法。

03.097 趋势检验 trend test

用于检验两个有序分类变量间是否存在线性变化趋势的一种检验方法。属于 χ² 检验范畴。

03.098 适合度检验 goodness of fit test

又称"拟合优度检验"。对预测模型进行检验的一种方法。比较其预测结果与实际发生

情况的吻合程度。

03.099 威尔科克森符号秩检验 Wilcoxon's signed rank test

通过检验两个相关样本的每对数据差值的符号（正号或负号）及大小，来比较两个相关样本差异显著性的一种非参数检验方法。

03.100 方差分析 analysis of variance

根据不同需要把某变量方差分解为不同的部分，比较它们之间的大小并用 F 检验进行显著性检验的方法。

03.101 单因素方差分析 one-factor analysis of variance

对同一因素的不同水平下各组样本均数间差异的统计学分析。

03.102 析因设计方差分析 analysis of variance of factorial design

实验包括两个或两个以上的因素，各因素的各水平间互相结合，从而构成多种组合处理的实验设计进行的方差分析。

03.103 协方差分析 analysis of covariance

将难以控制的因素作为协变量，建立因变量随协变量变化的回归方程，对经过回归修正后的因变量总体均数进行的方差分析。

03.104 方差齐性 homogeneity of variance

方差相等，两个或两个以上总体方差是否具有显著差异的特性。

03.105 误差均方 error mean square

在方差分析中，完全由随机误差所产生变异的平均数。

03.106 最小二乘法 method of least square

根据极值点处一阶导数为零的数学原理，使得线性回归方程中因变量之估计值与观察

值之差的平方和最小的数值分析方法。

03.107　费希尔 Z 转换　Fisher's Z transformation

将取自同一总体的几个样本的相关系数进行合成时，先将各样本的相关系数 r 值转换成等距单位的费希尔 Z 分数的过程。

03.108　费希尔得分　Fisher scoring

一种通过迭代策略估计模型参数的数值分析方法。常用于项目反应理论中的项目或被试能力参数估计。

03.109　检验统计量　statistic of test

进行假设检验时，因推断目的所需计算的统计量。

03.110　临界值　critical value

与检验统计量进行比较以做出统计决断或区间估计的数值。

03.111　无偏估计量　unbiased estimator

从样本得到的总体参数估计值的数学期望等于该参数真值的估计值。

03.112　缺失数据　missing data

一组数据中由于某种原因而缺失掉的数据。根据其产生机制，常被分成三种类型：完全随机缺失、随机缺失和非随机缺失。

03.113　多水平模型　multilevel model

一组处理允许同一水平内部的观测数据间存在相关关系的多层数据的统计模型。

03.114　非正态数据　nonnormal data

来自非正态总体的数据。其平均数与标准差的关系不满足正态分布下的概率密度函数关系。

03.115　抽样分布　sampling distribution

样本统计量的概率分布。是样本推断总体的理论基础。

03.116　二项分布　binomial distribution

一种随机事件只有两种可能结果的概率分布。

03.117　偏态分布　skewed distribution

由于观察值较多地分布于平均数一侧而形成的非对称的倾斜分布形态。包括正偏态分布和负偏态分布。

03.118　双峰分布　bimodal distribution

有两个众数（最大点）的频数分布。

03.119　边缘分布　marginal distribution

如果 (x, y) 是一个二维随机变量，称 x（或 y）的分布为 x（或 y）关于二维随机变量 (x, y) 的边缘分布。

03.120　生长曲线模型　growth curve model

一种处理追踪研究数据的统计方法。可同时对个体的发展趋势和个体间的差异进行解释。

03.121　多层线性模型　hierarchical linear model

一种用于多层嵌套结构数据的线性统计分析方法。

03.122　相关　correlation

变量间相互关系的测度。

03.123　正相关　positive correlation

两种事物或现象的数量同向变化的趋势。

03.124　负相关　negative correlation

两列变量中有一列变量变动时，另一列变量呈现出或大或小但与前一列变量方向相反的变动趋势。

03.125　完全相关　perfect correlation
一种最强的相关。即存在相关的两个变量，相关程度越高围绕直线的分布范围越小，所有点都落在直线上。

03.126　多重相关　multiple correlation
一个变量与多个（或一组）变量之间相互关系的测度。

03.127　二列相关　biserial correlation
一列等距或等比测量数据与另一列人为划分的二分变量数据之间的相关。

03.128　点二列相关　point biserial correlation
一列二分变量数据与一列等距或等比变量数据之间的相关。

03.129　积差相关　product-moment correlation
又称"皮尔逊相关（Pearson correlation）"。计算两列连续变量之间线性方向和相关程度最常见和最基本的方法。即离均差乘方之和除以 N。

03.130　等级相关　rank order correlation
等级排序的系列之间的相关。

03.131　斯皮尔曼等级相关　Spearman's rank correlation
适用于只有两列变量，而且是属于等级变量性质的具有线性关系的资料的一种等级相关。

03.132　零相关　zero correlation
两列变量之间相关值为零。

03.133　偏相关　partial correlation
控制其他变量后，两个随机变量之间的相关程度。

03.134　相关矩阵　correlation matrix
对角线元素为 1 且对称的相关系数矩阵。

03.135　肯德尔和谐系数　Kendall's concordance coefficient
又称"肯德尔 W 系数"。计算采用等级评定方法收集的多列等级变量数据相关程度的一种相关量。

03.136　肯德尔一致性系数　Kendall's consistency coefficient
又称"肯德尔 U 系数"。计算采用对偶评定方法收集的多列等级变量数据相关程度的一种相关量。

03.137　全距　range
将一组数据按顺序排列后，最大值与最小值之间的差距。

03.138　秩和　sum of ranks
秩次的和或者等级之和。

03.139　特征值　eigenvalue
又称"本征值"。在多元统计中被用于表示某一因素可解释的总变异量。

03.140　参数统计检验　parametric statistical test
仅由少数几个参数便可确定总体分布形式的统计假设检验。检验方法常是基于正态性的假定。

03.141　最大似然法　maximum likelihood method
求未知参数点估计的一种重要方法。其思路是，设一随机试验有若干个结果 A，B，C，…；如果在一次试验中 A 发生了，则可认为当时的条件最有利于 A 发生。故所求分布的参数，应使 A 发生的概率最大。

03.142 邓肯多重范围检验 Duncan multiple-range test
一种常用的、事先的、非正交对比的多重比较方法。

03.143 纽曼–科伊尔斯检验 Newman-Keuls test
多重比较的一种检验方法。适用于多个样本均数间每两个均数之间比较的多重极差检验。

03.144 多重比较 multiple comparison
当方差分析结果显著时，用来确定两组间均数差异的统计方法。

03.145 交互作用 interaction
多因素实验中，一个因素的水平在另一个因素的不同水平上对因变量的影响变化趋势不一致时的效果。说明两个因素之间存在交互作用。

03.146 主效应 main effect
在多因素实验中由一个因素的不同水平引起的变异。

03.147 自由度 degree of freedom
总体参数估计量中变量值独立自由变化的数量。

03.148 检验力 power of test
度量假设检验优劣程度的指标。即拒绝错误模型的概率。

03.149 拒绝域 rejection region
统计检验中拒绝虚无假设的统计量的取值区域。是假设检验判断准则的一种表示形式。

03.150 显著性水平 significance level
在统计推断中，观察值或假设检验统计量落入估计区间或拒绝域的概率。是统计推断错误的概率指标。

03.151 事后比较 post hoc comparison
在方差分析基础上进一步确定数据两两均值之间关系的统计方法。

03.152 重复测量设计 repeated measures design
将一组或多组被试者先后重复地施加不同的实验处理或在不同场合和时间点被测量至少两次情况的一种实验设计方法。

03.153 多重共线性 multicollinearity
线性回归模型中的解释变量之间由于存在精确相关关系或高度相关关系而使模型估计失真或难以估计准确的特性。

03.154 因素分析 factor analysis
处理多变量数据的统计方法。主要目的是用较少的因素变量来最大程度地概括和解释原有为数众多的观测信息，从而建立起简洁的概念系统，以揭示事物之间本质的联系。

03.155 探索性因素分析 exploratory factor analysis
当变量的因素结构未知时，通过降维处理探索多元变量本质结构的技术。

03.156 验证性因素分析 confirmatory factor analysis
由理论依据或概念架构来验证其计量模型的技术。

03.157 因素负荷 factor loading
因素分析模型中观察变量在其相对应的因素上的系数，表示它们之间关系的强度。

03.158 元分析 meta-analysis
以综合已有的发现为目的，对单个研究结果

进行综合的统计学分析方法。

03.159　逐步回归分析　stepwise regression analysis
多元回归分析中确定自变量个数的一种方法。按各个自变量对因变量作用的大小，从大至小逐个地引入回归方程。每引入一个自变量都要对回归方程中每一个自变量（包括刚引入的那个）的作用进行显著性检验，若发现作用不显著的自变量时，就将其剔除。

03.160　多元分析　multiple analysis
同时考虑多个反应变量的统计分析方法。其主要内容包括两个均值向量的假设检验、多元方差分析、主成分分析、因子分析、聚类分析和典范相关分析等。

03.161　判别分析　discriminant analysis
又称"分辨法"。在分类确定的条件下，根据某一研究对象的各种特征值判别其类型归属问题的一种多变量统计分析方法。

03.162　主成分分析　principal component analysis
考察多个变量间相关性的一种多元统计方法。主要研究如何通过少数几个主分量来解释多个变量间的内部结构。

03.163　聚类分析　cluster analysis
建立一个描述事物本质的指标体系的多元分析方法之一。依据数据指标，将分类对象置于一个多维空间中，按照它们空间关系的亲疏程度进行分类的一种数值分类法。

03.164　快速聚类法　_k_-means clustering
又称"_k_均值聚类法"。一种非分层的聚类方法。一般而言具体的类别个数需要在分析前就加以确定，整个分析过程使用迭代的方式进行。

03.165　层次聚类法　hierarchical cluster
聚类分析的一种方法。其聚类结果间存在着嵌套或层次关系。

03.166　路径分析　path analysis
回归模型的扩展，通过分析其相关结构来评估变量之间的相关关系。

03.167　向后削去法　backward elimination
一种回归分析中的变量选择程序。在建立回归模型时，首先让所有的自变量进入回归方程之中，然后逐一删除它们，直到方程中的所有解释变量都显著为止。

03.168　向前选择法　forward selection
一种回归分析中的变量选择程序。从空模型开始，首先进入方程的是与因变量相关最高的变量，直到没有满足进入标准的自变量为止，以此来评估变量之间的相关关系。

03.169　递归模型　recursive model
因果关系结构中全部为单向链条关系、无反馈作用的模型。

03.170　线性关系　linear relation, linear relationship
一个或多个自变量与因变量之间存在的一次函数关系。

03.171　线性回归　linear regression
对线性关系的回归分析。

03.172　多元回归　multiple regression
又称"多元线性回归"。一个因变量依两个或两个以上自变量的回归。是反映一种现象或事物的数量依多种现象或事物的数量的变动而相应地变动的规律。

03.173　偏回归　partial regression
多元回归中，在其他自变量保持不变的情况

下，某一自变量的变化所引起的因变量 Y 的平均变化。

03.174 决定系数 coefficient of determination
回归分析中，回归平方和在总平方和中的比率。常用 r^2 表示。

03.175 复决定系数 coefficient of multiple determination
又称"复相关系数(coefficient of multiple correlation)"。在多元回归中，表示一个因变量与多个自变量线性组合之间的相关程度的指标。常用 R^2 表示。

03.176 容忍度 tolerence
多元回归中，对于自变量是否存在多重共线性的检验指标。

03.177 因素旋转 factor rotation
因素分析中，对因素负荷矩阵进行线性变换，使各变量在公共因子上的负荷具有明显偏向，以便于解释因子意义的方法。

03.178 正交旋转 orthogonal rotation
在旋转过程中因素之间的轴线夹角设定为 90°，保持因素间各不相关的旋转方法。

03.179 斜交旋转 oblique rotation
在旋转过程中因素之间的轴线夹角大于或小于 90°，保持各因素自身相关的旋转方法。

03.180 同时估计 concurrent estimation
采用项目反应理论进行测验等值时，将两份待等值的测验合并后一次性估计的方法。一般用于非等组锚测验等值设计。

03.181 平衡设计 counterbalanced design
心理学实验中，通过对实验处理的顺序进行控制，以抵消因实验处理先后顺序而产生的顺序误差的实验设计技术。

03.182 准实验设计 quasi-experimental design
又称"类似实验设计"。对无关变量的控制好于非实验设计而差于真实验设计的一种实验设计。

03.183 信息矩阵 information matrix
数值分析中，进行迭代估计模型参数时构造的数值矩阵。常见的有费希尔信息矩阵(Fisher information matrix)和比恩鲍姆信息矩阵(Birnbaum information matrix)。

03.184 心理测验 mental test, psychological test
用以测量人们各种心理特征的个体差异的一种心理学技术。

03.185 测验法 test method
借助测验揭示心理现象的研究方法。强调对测验中行为表现的客观测量。

03.186 测验标准化 test standardization
使测验内容、实施、计分以及分数解释的程序保持一致性的过程。

03.187 测验焦虑 test anxiety
被试在测验前后和测验中产生的恐惧和忧虑的情绪。

03.188 测验手册 test manual
测验的指导说明书。

03.189 测量标准误差 standard error of measurement
同一测验在同一被试上重复施测所得分数服从正态分布，其分布标准差的估计值。

03.190 随机测量误差 random measurement

error

由与测量目的无关的随机因素引起的大小和方向随机变化却又难以控制的误差。

03.191 纸笔测验 paper-pencil test

以纸笔方式进行的测验。

03.192 填充测验 completion test

要求受试者填充一段文字遗漏的词或短语，或填充某图形不完全的部分等，测查受试者能力以及人格特征等的一种测验。

03.193 实验控制 experimental control

保持实验中除了自变量与因变量以外其他各类变量不对实验结果发生影响的技术。

03.194 数据收集 data collection

通过心理观察、心理测量和心理实验等方法收集心理学研究数据的过程。一般包括计数数据和测量数据两类。

03.195 分类反应数据 categorical response data

反应结果用类别变量编码的数据。

03.196 概化理论 generalizability theory, GT

通过分析测验情境关系来确定测验误差来源和大小，从而为研究者选择理想测验方案提供依据的测量学理论。

03.197 固定侧面 fixed facet

概化理论研究中的一种测量模式。涵盖了侧面全域中所有或者某一部分水平或条件的侧面。

03.198 嵌套设计 nested design

概化理论研究中的一种测量结构。即某个侧面的每一水平交叉另一侧面的多个或部分水平，后者嵌套于前者。

03.199 项目功能差异 differential item func-

tioning

一种探测题目偏见的统计方法。考查题目对于考生中的不同亚团体是否显现出不同的统计特性。

03.200 误差方差 error variance

测量过程中由无关变量引起的测量误差的变异程度。常用来衡量测验信度，其值越小，信度越高。

03.201 识别力 identifiability

在建立统计模型时，模型的分布能被模型参数唯一地确定的特性。不具有可识别性的模型，其参数估计无法收敛。

03.202 共因子方差比 communality

又称"共同度"。因素分析中变异量能被公共因子解释的比例。其值越大，因素分析的结果越好。

03.203 因果推论 causal inference

根据实验设计中关于自变量、因变量的界定，采用统计方法对变量间的因果关系进行分析的过程。

03.204 测验分数 test score

被试在测验上获得的分数。包括原始分数和导出分数。

03.205 原始分数 raw score

又称"观察分数(observed score)"。被试在心理与教育测验项目上的原始得分。根据真分数理论，它是真分数与测量误差之和。

03.206 导出分数 derived score

测验的原始分数经过转化而成的具有统一的单位和参照点的分数。

03.207 真分数 true score

又称"T分数"。测量中不存在测量误差时

的真值或客观值。

03.208　合成分数　composite score
由测验的各个项目分数、各分测验分数、不同测验的分数分别组合得到的分数。

03.209　标准分数　standard score
又称"基分数""z分数(z score)"。以标准差为单位表示一个原始分数在团体中所处位置的相对位置量数。

03.210　标准九分　stanine
常态化标准分数的一种。主要是利用正态分布的概念，将正态分布的曲线分为九个部分，其平均分为5，标准差为2。

03.211　离差智商　deviation intelligence quotient
把智力测验上的原始分数按照一定的分布转换得到的智力商数。该分布平均数为100，标准差固定。

03.212　量表值　scale value
依据某种程序和法则分派在量尺中各分点上的数字。是一个导出分数，而不是正确回答题目数量或正确回答比例。可用于量化被试的某种心理特征的测量结果。

03.213　正态化　normalization
将原始分数的趋中值和离散值(最常用的是平均数和标准差)转化为正态分布上的趋中值和离散值的过程。常见的转换系统有标准分数、真分数、标准九分和离差智商等。

03.214　随机化　randomization
使事物随机出现的过程。在一组测定值中，每个测定值都是依一定的概率独立出现。

03.215　信度　reliability

一个测验在测量中所表现的一致性程度。

03.216　再测信度　retest reliability, test-retest reliability
又称"重测信度"。用同一测验对同一群被试前后施测两次，两次测验所得分数的相关系数。

03.217　分半信度　split-half reliability
将一个测验分成对等的两个子测验，被试在这两个子测验上所得分数的一致性程度。

03.218　库德–理查森信度　Kuder-Richardson reliability
适用于1、0计分题目的内在一致性信度，以避免任意分半而造成的偏差。计算公式为：$r_{tt} = \left(\dfrac{n}{n-1}\right)\left(\dfrac{S_t^2 - \sum pq}{S_t^2}\right)$，式中 n 是测验项目数，p 是项目通过率，q 是项目未通过率，S_t^2 是整个测验的总分方差。

03.219　评分者信度　scorer reliability
又称"评分者一致性(consistency of estimator)"。评分时，由多个评分者各自独立给同一组被试的作答结果评分，所评分数之间的一致性。常用来衡量评分者主观评分的可靠性。

03.220　评定者误差　rater's error
由于评定者的原因而造成的测量误差。

03.221　斯皮尔曼–布朗公式　Spearman-Brown formula
用来校正分半法求得的相关系数而获得测验信度的统计公式。其计算公式为：$r_{tt} = \dfrac{2r_{hh}}{1 + r_{hh}}$，式中 r_{hh} 是分半信度系数，r_{tt} 为测验原长度时的信度估计值。

03.222　鉴别指数　discrimination index

测验题目鉴别力水平的指标。计算公式为：$D=P_H-P_L$，式中 P_H、P_L 分别为高、低分组答对该题人数的百分比。

03.223　克龙巴赫 α 系数　Cronbach's α coefficient

简称"α系数(alpha coefficient)"。组成测验的各个项目间协方差之和在测验总分方差中所占的比例。是衡量测验内部一致性的信度系数,适用于混合计分题型的内在一致性系数,计算公式为：$\alpha=\left(\dfrac{n}{n-1}\right)\left(\dfrac{S_t^2-\sum V_i}{S_t^2}\right)$,

式中 n 是项目数，S_t^2 是整个测验的总分方差，V_i 是测验每个项目的方差。

03.224　效度　validity

又称"测验有效性"。测验在多大程度上测量了它要测量的东西。

03.225　构想效度　construct validity

又称"结构效度"。根据某种理论构想来选择测验内容,测验结果符合该理论构想的程度。

03.226　外部效度　external validity

研究的结果能够推广到其他的群体和情境的程度。即研究结果的普遍性程度。

03.227　聚合效度　convergent validity

又称"相容效度(congruent validity)"。一个新测验与另一个结构相同且已经确立了效度的测验分数之间的相关程度。

03.228　表面效度　face validity

测验使用者或被测者从表面上直观感觉测量内容与所要测量的东西之间的相符程度。

03.229　内容效度　content validity

测验内容与测验目标之间的相符程度。反映测验题目内容或行为范围取样的适当性。

03.230　区分效度　discrimination validity

一个测验与另一个具有不同构想的测验分数之间的相关程度。

03.231　实证效度　empirical validity

确定测验的效度。即该测验经另一客观标准(效标)实际验证后而建立的效度。

03.232　同时效度　concurrent validity

测验分数与同时期即可采集到的效标分数之间的相关程度。

03.233　因素效度　factorial validity

运用因素分析的方法考察测验所测量的因子结构以及测验项目或分测验在相关因子上的负荷。

03.234　预测效度　predictive validity

测验对预测某种行为或特质发展状况的效标效度。

03.235　数字广度　digit span

被试能立即正确再现的最长数字序列的长度。

03.236　效标　criterion

用来显示测验所欲测量的特性的变量。通常用一种测验分数或某种活动来表示。

03.237　效标关联效度　criterion-related validity

测验分数与作为效标的另一个独立测验结果之间的一致程度。

03.238　测量误差　measurement error

由与测量目的无关的因素所引起的测量结果不准确或不一致的效应。

03.239　系统误差　systematic error
由与测量目的无关的变因引起的一种恒定而有规律的效应。

03.240　恒定误差　constant error
在相同条件下多次测量，误差数值的大小和正负保持恒定，或误差随条件改变按一定规律变化。由某些固定不变的因素引起。

03.241　修正值　correction
为了调整实验数据与实际数据之间存在的偏差而引入的数值。

03.242　测验偏向　test bias
又称"测验偏差"。由于测验内容或形式选择不当，造成测验在测量或预测特定群体时产生系统误差的倾向。

03.243　测验项目　test item
构成测验的基本单元。

03.244　锚测验　anchor test
两个或多个需要等值的测验中所设置的一组起定位或链接作用的共同试题。

03.245　常模　norm
根据标准化样本的测验分数经过统计处理而建立起来的具有参照点和单位的量表。是用于比较和解释测验分数的参照标准。

03.246　心理年龄　mental age, MA
又称"智力年龄""智龄"。由某种智力测验测得的智力发展水平。是人的整体心理特征所表露的年龄特征。用以反映受测者智力发展水平的指标。

03.247　比率智商　ratio intelligence quotient

以心理年龄和生理年龄的比例所定义的智商。

03.248　客观测验　objective test
完全采用客观题的测验。

03.249　主观题　subjective item
在题目要求的限制下，被试可以自由应答的试题，常见的主观题型有论述题、作文题等。因此评分时有一定的主观色彩。

03.250　客观题　objective item
表达形式及正确答案简短且唯一、可以进行客观性评分的试题。

03.251　迫选测验　forced-choice test
采用试题都是迫选题的测验。即强迫被试在预先给出的选项中选择的测验。

03.252　时限　time limit
测验的时间限制。

03.253　双盲　double blind
为使实验结果不受观察者主观影响所采用的一种技术。即实验中主试和被试对实验目的均不知晓的实验设计。

03.254　操作测验　performance test
心理测验的一种类型。实施测验时，除指导语外，所有测验项目的表示和回答等均不用词语，而只用图画或一定动作。

03.255　项目反应理论　item response theory, IRT
以潜在特质理论为基础，研究被试在测验项目上的反应行为与其潜在特质估计值之间关系的测量理论。

03.256　项目特征函数　item characteristic function

以拟合项目特征曲线的被试在测验项目上正确反应的概率和该项目测量的潜在特质之间关系的数学表达式。

03.257　项目特征曲线　item characteristic curve, ICC

描述被试在测验项目上正确反应的概率和潜在特质水平之间关系的曲线。

03.258　信息函数　information function

用测验对能力估计所提供的信息的多少来表示测量精度的指标，包括测验信息函数和项目信息函数。是项目反应理论中考查测验信度的一个重要概念。

03.259　二分项目　dichotomous items

在测验中只有答对和答错两种结果的项目。通常答对给 1 分，答错给 0 分，如单项选择题、是非题等。

03.260　多重项目　polytomous items

又称"多级记分项目"。在测验中同时提供两个以上选项供被试选择、根据被试反应的不同使用连续整数记分的一类项目。

03.261　自动项目产生　automatic item generation

又称"自动项目生成"。心理测验方法与计算机技术相结合，按测验要求设计出项目生成算法，由计算机自动生成符合要求的测验项目技术。

03.262　项目分析　item analysis

测验编制过程中对测验项目质和量的分析。

03.263　项目参数　item parameter

项目反应理论的项目特征函数中用来刻画测验项目各种特征的数量化指标。通常指项目难度、区分度、猜测度等。

03.264　项目难度　item difficulty

项目的难易程度。常用平均得分率或平均通过率作为难度的指标。

03.265　项目区分度　item discrimination

简称"区分度(discriminatility)"。又称"项目鉴别力"。测验项目对于不同特质水平被试反应的区分能力。

03.266　指导语　instruction

为测验主试者或被试所编写的测验实施说明。包括测试目的、完成测验的方法、要求和注意事项等。

03.267　双参数逻辑斯谛模型　two-parameter logistic model, 2PLM

项目反应理论中一个属于逻辑斯谛函数族，仅含有难度、区分度两个项目参数的项目特征函数。

03.268　矩阵推理　matrix reasoning

根据不完整图形矩阵中图案或符号的变化规律为其选出可填入空缺部分的图案或符号的逻辑推理活动。

03.269　成就测验　achievement test

测量个体现有知识或技能水平的测验。包括学业成就测验和职业成就测验。

03.270　学业成就测验　academic achievement test

测量个体所掌握的知识和技能水平的成就测验。包括综合成就测验和专项成就测验。

03.271　综合成就测验　comprehensive achievement test

与专项成就测验相对。用多方面内容来测量一般学习成就。旨在测查个体知道什么或能做什么，通常用于评估学生掌握知识与技能的广度。

03.272 专项成就测验 specialized achievement test
与综合成就测验相对。对某种特殊能力相关的成就测验。如音乐、舞蹈、竞技运动等。

03.273 学业评价测验 Scholastic Assessment Test, SAT
美国教育测验服务中心为高中生进入美国大学组织的标准入学考试。

03.274 交叉效度分析 cross-validation
对已建立测验效度进行复核的过程，主要是采用与原来用以建立测验效度的样本不同的样本进行再次测验，然后比较两次测验结果以检查效度准确性的方法。

03.275 目标参照测验 criterion-referenced test
又称"标准参照测验"。根据标准来解释个人测验分数，表示个人心理特征和能力水平的测验。

03.276 智力测验 intelligence test
主要用于鉴别学生的智力水平的一种心理测验。以便因材施教，对心智缺损做早期诊断，作为任用、筛选人员的依据等。

03.277 能力测验 ability test
对某些现有能力进行测量，以发现经过必要的训练后即能承担某项工作的潜在能力的测验。

03.278 一般能力测验 general ability test
又称"普通能力测验"。测量个体一般能力水平的标准化测验。

03.279 能力分组 ability grouping
根据能力测验结果将学生进行的分组。一般分为优、中、劣组，以不同进度学习同样课程；按能力升降，每年调整一次。

03.280 能力倾向测验 aptitude test
预测个体能力发展倾向的心理测验。包括一般能力倾向测验和特殊能力倾向测验。

03.281 职业能力倾向测验 vocational aptitude test
用于评估特定工作所需专门能力和知识的一类测验。包括一般职业能力倾向测验和特殊职业能力倾向测验。

03.282 兴趣测验 interest test
评估个体的兴趣倾向的标准化问卷。

03.283 计算机化适应性测验 computerized adaptive test, CAT
以计算机为基础的测验程序。其中所呈现的特定的题目随所测量的被试的能力或其他特定的特征以及被试对前面题目的反应而改变。

03.284 区分能力倾向测验 Differential Aptitude Tests, DAT
本内特（G. K. Bennett）编制的多元能力倾向测验。由言语推理、数学能力等 8 个分测验组成。

03.285 编制测验 test construction
确定测验目的、拟订测验编制计划、编写测验项目、分析测验质量、构建分数常模等工作。

03.286 经典测验理论 classical test theory, CTT
根据真分数和独立测量误差假设，将真分数与独立测量误差分数之和作为观察分数的测验理论。

03.287 潜在特质理论 latent trait theory, LTT
认为个体对测验的反应受某种潜在特质控

制的理论。

03.288　团体测验　group test
以团体方式实施的测验。常采用纸笔和多项选择的形式进行。

03.289　警察心理测验　mental test for police
用于评估警察心理素质和特征的一类心理测验。通常包括测量不同心理特征的多个测验。

03.290　临床测验　clinical test
用于诊断、评估来访者认知、人格等特征的测验方法。

03.291　神经心理测验　neuropsychological test
评估脑功能和神经心理特征的心理测验。

03.292　纳格尔图片测验　Nagel Chart Test
纳格尔(W. Nagel)编制的由 20 张图片组成的色盲测试方法。用于辨别个体色盲及其相应类型。

03.293　色盲测验　color blindness test
用于检查个体视觉是否存在色盲的测验。

03.294　标准化测验　standardized test
符合心理测量学原理，采用系统的科学程序编制与实施，具有统一标准，并且对误差做了严格控制的测验。

03.295　等值复本　equivalent form
与某个测验材料在内容范围、编制方式、题目数量和难度、记分标准等各个方面都相同的一个或几个测验材料。与主本材料交替使用，可避免练习效应的影响。

03.296　平行测验　parallel test
采用等值复本的测验。

03.297　常模参照测验　norm-referenced test
根据标准化样本的测验分数来解释个人心理特征和能力的测验。

03.298　格塞尔发展测验　Gesell Development Test
格塞尔(A. Gesell)及其同事编制的用于测量婴幼儿的智力发展水平的测量工具。

03.299　丹佛儿童发展筛选测验　Denver Development Screening Test, DDST
又称"丹佛发育筛查测验"。弗兰肯贝格(W. K. Frankenburg)和多兹(J. B. Dodds)编制的评估婴幼儿心理发育状况的筛查量表。

03.300　古迪纳夫–哈里斯画人测验　Goodenough-Harris Drawing Test
古迪纳夫(F. L. Goodenough)和哈里斯(D. B. Harries)编制的一套评估儿童能力发展水平的画人测验。其变式可用于评估人格。

03.301　文化公平测验　culture fair test
又称"跨文化测验(cross-cultural test)"。以图形为主，试图排除文化教育影响的智力测验。用于比较不同文化背景下成长的个体的智力。

03.302　雷文推理测验　Raven's Progressive Matrices Test
雷文(J. C. Raven)编制的一种非文字智力测验。用于测验一个人的观察力及清晰思维的能力。

03.303　阅读测验　reading test
测量被试具有学习复杂课程(如阅读、拼写)所需的技能和知识程度的测验。

03.304　投射测验　projective test
又称"投射法(projective technique, projective method)"。一种人格测量方法。用于探索个

体心理深处的活动。受精神分析理论的影响，认为个体无法凭借自己的意识来说明自己，而必须借助自己的意识来说明自己。即必须借助某种无确定意义的刺激为线索，把隐藏在无意识中的欲望、动机、冲突等心理活动不自觉的投射出来。

03.305 墨迹测验 inkblot test
罗夏（H. Rorschach）编制的让被试面对各种无意义的墨迹图自由想象，然后根据其口头报告判断其个性特征的投射测验。

03.306 主题统觉测验 Thematic Appercep-
tion Test, TAT
默里（H. A. Murray）等人编制的通过呈现隐晦的图片，让被试根据想象讲故事，据此判定其人格特征的测验。

03.307 儿童统觉测验 Children's Appercep-
tion Test
贝拉克（L. Bellak）编制的一套评估3～10岁儿童个体人格特征的投射测验。

03.308 情境测验 situational test
一种操作测验。测验时个体被置于人为的、但很逼真的情境中去完成特定任务。

03.309 速度测验 speed test
测量的个别差异完全由速度决定的一类测验。

03.310 难度测验 power test
相对于速度测验而言。时限较宽松，使得所有被试都有机会尝试所有项目的测验。题目具有一定的难度，对受测者的理解能力要求较高。

03.311 心理量表 mental scale
鉴别心理功能（如智力、创造性、态度、人格等）的测量工具。

03.312 心理物理量表 psychophysical scale
测量心理量与物理量之间的函数关系的方法和技术。

03.313 自陈问卷 self-report inventory
被试根据题目所述是否符合自己的真实情况来选答的问卷式心理测验量表。

03.314 称名量表 nominal scale
仅用来对事物进行命名和分类的一种量表。

03.315 等距量表 interval scale
具有相等测量单位、没有绝对零点、数值之间具有可比距离的一种量表。

03.316 顺序量表 ordinal scale
表示一个变量的不同值有次序关系（大于或小于）的一种量表。

03.317 比率量表 ratio scale
具有绝对零点和相等单位的一种量表。

03.318 态度量表 attitude scale
测量态度的各类量表的总称。

03.319 评定量表 rating scale
一种测量的方法和形式。通常由一组描述个性特征或特质的词或句子，要求他人经过观察对某人的某种行为或特质做出评价。

03.320 生活事件量表 Life Events Scale, LES
评价个体在特定时间内所经历的生活事件数量及其这些事件对个体心理健康影响程度的评定量表。

03.321 明尼苏达多相人格调查表 Minne-
sota Multiphasic Personality Inventory,
MMPI
美国明尼苏达大学哈撒韦（S. R. Hathaway）和精神科医师麦金利（J. C. McKinley）编制的

一套用于评价异常人格特征的量表。由 4 个效度量表和 10 个基本临床量表组成，包括身体的体验、社会及政治态度、性的态度、家族关系、妄想和幻想等精神病理学的行为症状等，共有 566 个题目。

03.322　十六种人格因素问卷　Sixteen Personality Factor Questionnaire, 16PF
卡特尔(R. B. Cattell)编制的测量 16 种人格特质的测验。

03.323　艾森克人格问卷　Eysenck Personality Questionnaire, EPQ
艾森克(H. J. Eysenck)编制的用于评估个体人格特征的心理测验。包括成人和儿童两种版本。

03.324　爱德华兹个人爱好量表　Edwards Personal Preference Schedule, EPPS
爱德华兹(A. L. Edwards)根据莫瑞(H. A. Murray)的人类需要理论编制的一种个性测量量表。

03.325　新生儿行为评价量表　Neonatal Behavioral Assessment Scale
布雷泽尔顿(T. B. Brazelton)编制的评估儿童的神经行为发育状况的一套测验。包括 4 个分量表。

03.326　贝利婴儿发展量表　Bayley Scales of Infant Development, BSID
贝利(N. Bayley)等人为 1～42 个月被怀疑存在认知障碍风险的儿童设计的评定量表。由心理量表、运动量表和行为评定量表三部分组成。

03.327　比奈-西蒙智力量表　Binet-Simon Scale of Intelligence
比奈(A. Binet)和西蒙(H. Simon)编制的适用于 3～11 岁儿童智力的世界上第一个标准

化的测验量表。

03.328　斯坦福-比奈智力量表　Stanford-Binet Intelligence Scale
特曼(L. M. Terman)在比奈-西蒙智力量表基础上进行修订后的智力测验。本量表首次引入比率智商的概念，开始以智商(IQ)作为个体智力水平的指标。

03.329　韦克斯勒儿童智力量表　Wechsler Intelligence Scale for Children, WISC
又称"韦氏儿童智力量表"。韦克斯勒(D. Wechsler)编制的儿童智力测验工具。适用于 6～16 岁的儿童。测验包括 12 个分测验，由言语和操作两部分组成。

03.330　韦克斯勒成人智力量表　Wechsler Adult Intelligence Scale, WAIS
又称"韦氏成人智力量表"。韦克斯勒(D. Wechsler)编制的成人智力测验工具。包括 11 个分测验，由言语和操作两部分组成。

03.331　利克特量表　Likert scale
利克特(R. Likert)发展的一种评价个体态度的等级评估技术。其特点是从非常同意到非常不同意两端保持对称等距。

03.332　斯特朗-坎贝尔兴趣调查表　Strong-Campbell Interest Inventory
斯特朗(E. K. Jr. Strong)和坎贝尔(D. P. Campbell)编制的一套用于评估职业兴趣的量表。

03.333　职业兴趣问卷　vocational interest blank
用于评估个体对某类专业教育和职业兴趣相对强度的一类心理量表。常用于职业咨询和人员招聘。

03.334　归因方式问卷　Attribution Styles

Questionnaire, ASQ
彼得森(G. Peterson)等人在抑郁的归因理论基础上编制的测验。含有 12 个假设情境归因问题，用来测量个体归因方式的自陈式量表。

04. 理论心理学与心理学史

04.001 心理 mind
人脑对客观现实的主观反映。是脑的功能，在实践活动中不断地发生和发展。

04.002 心理活动 mental activity
有机体在内部条件下直接释放的内隐性活动。是从事外显活动的准备与能力。

04.003 心理现象 mental phenomenon
心理活动的过程、状态及其倾向性特征。具有多层次、多水平和多维度性，如感觉与知觉、个体与群体等。

04.004 心理过程 mental process
心理现象发生、发展和消失的过程。包括认知过程、情感过程与意志过程。

04.005 心理状态 mental status
心理活动的某种暂时性状态。由列维托夫(N. Levitov)提出，与心理过程、个性心理特征一起构成心理学的基本范畴。

04.006 心理群体 psychological group
社会群体分类学的一种，指规模小、经常面对面地互动、稳定、情感融合且具有一致目标的群体。

04.007 西方心理学 western psychology
欧洲(德、英、法等)及美国的心理学。是当前世界心理学的主流。与中国、苏俄、印度等东方国家的心理学相对。

04.008 一元论 monism
认为世界只有一个本原的哲学学说。如唯心主义一元论认为世界的本原是精神，物质是派生的。

04.009 二元论 dualism
主张世界有精神和物质两个独立本原的哲学学说。在心理学上表现为身心或心物的对立。

04.010 本土化 indigenization
对欧美中心、白人中心心理学的一种反思与反叛运动，主张心理学应与本土文化相契合。

04.011 互动论 interactionism
韦伯(M. Weber)提出的一个理论。认为个人和情境在相互作用中影响社会行为，是将人格心理学和社会心理学有机地结合起来的理论。

04.012 元素主义 elementalism
一种心理学方法论路线。强调把整体分析为元素，再寻找元素之间复合的规律。

04.013 元理论 meta theory
研究理论的理论。是心理学学科性质的高度理论概括，是实体理论和研究方法的指导思想和指导原则。

04.014 历史主义 historicism
从历史的联系和变化发展中考察对象的原则和方法。维戈茨基(L. Vygotsky)最早将这一原则应用到心理学中。

04.015　历史编纂学　historiography
专门研究史学著作编写方法和原则的学科。体现着史学家向外输出研究成果的形式。

04.016　心灵决定论　psychic determinism
强调人心理活动的心理前因，即一切心理活动均是先前心理经历的结果。

04.017　心灵学　parapsychology
又称"超心理学"。研究超感官知觉、濒死体验、转世投胎等不能用已知科学法则来解释的超自然的心灵现象的学科。

04.018　心身问题　mind-body problem
心理学基本理论问题之一，探讨身体与心理的关系，有唯物论、唯心论、身心平行论等形式。

04.019　心身平行论　mind-body parallelism
身心关系理论。即心理和身体之间不存在因果关系，是两个相互分离而又平行的序列。

04.020　心身相互作用论　mind-body interactionism
又称"身心交感论"。身体与心理是彼此独立的实体，两者相互作用，互为因果的理论。以笛卡儿（R. Descartes）为代表。

04.021　副现象论　epiphenomenalism
关于身心关系的一种哲学理论。认为心理现象只是大脑等神经系统活动的副产品。

04.022　心理学方法论　methodology in psychology
心理学研究过程中自觉或不自觉地遵循的一系列指导思想、研究原则及具体研究方法。

04.023　心理学体系　systems of psychology
心理学流派或学者联盟在科学观、方法论等学科基本问题上所具有的系统、独特、一致的理论观点。

04.024　心理学系统观　systematic approach in psychology
把人及其心理放在复杂系统中加以考察，以系统论观点进行研究的心理学观点。

04.025　心理物理学方法　psychophysical method
研究心身或心物之间的函数关系，即物理量与心理量之间的数量关系的方法。以费希纳为代表。

04.026　心理能动性　mental activism
人类心理固有的特性。认为人的心理能够反映外部世界的规律，并通过对规律的了解改造世界。

04.027　方法论　methodology
关于认识世界、改造世界的根本方法的理论。有哲学方法论、一般科学方法论、具体科学方法论之分。

04.028　认识论　epistemology
研究认识的本质及其发展过程的哲学理论。对心理学研究者的科学观与方法论都有重要影响。

04.029　认知革命　cognitive revolution
心理学受理性主义传统影响，将研究重心由外显行为转向内部认知的变革过程。

04.030　主体性　subjectivity
作为主体的人的自主性、能动性和创造性。在认识方面表现为选择性、建构性与预见性。

04.031　生物主义　biologism
忽视或否定社会文化历史因素，主张用生物

学原理来解释人类心理发生发展的理论观点。

04.032　决定论原则　principle of determinism
将辩证唯物主义决定论应用到心理学中，认为外部刺激通过内部的心理条件而起作用。以鲁宾斯坦(S. Rubinstein)为代表。

04.033　生物决定论　biological determinism
把生物因素(遗传、基因等)作为心理学因果解释的主要，甚至是唯一来源的一种理论。

04.034　环境决定论　environmentalism
主张环境对心理事件有着决定性影响的理论观点。如华生(J. B. Waston)的行为主义就是极端的环境决定论。

04.035　遗传决定论　genetic determinism
主张认知发展是由先天的遗传因素决定的理论观点。以高尔顿(F. Galton)等为代表。

04.036　交互决定论　reciprocal determinism
班杜拉(A. Bandura)提出的一种理论。认为行为、人的内部因素、环境影响三者之间相互联结、互相决定。

04.037　时代精神　Zeitgeist
特定时代的文化气氛或思想模式。作为社会文化条件阻碍或促进着心理学的发展。

04.038　定势理论　set theory
主体状态的模式对后来心理活动趋向的制约性，内在地决定着个体的活动倾向。

04.039　活动理论　activity theory
社会文化历史学派的理论。以"活动"为逻辑起点和中心范畴来研究和解释人的心理发生发展。

04.040　黑箱论　black box theory
把有机体类比为接受刺激并做出反应的黑箱，心理学的任务是发展依据特定输入就能预测输出的理论模式。

04.041　货机崇拜的科学　cargo cult science
源于二战后太平洋海岛土著人仿造机场、期待飞机送来货物的故事，指只注重模仿形式，忽视实质和内容的做法。

04.042　科学观　conception of science
研究者关于什么是心理科学的认识，决定着其对心理学学科性质、研究对象与方法等问题进行回答的基本态度。

04.043　理解　understanding
将自己置于他人地位，领会他人言语、行为，获得其心理或行为意义的过程。

04.044　意识　consciousness
一般认为是人对环境及自我的觉知。与注意、觉察、理解、思维等概念密切相关。

04.045　无意识　nonconscious, unconscious
又称"潜意识"。处于意识层面之下，不为人所觉察的活动能量或内容。包括人的本能冲动与原始欲望。由弗洛伊德(S. Freud)提出。

04.046　下意识　subconscious
被压抑的无意识已通过稽查和抵抗作用进入中间层次，但尚未回升到意识境界的心理内容。

04.047　摩尔根法则　Morgan's canon
一个行为可用低级的心理过程来解释，就不应把它解释为高级心理过程的结果。

04.048　节约律　law of parsimony
对事件最简单的解释就是最好的解释。

04.049　跨文化研究　cross-cultural research

以不同文化背景下的个体或群体为对象，探讨某种心理规律是否适合于不同文化的研究方法。

04.050　理性心理学　rational psychology
与经验心理学相对。根据唯理论的哲学观点解释和理解心理现象的分支学科。

04.051　经验心理学　empirical psychology
与理性心理学相对。根据感觉或经验事实来解释和理解心理现象的分支学科。

04.052　实用主义　pragmatism
一种哲学理论。即心理学理论只是进行解释的工具，是否有价值取决于它能否带来实际效果。

04.053　直觉主义　intuitionalism
经验和理性不能带来真实的知识，内心体验的直觉才能使人理解事物的真实本质。以贝格松（H. Bergson）等为代表。

04.054　客观主义　objectivism
相信存在独立于心理现象的客观实在，心理学应尽量客观地接近事实，以探讨意识和行为现象与规律。

04.055　相对主义　relativism
一种哲学观点。片面强调现实的变动性，夸大认识的主观性，认为心理学并不存在客观真理。

04.056　科学主义　scientism
倾向于科学实证的心理学研究主张。

04.057　人本主义　humanism
又称"人文主义"。倾向于人文关怀价值取向的哲学思潮与流派。

04.058　普适主义　universalism
心理学通过客观方法揭示的心理规律是普遍的、超文化的，适用于一切社会与民族。

04.059　实证主义　positivism
孔特（A. Comte）创立的科学哲学。即科学主义心理学的哲学基础，强调知识必须经过验证，把握客观实在要价值中立。

04.060　后实证主义　post positivism
认为经验事实具有主观性，客观实在只能部分地认识，故自然科学方法不是唯一科学的方法。以库恩（T. S. Kuhn）等为代表。

04.061　现代主义　modernism
现代西方文艺、哲学思潮和派别的总称。表现为基础主义、本质主义与个体主义等特征。

04.062　基础主义　foundationalism
现代主义的特征之一。认知、人格等是确定存在的实体，心理学是对这些实在的精确描绘。

04.063　本质主义　essentialism
现代主义的特征之一。心理现象背后存在着唯一的本质，心理学的任务就是揭示心理的本质及其规律。

04.064　个体主义　individualism
现代主义的特征之一。强调个体独立性的价值取向和文化倾向。

04.065　后现代主义　post modernism
对现代主义的回应，排斥"整体"的观念，强调异质性、特殊性和唯一性。

04.066　民族中心主义　ethnocentrism
又称"种族中心主义"。后现代主义哲学概念，认为不存在普适的评判标准，总是与一定的文化或民族相关。以罗蒂（R. Rorty）为代表。

04.067　经验主义　empiricism
与理性主义相对。一切知识来源于感觉经验，感觉经验如实记录和反映了客观世界。

04.068　理性主义　rationalism
与经验主义相对。强调主体先天固有的能动性，夸大理智、智慧和意志的主导作用。

04.069　后经验主义　post empiricism
经验主义的发展形式，经验不是理论的附属物，而是被理论所决定，其基础包括现象学、释义学、社会建构论等。

04.070　英国经验主义　British empiricism
肯定感性认识的可靠性，贬低理性的作用，提倡观察、分析及实验的归纳法。以洛克(J. Locke)等为代表。

04.071　泛灵论　panpsychism
自然界一切事物和现象都具有意识、灵性的一种学说。如皮亚杰认为儿童发展在某一阶段具有泛灵特征。

04.072　唯灵论　spiritualism
主张世界的本原是灵魂或心灵的学说。认为万物皆有灵魂，物质只是心灵的产品或附属物。

04.073　实在论　realism
一种哲学理论。既承认外部世界的客观实在性，也把感觉、观念等看作客观实在，否认精神是物质发展的产物。

04.074　原子论　atomism
一种哲学理论。主张将复杂现象分析为固定不变的粒子(或单元)的组合。

04.075　场论　field theory
认为心理是一个场，并以场的变化来解释心理现象及其机制的一种心理学理论。以格式塔学派为代表。

04.076　格式塔场理论　Gestalt field theory
认为脑是具有场的特殊物质，人身上存在着心理物理场、行为场、环境场等不同形式的场的一种心理学理论。

04.077　多元文化论　multiculturalism
后现代心理学的一种心理学理论。主张文化的多元与平等，反对心理学研究中的"文化帝国主义"倾向。

04.078　意向论　intentionalism
胡塞尔(E. Husserl)提出的一种心理学理论。认为意向性是意识的本质特征，意识总是某个对象的意识，总是指向某个意识之外的客体。

04.079　范式论　paradigm theory
库恩(T. S. Kuhn)用范式的产生和变更来解释科学的历史发展过程的理论。

04.080　唯意志论　voluntarism
又称"唯意志主义"。片面夸大意志的作用，把意志看成是世界万物的本质和基础的哲学理论。

04.081　现象学　phenomenology
人文心理学的哲学基础之一。由胡塞尔(E. Husserl)创立，认为现象即本质，本质即直观。

04.082　释义学　hermeneutics
人文心理学的方法论基础之一。注重理解的方法与质化研究，强调心理学研究不能脱离文化历史背景。

04.083　本土心理学　indigenous psychology
基于各国自己的文化视角研究心理学的分支学科。

04.084　策动心理学　hormic psychology
麦克杜格尔(W. McDougall)创建的一种心理学理论体系。认为心理学是研究"行为"的实证科学，由遗传而来的本能是策动和维持行为的动力。

04.085　联结主义心理学　connectionism psychology
在桑代克(E. L. Thorndike)提出学习是通过"尝试—错误"而形成的联结基础上形成的学派。

04.086　联想心理学　association psychology
经验主义心理学的一种理论形式。以观念联想来解释复杂心理过程的前科学心理学。

04.087　二重心理学　dual psychology
试图调和内容与意动心理学的矛盾，认为心理学应同时研究内容与意动的心理学学派。以屈尔珀(O. Külpe)为代表。

04.088　行为主义心理学　behavioristic psychology
以行为为研究对象的心理学学派。经历了从古典行为主义到新行为主义的发展。

04.089　人本主义心理学　humanistic psychology
强调人的尊严与价值，以自我实现为目标的心理学学派。在行为主义心理学和精神分析心理学之后，被称为心理学"第三势力"。以马斯洛(A. Maslow)、罗杰斯(C. R. Rogers)为代表。

04.090　主体心理学　subjective psychology
俄罗斯心理学派。主张心理学应该研究积极的、活动着的、具有鲜明人文特征的主体的人。

04.091　民族心理学　folk psychology
冯特(W. Wundt)提出的心理学学派。认为实验心理学无法研究高级心理过程，只有通过对语言、神话、风俗等社会产物来进行研究。

04.092　内容心理学　content psychology
与意动心理学相对。主张心理学应研究心理的内容或结构，而不是其活动或功能。以冯特(W. Wundt)为代表。

04.093　意动心理学　act psychology
与内容心理学相对。主张心理学的研究对象应是知觉、理解、意志等意识的活动，而非意识的内容。由布伦塔诺(F. Brentano)创立。

04.094　场论心理学　field psychology
莱温(K. Lewin)提出的学派。用拓扑学和物理学概念(场、力、区域、向量等)描述人在周围环境中的行为。

04.095　拓扑心理学　topological psychology
莱温(K. Lewin)提出的学派。认为行为可表示为人和环境的函数，行为是随人和环境的变化而变化的。

04.096　向量心理学　vector psychology
拓扑心理学的重要组成部分，是采用向量分析来解释需求系统和心理动力的一种心理学理论。

04.097　存在心理学　existential psychology
美国罗洛·梅(Rollo May)创立的学派。关注人存在的意义、以存在主义哲学为理论基础的心理学研究取向。

04.098　自我心理学　ego psychology
以哈特曼(H. Hartmann)和埃里克松(E. Erikson)为代表的新精神分析学派之一。自我独立于本我，有一定自主性，能调和与适应外部环境。

04.099　官能心理学　faculty psychology

18 世纪形成的一种哲学心理学理论。强调心理由意志、感情、知觉等官能组成，官能独立引起各种心理活动。

04.100　机能心理学　functional psychology
强调心理学的研究对象不是心理的内容，而是心理的机能的心理学学派。以杜威 (J. Dewey)、安杰尔 (J. R. Angell) 为代表。

04.101　构造心理学　structural psychology
主张把意识经验分析为元素，再确定这些元素之间结合的规律及其与生理条件的关系的心理学学派。以冯特和其学生铁钦纳 (E. B. Titchener) 为代表。

04.102　动力心理学　dynamic psychology
研究行为的动力或动机的心理学分支学科。

04.103　现象心理学　phenomenological psychology
主张心理学与现象学相结合，在"生活世界"中研究人的心理，以人真实体验到的现实生活为研究的起点。

04.104　差异心理学　differential psychology
研究个体和群体心理差异的起源和特征的心理学分支学科。先行者为高尔顿 (F. Galton)。

04.105　原子心理学　atomistic psychology
源于古希腊留基伯 (Leucippus)、伊壁鸠鲁 (Epicurus) 等的哲学思想，心理是物质的，可将其分解为元素的心理学学派。

04.106　格式塔心理学　Gestalt psychology
强调经验和行为的整体性，主张从整体的动力结构观来研究心理现象的心理学学派。

04.107　心理动力学　psychodynamics
强调心理内部各种驱力（需要、动机、情绪）

的相互作用及对人的影响的理论。

04.108　群体动力学　group dynamics
又称"团体动力学"。试图通过对群体现象的动态分析而发现一般规律的心理学理论。由莱温 (K. Lewin) 提出。

04.109　生态心理学　ecological psychology
将生态学与心理学理论相结合，研究生态环境对人们心理与行为影响的心理学学派。

04.110　心理生态学　psychological ecology
意指环境是心理系统的有机部分，后演变为以生态学的理论和方法来指导心理学研究的心理学学派。由莱温 (K. Lewin) 提出。

04.111　超个人心理学　transpersonal psychology
人本主义心理学中分化出来的，关注超越个人的经验和精神生活的心理学学派。

04.112　女性主义心理学　feminist psychology
排斥传统心理学中的男性中心偏见，研究应考虑父权制社会下不平等性别关系的心理学学派。

04.113　马克思主义心理学　Marxist psychology
以马克思主义哲学为指导的心理学。曾在苏俄、中国心理学界得到广泛的研究。

04.114　进化心理学　evolutionary psychology
从进化论角度出发，运用进化生物学的资料和方法来探讨人类心理行为结构与起源的心理学研究。

04.115　话语心理学　discourse psychology
对话语进行心理学的解释，认为话语是一种社会性活动，是了解人类心理窗口的心理学研究。

04.116　积极心理学　positive psychology
致力于人的发展潜力和美德等积极品质的研究，使人挖掘潜力并获得良好生活的心理学研究。

04.117　叙事心理学　narrative psychology
认为故事本身反映了个体心理发展变化的过程，主张以叙事方式研究人们生活故事的心理学学派。

04.118　文化心理学　cultural psychology
强调在对人的行为进行解释和干预时，需要特别关注其所在文化环境的心理学学派。

04.119　文化历史心理学　cultural-historical psychology
19 世纪末德国产生的一种人文取向的思辨心理学。亦指维果茨基的历史心理学。以狄尔泰(W. Dilthey)、施普兰格尔(E. Spranger)为代表。

04.120　皮亚杰学派　Piagetian school
又称"日内瓦学派(Geneva school)"。以图式、同化、顺应等概念解释儿童认知发展的心理学学派。由皮亚杰(J. Piaget)创立。

04.121　巴黎学派　Paris school
强调催眠等心理现象的生理、病理原因的学派。以沙尔科(J. M. Charcot)、雅内(P. Janet)为代表。

04.122　南锡学派　Nancy school
认为催眠完全是心理暗示结果的学派。以伯恩海姆(H. Bernheim)为代表。

04.123　芝加哥学派　Chicago school
研究实际生活中意识的典型作用的学派。以杜威(J. Dewey)、安杰尔(J. R. Angell)为代表。

04.124　苏黎世学派　Zürich school
荣格(C. G. Jung)的追随者，主要继承其后期风格。

04.125　维也纳学派　Vienna school
弗洛伊德的追随者，主要继承其理论。

04.126　屈尔珀学派　Külpe school
又称"维茨堡学派(Würzburg school)"。20世纪初屈尔珀领导的以研究无意象思维著称的心理学学派。

04.127　哥伦比亚学派　Columbia school
在心理学研究方面体现出总的机能主义倾向的松散联盟。以卡特尔、桑代克、伍德沃思为代表。

04.128　奥地利学派　Austrian school
主张心理学研究对象是意动而不是内容，方法是观察而不是内省的学派。以布伦塔诺(F. Brentano)为代表。

04.129　形质学派　school of form-quality
时间与空间的形式并不是感觉的集合，而是一种新的属性(即形质)，通过意动而呈现出来的学派。以冯·埃伦费尔斯(C. F. von Ehrenfels)为代表。

04.130　行为主义　behaviorism
认为主观的心理不可捉摸、难以理解，应直接研究纯客观、可观察的人类行为的研究取向。

04.131　新行为主义　neo-behaviorism
在行为主义框架内对华生早期理论的修正与发展。以赫尔(C. Hull)、托尔曼(E. C. Tolman)、斯金纳(B. F. Skinner)等为代表。

04.132　方法学行为主义　methodological behaviorism

行为主义理论的一种。承认心理的存在，但强调行为是唯一的或最简单的用以观察心理的方法。

04.133 目的行为主义 purposive behavior-ism
由托尔曼(E. C. Tolman)提出的一种行为主义理论。认为心理学研究的不是古典行为主义的分子行为，而应该是有目的的整体行为。

04.134 联想主义 associationism
形成于17～19世纪的英国，主张以经验为基础、以联想为工具来揭示心理形成与发展的规律。

04.135 感觉主义 sensationalism
近代经验心理学思想的表现形式，受笛卡儿与洛克(J. Locke)影响，强调感觉经验在认识中的作用。

04.136 建构主义 constructivism
又称"构造主义"。与机能主义对立的心理学研究取向。主张研究心理的内容或意识的建构。

04.137 机能主义 functionalism
与建构主义对立的心理学研究取向。主张研究心理活动及其功能。以安杰尔(J. R. Angell)、卡特尔(R. B. Cattell)、桑代克(E. L. Thorndike)等人为代表。

04.138 机能系统理论 theory of functional system
将人体各功能理解为系统结构来研究心理活动的一种理论。以卢里亚(A. R. Luriya)为代表。

04.139 新精神分析 neo-psychoanalysis
对传统精神分析理论的修正，强调社会文化因素、家庭环境、早期经验及自我的自主性。

04.140 苏俄心理学 Soviate psychology
泛指原苏联与当代俄罗斯的心理学。是世界心理学的重要组成部分，出现过巴甫洛夫(I. P. Pavlov)、维果茨基(L. Vygotsky)等著名学者。

04.141 反应学 reactology
科尔尼洛夫(K. N. Kornilov)提出的一种心理学理论。主张心理学应以马克思主义哲学为指导，研究主客观统一的反应，而非纯客观的反射。

04.142 反射学 reflexology
别赫捷列夫(V. M. Bekhterev)提出的一种带机械唯物论倾向的理论。认为反射是一切行为的基础，试图从神经生理学的物质基础上去寻找心理活动的解释。

04.143 社会文化历史学派 social-cultural-historical school
又称"维列鲁学派"。把历史主义原则引入到心理学研究，从历史、文化的角度建立了人的心理发展理论。是由维果茨基和他的学生列昂季耶夫(A. N. Leontev)和鲁利亚(A. R. Luria)为代表形成的。

04.144 主流心理学 mainstream psychology
在心理学发展过程中占主导地位的、广获认同并占有大多数资源的心理学研究范式。

04.145 内省 introspection
个体对自己的内心活动进行观察，并用语言表述出来的过程。

04.146 内省法 introspective method
通过分析被试报告自我心理活动资料得出结论的心理学研究方法。

04.147 心灵致动 psychokinesis, PK
号称不用身体的物质力量，专门以意念控制

物质、时空或能量的能力。属心灵学研究的范围。

04.148　中枢论　centralism
与外周论相对。把心理事件的起因置于身体之内，认知心理学是其典型代表。

04.149　外周论　peripheralism
与中枢论相对。将心理事件的起因置于身体之外的因素，行为主义是其典型代表。

04.150　心身同型论　mind-body isomorphism
格式塔学者提出的一种理论。认为心理与生理有着同样格式塔的性质，两者在结构与形式方面完全等同。

04.151　神经特殊能量学说　theory of specific nerve energy
米勒(J. P. Müller)提出的阐释感觉神经的性质和作用的一种理论。认为每种感官都有特殊的能，人们感受的不是外界刺激，而是自身的神经状态。

04.152　心理化学　mental chemistry
复杂观念不是简单观念的机械联结，而是像元素化合般具有了新的性质。以米尔(J. S. Mill)为代表。

04.153　心理主义　mentalism
以人的内部心理过程为研究重点的心理学理论。如冯特的内容心理学与当代的认知心理学。

04.154　目的论　teleology
主张人由自我导引、能对自己行为或命运负责的观点。

04.155　先天理论　nativistic theory
主张先天的遗传素质决定着人类心理的产生与发展的观点。

04.156　决定论　determinism
认为凡事都有因果规律的哲学理论。人的一切行为是先前原因的结果，可根据先前条件与经历来预测。

04.157　拟人论　anthropomorphism
将非人的事物比拟作人，赋予它们人类特征(包括心理特征)的理论。

04.158　需要层次论　hierarchical theory of needs
又称"马斯洛人类动机理论(Maslow's theory of human motivation)"。马斯洛(A. Maslow)提出的一种理论。即将人的需要从低到高分为几个不同的层次，低级需要满足后才会出现高级需要。

04.159　思维边缘理论　peripheral theory of thinking
华生(J. B. Watson)提出的一种理论。主张思维是整个身体而非只是大脑的功能，思维是感觉运动的行为，是内隐的语言习惯。

04.160　实在　reality
哲学中指客观存在的实体。现代心理学曾认为情绪、人格等均为实在，但受到后现代心理学的挑战。

04.161　范式　paradigm
库恩(T. S. Kuhn)提出的概念。即科学群体的共同态度、信念及其所公认的"理论模型"或"研究框架"。

04.162　话语　discourse
社会建构论心理学概念。即建构某个对象的一组陈述，不同话语对同一对象可建构出不同形象。

04.163　遗传　heredity
亲代的性状在下代表现的现象。是心理发展的自然前提，为心理发展提供潜在的可能性。

04.164　心理生活空间　psychological life space

莱温(K. Levin)提出的拓扑心理学中的一个基本概念。认为心理具有空间的属性，心理活动是在心理动力场或"生活空间"中发生的。

04.165　心理场　psychological field

格式塔心理学引入物理学场论，认为心理是个人生活的一切事件经验和思想愿望所构成的场。

04.166　心理机能定位　localization of mental function

认为心理的各种机能与大脑皮质的某些区域一一对应，特定的区域具有特定心理机能的一种理论。

04.167　等势原理　principle of equipotentiality, law of equipotentiality

在学习时大脑皮质的每一部位都同样重要，对个体学习发生同样的作用。由拉什利(K. Lashley)提出。

04.168　发生认识论　genetic epistemology

皮亚杰(J. Piaget)创立的理论。强调用发生学的方法来研究认识发生发展的过程、结构及其心理起源。

04.169　白板说　theory of tabula rasa

洛克(J. Locke)提出的一种关于观念或知识起源的学说。认为人出生时心灵是一张白板，心理是外界事物在白板上留下的痕迹，最终源于经验。

04.170　本能说　instinct theory

认为先天遗传的固定性行为倾向和模式，可以解释人类一切行为的学说。以麦克杜格尔(W. McDougall)为代表。

04.171　社会禁忌　social taboo

一定社会对某些社会行为的禁忌。以道德或宗教为基础，制约着人类行为。如乱伦禁忌、丧葬禁忌等。

04.172　复演说　recapitulation

由霍尔(G. S. Hall)提出的一种学说。认为个体的心理发展重演了人类种族进化的历史过程。

04.173　统觉　apperception

原为莱布尼茨(G. W. Leibniz)的哲学用语，后被冯特用以指将特定心理内容的范围提升到注意焦点的心理过程。

04.174　顿悟说　insight theory

格式塔学派提出的学习理论。认为学习不是尝试错误，而是突然获得的对整个情境的理解。

04.175　颅相学　phrenology

加尔(F. J. Gall)提出的一种心理学假说。认为人的心理与特质能够根据头颅形状确定。目前已被证实是伪科学。

04.176　文化转向　cultural turn

心理学从漠视文化向积极关注文化的方向转变，表现为对自然科学模式的反思与文化心理学的兴起。

04.177　文化模式　cultural model

特定的文化在其历史发展过程中所形成的系统而又相对稳定的文化表现形式。以贝尼迪克特(R. Benedict)为代表。

04.178　民族中心主义一元文化论　ethnocentric monoculturalism

从自己民族的文化背景出发，以自身的标准

衡量和判断来自于其他文化条件下的人的研究取向。

04.179　生态学方法　ecological approach
以生命系统与其周围环境的交互作用为对象，以系统分析及数学建模为方法的研究取向。

04.180　整合主义　integrationism
认为心理学处于分裂状态，应建立综合性理论、统一方法论与专业语言来整合心理学研究。以斯塔茨(A. Staats)等为代表。

04.181　主位　emic
原是语言学概念，相信当事人比旁观者更了解自己，主张从文化内部或被研究者出发来研究心理学。

04.182　能指　signifier
与所指相对。原为语言学概念，由索绪尔(F. de Saussure)提出，是符号的物质形式，由声音–形象两部分构成。

04.183　所指　signified
与能指相对。原为语言学概念，由索绪尔(F. de Saussure)提出，指语言所反映事物的概念。

04.184　隐喻　metaphor
原为语言学概念，用一个领域的经验来说明或理解另一领域事物的方式。如心理的机器隐喻、镜子隐喻等。

04.185　修辞　rhetoric
在语言的使用过程中，选择适当的语言手段和语言形式增强表达效果的技巧和规律。

04.186　离心趋势　marginalization
心理学分裂、分化的趋向。体现在学科细化、学派林立、理论与方法多样化、组织分裂、其他学科蚕食等方面。

04.187　解构　deconstruction
哲学用语。对有形而上学稳固性的结构及其中心进行消解，使结构和中心处于一种不断消解和置换的自由状态。

05.　生理心理学

05.001　心理生理学　psychophysiology
实验对象以人类为主，通过无损伤测定生理参数，研究心理行为活动的规律和机制的分支学科。

05.002　比较心理学　comparative psychology
研究和比较不同物种间智能及其心理行为发生发展的过程和规律的分支学科。

05.003　生物心理学　biopsychology
用心理学与生物学等多方法，探索人类和动物心理行为规律和生物基础的分支学科。

05.004　心理药理学　psychopharmacology
研究作用于神经系统而影响心理行为的化学物质的分支学科。

05.005　心理神经免疫学　psychoneuroim-munology
研究脑、行为、神经内分泌和免疫系统相互作用的交叉性学科。

05.006　神经心理学　neuropsychology
通过研究脑损伤产生的心理变化，揭示心理行为活动的神经机制的分支学科。

05.007　动物心理学　animal psychology
着重分析动物行为及相关心理过程的分支学科。

05.008　神经毒理学　neurotoxicology
研究外来物质对神经系统结构和功能产生有害作用及其机制的学科。

05.009　认知神经科学　cognitive neuroscience
用神经科学的手段研究心理活动的认知过程及机制的学科。

05.010　行为科学　behavioral science
研究人、动物与机器行为的诸多学科的总称。

05.011　行为神经科学　behavioral neuroscience
研究行为的神经生物学机制的学科。

05.012　行为遗传学　behavioral genetics
研究生物基因对行为的影响以及行为形成过程中遗传和环境相互作用规律的学科。

05.013　行为生态学　behavioral ecology
以达尔文的演化论为基础，研究动物各种行为特征的进化与其生态环境之间关系的学科。

05.014　习性学　ethology
又称"动物行为学"。研究动物在其自然生态环境中的行为特征的学科。

05.015　社会生物学　sociobiology
用多学科方法研究生物的起源、发展，生物和环境的关系等生物社会的规律的学科。

05.016　脑　brain
位于颅腔内，由脑干、间脑、小脑和大脑两半球组成。是中枢神经系统的组成部分。

05.017　脑干　brain stem
位于脊髓和间脑之间的神经结构。自下而上由延髓、脑桥、中脑三部分组成。

05.018　小脑　cerebellum
位于颅后窝，延髓和脑桥的后上方，大脑枕叶的下方，借大脑横裂及小脑幕与大脑分隔。主要功能是维持机体平衡、控制姿势、协调骨骼肌随意运动。

05.019　延髓　medulla oblongata
脑的最下部，下端以第一颈神经最上根丝与脊髓为界，上端腹侧以桥延沟与脑桥分界。其主要功能为传导信息、调节呼吸、心律、消化等生命活动和内脏功能。

05.020　网状结构　formatic reticularis
脑干各层面广泛稀疏散布和联络的神经核团。其功能包括使大脑皮质保持唤醒和感觉传递，与脑干和脊髓联系调节躯体和内脏活动。

05.021　网状激活系统　reticular activating system, RAS
脑干腹侧中心部位由许多神经核团和上行及下行神经纤维交织组成的网状结构。主要通过丘脑非特异性感觉投射系统到达大脑皮层，维持觉醒状态。

05.022　前脑　forebrain
脑部神经管分化的前面部分。后发育成端脑和间脑。

05.023　端脑　telencephalon
中枢神经系统的最高部位，由胚胎时期的前脑泡演化而来，包括大脑半球、半球间连合及内腔，以及第三脑室前壁终板和视前区。

05.024 基底神经节 basal ganglia
端脑内的一组皮质下核团。包括尾状核、壳核和苍白球等结构，是锥体外运动系统的主要组成部分。

05.025 间脑 diencephalon
位于端脑中线深部，包括丘脑、上丘脑、下丘脑、底丘脑。参与感觉信息中继传递和内分泌调节。

05.026 丘脑 thalamus
间脑内的一对卵圆形灰质块。参与传递感觉信息并调节睡眠觉醒。

05.027 上丘脑 epithalamus
丘脑髓纹尾端的扩大部分。含有缰内侧核和缰外侧核。左、右缰三角之间由缰连合相连。

05.028 下丘脑 hypothalamus
位于丘脑下方，有合成和分泌各类神经激素的神经核团。参与调节机体代谢、应激反应及其他自主神经系统活动。

05.029 底丘脑 subthalamus
又称"腹侧丘脑(ventral thalamus)"。位于背侧丘脑的腹侧，下丘脑的背外侧及内囊的内侧的脑组织。内含底丘脑核、未定带、底丘脑网状核、红核和黑质的吻侧部等。

05.030 垂体 hypophysis
位于丘脑下部腹侧的卵圆形小体。是机体内最重要的内分泌腺，分为腺垂体(垂体前叶)和神经垂体(垂体后叶)，前者与下丘脑、靶腺构成下丘脑-腺垂体-靶腺轴，调节激素的分泌。

05.031 中脑 midbrain
介于间脑与脑桥之间的脑组织。其上界为视束，下界为脑桥基底部腹侧上缘，由中脑导水管周围灰质、顶盖和大脑脚三部分组成，

具有传导信息和参与完成视、听反射等功能。

05.032 脑室 ventricle
脑内互相连通的腔。分别为两个侧脑室和第三、第四脑室，内有脑脊液。

05.033 边缘系统 limbic system
由扣带回、海马、下丘脑、丘脑前核、杏仁核、乳头体、隔区等部分组成，因位于大脑半球的边缘而得名。与情感加工有关。

05.034 扣带回 cingulate gyrus
位于大脑半球内侧面胼胝体上方，介于胼胝体沟与扣带沟之间的脑回。主要调节自主性反应、躯体运动和行为变化。

05.035 杏仁核 amygdala, amygdaloid nucleus
又称"杏仁[复合]体(amygdaloid complex, amygdaloid body)"。位于侧脑室下角前端上方的神经核团。附着在海马的末端，呈杏仁状。主要参与整合和控制情绪及自主行为。

05.036 隔区 septal area
大脑半球内侧面、终板和前连合前方的区域。包括胼胝体下回和旁嗅区。参与情绪调节等功能。

05.037 海马 hippocampus
端脑内原皮质结构，位于侧脑室下角的底壁，可分 CA1、CA2、CA3、CA4 四个区域。在短时记忆转化为长时记忆中起重要作用。

05.038 齿状回 dentate gyrus
海马伞内侧的窄而呈锯齿状的条形皮质。属原皮质。

05.039 海马结构 hippocampal formation
海马与齿状回构成的结构。与学习记忆等有密切联系。

05.040 皮质 cortex
又称"皮层"。大脑半球和小脑半球的表层灰质。是神经元胞体和树突集中的部位。

05.041 大脑皮质 cerebral cortex
端脑表面的灰质层。包括额叶、顶叶、枕叶、颞叶等，具有大量沟回。

05.042 新皮质 neocortex
哺乳类动物大脑皮质的一部分。与知觉、空间推理、意识及人类语言等高级功能有关。

05.043 白质 white matter
中枢神经系统中由神经纤维组成的结构。位于大脑的内部。

05.044 灰质 gray matter
中枢神经系统中神经细胞体和树突集中的部分。位于大脑的表层。

05.045 额叶 frontal lobe
脑发育最晚的部分，位于中央沟前外侧裂以上。分为运动区、运动前区、前额区和额叶底内侧部。

05.046 前额皮质 prefrontal cortex
位于额叶前部。包括额上回、额中回和额下回的前部，眶回和额叶内侧面的大部分。参与躯体和精神活动。

05.047 运动区 motor area
大脑额叶的 4 区。发出皮质脊髓束，控制对侧肢体的随意运动。

05.048 运动前区 premotor area
大脑额叶的 6 区。内覆盖半球上外侧面大部分的区域，细胞构筑与运动区相似，影响锥体系的活动。

05.049 布罗卡区 Broca's area

运动性言语中枢，位于优势半球大脑皮质额下回后部靠近岛盖处。即布罗德曼（Brodmann）第 44、45 区。

05.050 韦尼克区 Wernicke's area
听觉性和视觉性语言中枢的统称。包括颞上回、颞中回后部、缘上回以及角回，主要功能是理解单词的意义。

05.051 嗅觉区 olfactory area
由嗅前核、嗅结节、梨状皮质（主要的嗅觉分辨区）、杏仁核和内嗅皮质等组成的调控嗅觉的结构。

05.052 颞叶 temporal lobe
大脑外侧裂之下的部分。主要包括上、中、下三个回，以及梭状回和海马回。主要与听觉功能有关。

05.053 顶叶 parietal lobe
大脑外侧裂上方、中央沟与顶枕裂之间的部分。包括中央后回、顶上小叶、顶下小叶和旁中央小叶。主要与感觉功能有关。

05.054 中央沟 central sulcus
额叶和顶叶之间的分界。

05.055 枕叶 occipital lobe
位于顶叶之下、颞叶之后、顶枕裂后方的部分。主要与视觉功能有关。

05.056 视皮质 visual cortex
位于枕叶最后部分的皮质。接受传递视觉信息的投射纤维。

05.057 胼胝体 corpus callosum
连接两半球新皮质最大的一束联合纤维。在两半球之间传递信息。

05.058 反射弧 reflex arc

反射活动的基础结构。包括感受器、传入神经元、神经中枢(中间神经元)、传出神经元和效应器五个部分。

05.059　神经元　neuron
又称"神经细胞(nerve cell)"。由胞体、树突、轴突构成的神经系统的结构和功能单位。

05.060　胞体　soma, cell body
神经元的主体和营养中心。包括细胞膜、细胞质和细胞核。

05.061　轴突　axon
从神经元的胞体发出的一个干状突起。长短可自几微米至 1m 以上,其主要功能是传导神经冲动。

05.062　树突　dendrite
从神经元的胞体发出的多分支突起。其功能是整合自其他神经元所接收的信号,将其传送至细胞本体。

05.063　突触　synapse
一个神经元的突起与另一个神经元或细胞发生接触并传递信息的部位。

05.064　突触可塑性　synaptic plasticity
突触结构、功能和连接强度的可调节特性。是记忆和学习的神经化学基础。

05.065　神经可塑性　neural plasticity
神经系统为适应内外环境的变化而改变自身结构和功能的能力。

05.066　突触囊泡　synaptic vesicle
在化学传递性突触中,存在于神经末梢处的许多直径约 50nm 的小泡。储存各种神经递质。

05.067　效应器　effector
传出神经纤维末梢及其所支配的肌肉或腺体的总称。

05.068　脑神经　cranial nerve
直接从端脑和脑干发出的神经,共 12 对。

05.069　神经系统　nervous system, NS
由脑、脊髓、脑神经、脊神经和内脏神经共同组成的、机体获取信息和适应内外环境变化的调节系统。

05.070　中枢神经系统　central nervous system
由脑和脊髓组成的神经系统。

05.071　自主神经系统　autonomic nervous system, ANS
又称"内脏神经系统(visceral nervous system)"。周围神经系统的一部分,是保持体内稳态平衡的调控系统,多为无意识的控制活动。

05.072　交感神经系统　sympathetic nervous system
属自主神经系统。中枢在大脑边缘系统和脊髓,由此发出神经纤维到交感神经节,再发出纤维到肌肉和腺体。调节情绪和应激反应。

05.073　副交感神经系统　parasympathetic nervous system
属自主神经系统。由脑干和脊髓骶部发出神经纤维到器官旁或器官内的副交感神经节,再由此发出纤维到肌肉和腺体。

05.074　血脑屏障　blood-brain barrier, BBB
血液与脑组织之间的毛细血管壁结构。具有选择性通透功能,许多离子和大分子难以通过此结构由血入脑。

05.075　内分泌系统　endocrine system

由内分泌腺和分散于某些器官组织中的内分泌细胞组成的分泌激素的系统。对机体的基本生命活动如新陈代谢、生长发育等活动发挥调节作用。

05.076　下丘脑–垂体–肾上腺轴　hypothalamic-pituitary-adrenal axis, HPA
调节机体的应激反应和能量的储存及消耗的神经内分泌系统。包括下丘脑、垂体和肾上腺皮质。

05.077　内分泌腺　endocrine gland
参与内分泌活动的腺体。主要包括垂体、甲状腺、肾上腺、胰岛、甲状旁腺、性腺和松果体。

05.078　肾上腺　adrenal gland
位于两侧肾脏的内上方的腺体。由皮质和髓质组成，分别分泌类固醇激素和儿茶酚胺，在维持机体的基本生命活动和应激反应中起作用。

05.079　性腺　gonad
人或动物产生精子或卵子的腺体。雄性的性腺是睾丸，雌性的性腺是卵巢。

05.080　雄激素　androgen
主要由睾丸间质细胞和肾上腺皮质网状带分泌的一种类固醇激素。包括睾酮、雄烯二酮和双氢睾酮等。具雄性化作用。

05.081　睾酮　testosterone
由男性睾丸或女性卵巢分泌的一种类固醇激素。少量来自肾上腺。最主要的雄激素，有刺激男性器官发育，维持男性特征等作用。

05.082　雌激素　estrogen
主要由卵巢分泌，睾丸、胎盘和肾上腺也能分泌的一种类固醇激素。包括雌二醇、雌酮和雌三醇。具雌性化作用。

05.083　肾上腺素　adrenaline
肾上腺髓质分泌的激素。与交感神经末梢分泌的去甲肾上腺素作用类同，参与心血管活动及其他生理活动的调节。

05.084　促肾上腺皮质激素　adrenocorticotropic hormone, ACTH
由腺垂体分泌的激素。主要作用是刺激肾上腺皮质对糖皮质激素的合成与释放。

05.085　促肾上腺皮质释放激素　corticotropin-releasing hormone, CRH
由下丘脑神经元分泌的肽类激素。能刺激垂体前叶分泌促肾上腺皮质激素。

05.086　糖皮质激素　glucocorticoid
肾上腺皮质合成和分泌的一类甾体激素。参于调节应激反应及糖、脂肪和蛋白质的合成代谢，还具有抗炎作用。

05.087　神经激素　neurohormone
具有内分泌功能的神经细胞所分泌的激素总称。主要是多肽类，如催产素、升压素等。

05.088　外激素　pheromone
又称"信息素"。一种分泌到机体外的，可被同种属的其他个体所感知到的一类激素。可反映该生物的行为和内分泌状态。

05.089　受体　receptor
细胞膜或细胞内能与特定化学物质（如递质、调质、激素等）发生特异性结合并诱发生物效应的特殊生物分子。

05.090　糖皮质激素受体　glucocorticoid receptor, GR
能够特异性的与糖皮质激素结合的受体。主要有 I 和 II 两种亚型。

05.091　*N*-甲基-D-天冬氨酸受体　*N*-methyl-D-aspartate receptor, NMDAR
一种离子通道型谷氨酸受体。由 NMDAR1 和 NMDAR2 亚单元组成。是学习和记忆过程中一类至关重要的受体。

05.092　神经肽　neuropeptide
存在于神经组织并作用于神经系统的一类神经激素、神经递质和神经调质。具有广泛的生理作用，参与许多疾病的病理过程。

05.093　内啡肽　endorphin
具有阿片样活性的多肽类物质。主要分布于脑和垂体等处，具阿片样镇痛作用和其他生理和行为作用。

05.094　强啡肽　dynorphin
脑内三族阿片肽。包括强啡肽 A、B 和 C 三类。其活性比脑啡肽和内啡肽强。主要分布于纹状体和杏仁核。对情绪性运动行为等有调节作用。

05.095　脑啡肽　enkephalin
含 5 个氨基酸的一类阿片肽。存在于中枢神经系统中，神经元分布较广泛，除能镇痛外，具有调节内分泌激素分泌和体温等作用。

05.096　P 物质　substance P, SP
由 11 个氨基酸残基构成的多肽。脑内分布不均匀，黑质中含量最高，四叠体中次之，中脑等含量较少。是脑内作用很广泛的兴奋性神经递质。

05.097　拮抗剂　antagonist
能减弱或阻止另一分子活性的药物、酶抑制物或激素类的物质。

05.098　激动剂　agonist
能增强另一分子活性、促进某种反应的药物、酶制剂或激素类的物质。

05.099　细胞因子　cytokin
免疫细胞及脑胶质细胞合成和分泌的活性蛋白质分子。参与免疫应答、神经内分泌和行为反应。

05.100　条件性免疫　conditioned immunity
免疫系统通过条件反射性学习，由条件刺激诱发的免疫效应。

05.101　体液免疫　humoral immunity
又称"抗体介导免疫(antibody-mediated immunity)"。机体 B 淋巴细胞在抗原刺激下分化增殖为浆细胞，产生抗体的特异性免疫应答。

05.102　细胞介导免疫　cell-mediated immunity
广义包括原始的吞噬作用和 T 淋巴细胞介导的免疫。狭义仅指 T 细胞介导的免疫应答。

05.103　神经递质　neurotransmitter
突触前神经元合成并在末梢处释放，能特异性作用于突触后神经元或效应器细胞上的受体，使之产生效应的信息传递物质。

05.104　乙酰胆碱　acetylcholine, ACh
由胆碱和乙酰辅酶 A 在胆碱乙酰化酶的催化下合成的一种神经递质。参与学习记忆等活动的调节。

05.105　γ 氨基丁酸　γ-aminobutyric acid, GABA
由谷氨酸脱羧而成的抑制性氨基酸类神经递质。参与抗焦虑、抗惊厥、镇痛等功能的调节。

05.106　5-羟色胺　5-hydroxytryptamine, 5-HT
又称"血清素(serotonin)"。由吲哚和乙胺两部分组成。参与调节痛觉、情绪、睡眠、体温、性行为等活动。

05.107　儿茶酚胺　catecholamine
含有儿茶酚结构的胺类物质。包括多巴胺、去甲肾上腺素和肾上腺素。

05.108　多巴胺　dopamine, DA
由多巴脱羧生成的儿茶酚胺类神经递质。主要分布于黑质–纹状体和中脑边缘系统。参与对躯体运动、精神活动等调节。

**05.109　去甲肾上腺素　noradrenaline, NA,
norepinephrine, NE**
由多巴胺经β-羟化生成的儿茶酚胺类神经递质。来源于肾上腺髓质、交感节后神经元和脑内肾上腺素能神经元。参与心血管活动、情绪等的调节。

05.110　听觉中枢　auditory center
在中枢神经系统内与听觉产生相关的结构。位于颞叶，主要包括颞上回和颞横回。

05.111　愉快中枢　pleasure center
脑内与快感情绪和奖赏效应有关的脑结构。主要包括下丘脑、伏隔核、隔区等。

05.112　饮水中枢　drinking center
靠近摄食中枢，调节饮水功能的神经元群。刺激该区，动物大量饮水，毁损此区则其饮水减少。

05.113　摄食中枢　feeding center
位于丘脑下部外侧部，调节摄食功能的神经元群。损毁该区动物拒食，电刺激该区动物摄食。

05.114　睡眠中枢　sleep center
参与主动睡眠过程的脑结构。包括下丘脑后部、丘脑髓板内核群邻旁区和丘脑前核的间脑区域，以及脑干尾端的网状结构等。

05.115　代偿　compensation
又称"补偿"。体内平衡失调后，机体通过调整器官组织的功能、结构及代谢建立新的平衡的过程。

05.116　昼夜节律　circadian rhythm
生物体的生理、生化和行为以24h为周期的振荡。是生物界最普遍存在的一种节律。

**05.117　条件性位置偏爱　conditioned place
preference, CPP**
通过条件反射性学习，动物偏向于待在与奖赏物呈现有连接线索的环境或位置的行为。该行为模型常用于药物成瘾的研究。

**05.118　味觉厌恶学习　taste-aversion learn-
ing, learned taste aversion, conditioned
taste aversion**
又称"加西亚效应(Garcia effect)"。动物摄取新异味觉食物后，若出现恶心、腹泻等不适症状，则对具有此味道食物产生拒绝或回避行为的现象。由加西亚(J. Garcia)首先研究发现。

05.119　自我刺激　self-stimulation
通过预先于脑内植入刺激源，让动物学会自己操纵开关而进行脑刺激的实验方法。

05.120　第一信号系统　first signal system
条件反射活动中对直接作用于外周感受器官的信号刺激如声音、味觉等发生反应的脑功能系统。为人和动物所共有。

05.121　第二信号系统　second signal system
条件反射活动中对语言及文字等抽象信号刺激发生反应的大脑皮质功能系统。为人类所特有。

05.122　神经冲动　nerve impulse
又称"神经兴奋"。神经元受到刺激导致膜电位的改变，产生动作电位的兴奋过程。

05.123　动作电位　action potential
细胞受到刺激兴奋时膜电位的快速逆转并复位。可导致信息沿轴突传递。

05.124　全或无定律　all-or-none law
刺激强度超过阈限即引起神经或肌肉的完全反应，反之，完全不反应。

05.125　生物反馈　biofeedback
行为引起生理变化，通过仪器以视觉或听觉的形式将变化的生理信号反馈给本人的过程。

05.126　微量注射　microinjection
借助立体定位仪对脑区插管，经由微量进样器将干预药物注射到特定脑区的方法。

05.127　经颅磁刺激　transcranial magnetic stimulation, TMS
用脉冲磁场产生感应电流改变皮质神经细胞的动作电位，从而影响脑内代谢和神经电活动的磁刺激技术。

05.128　微透析　microdialysis
将灌流和透析相结合的从生物活体内进行动态微量取样的技术。具有连续取样、动态观察、组织损伤轻等特点。

05.129　电损毁　electrolytic lesion
一种人为地用直流电损伤神经细胞或核团的技术。

05.130　电痉挛休克　electroconvulsive shock, ECK
简称"电休克"。在安全范围内让一定强度的电流通过大脑，引起意识丧失与痉挛发作的现象。

05.131　立体定位技术　stereotaxic technique
根据脑图谱的立体坐标，利用立体定位仪将电极或注射针插入目标脑区的方法。

05.132　多导[生理]记录仪　polygraph
测量并记录动物或人体在作业时的多种生理反应(如血压、脉搏、呼吸、体温、皮肤电等)的仪器。

05.133　闸门控制理论　gate control theory
疼痛控制的一种学说。认为粗纤维传导形成闸门关闭效应，细纤维传导形成闸门开放效应。

05.134　核磁共振　nuclear magnetic resonance, NMR
磁矩不为零的原子核在外磁场作用下自旋能级发生塞曼分裂，共振吸收某一定频率的射频辐射的物理过程。

05.135　磁共振成像　magnetic resonance imaging, MRI
利用人体组织中原子核的磁共振现象，将所得射频信号经过计算机处理，重建出人体某一层面的图像的诊断技术。

05.136　功能性磁共振成像　functional magnetic resonance imaging, fMRI
以血氧水平含量增加导致磁共振信号增强为基本原理的脑功能成像技术。

05.137　脑磁图　magnetoencephalography, MEG
通过测量脑内神经活动电流在脑外产生的磁场来观察研究脑功能的检测技术。

05.138　神经计算　neural computation
通过建立计算模型来阐明脑的信息加工过程的技术。

05.139　脑电图　electroencephalogram, EEG
人或动物头皮表面通过电极记录的自发脑

电活动。

05.140 自发电位 spontaneous potential
在无外加刺激的情况下记录到的持续不断的脑节律性电活动。

05.141 运动关联电位 movement-related potential
又称"前运动电位(premotor potential)""准备电位(readiness potential, RP)"。与运动准备有关的脑电成分。表明大脑运动皮质在自主肌肉活动之前出现激活,经典记录部位是C3、C4。

05.142 事件相关电位 event-related potential, ERP
又称"诱发电位(evoked potential)"。由刺激诱发并与刺激有固定时间关系的脑反应所形成的一系列脑电波。利用其锁时关系,经计算机叠加处理提取出相关成分。

05.143 P300 成分 P300 component
又称"P3 成分(P3 component)"。事件相关电位的成分。由刺激诱发的潜伏期约 300ms 的晚期正波。与注意、辨认等认知功能有关。

05.144 N400 成分 N400 component
事件相关电位的成分。刺激后 400ms 左右出现的负波。与词语有关。

05.145 C1 成分 C1 component
事件相关电位的成分。刺激后 50ms 出现,不受注意的影响,反映了初级感觉皮质是注意效应的最早加工部位。

05.146 关联性负变 contingent negative variation, CNV
又称"伴随负[电位]变化""期待波(expectancy wave)"。在一个信号紧随另一信号刺激之间,被试的脑电出现了负向偏转。为事件相关电位中一种稳定的慢电位变化。

05.147 同步化波 synchronized wave
在外界刺激下,相位上、时空上一致的神经元电活动。

05.148 去同步化波 desynchronized wave
在外界刺激下,相位上、时空上相互独立的神经元电活动。

05.149 失匹配负波 mismatch negativity, MMN
以偏差刺激与标准刺激诱发的事件相关电位,二者相减的差异负波。刺激后 250 ms 出现,反映自动化加工。

05.150 反馈负波 feedback-related negativity, FRN, FN
由负性反馈信息诱发的事件相关电位,表现出的相对负走向的波形变化。

05.151 α 波 α wave
频率在 8~13Hz 的脑波。可见于全头部,多见于枕叶区。在个体清醒、安静并闭眼的状态下出现。

05.152 β 波 β wave
频率在 14~25Hz 的脑波。可见于全脑,多见于中央及额区,反映大脑在个体清醒、注意集中时的活动。

05.153 θ 波 θ wave
频率在 4~7Hz 的脑波。常见于哺乳动物的海马等区域,在快速眼动睡眠以及处于警觉状态时出现,与学习记忆有关。

05.154 δ 波 δ wave
频率在 4Hz 以下的脑波。波幅较低,多发于第四期的慢波睡眠阶段,源于丘脑与非特异性投射系统的相互作用。

05.155　微电极　microelectrode
可记录神经元活动的电极。有金属微电极和玻璃微电极两种。

05.156　微电极阵列　microelectrode array
许多微电极按一定几何关系高密度排列。用于收集一群神经元的放电。分植入式和非植入式。

05.157　睡眠　sleep
高等脊椎动物周期性出现的自发、可逆的静息状态。表现为机体对外界刺激的反应性降低和意识的暂时中断。

05.158　慢波睡眠　slow wave sleep
睡眠过程的两个时相之一。特征为闭目、瞳孔小，颈部肌肉仍保持一定紧张性，脑电波呈高幅慢波。

05.159　快速眼动睡眠　rapid eye movement sleep, REM
睡眠过程的两个时相之一。脑电波呈不规则的β波，表现为眼球快速运动、肌肉几乎完全松弛和做梦。

05.160　感受野　receptive field
视觉系统中神经元所"感受"到的区域。

05.161　感光细胞　photoreceptor cell
位于视网膜内，一类将光能转化为电信号的特殊神经细胞。包括视锥细胞和视杆细胞。

05.162　视锥细胞　cone cell
具有编码色觉能力的视网膜感光细胞。形状短粗。在较强光线下，分别对三种不同波长的红、绿、蓝光敏感。

05.163　视杆细胞　rod cell
能感受极微弱的光线但不能分辨颜色的视网膜感光细胞。形状细而长。

05.164　背侧通道　dorsal stream
又称"枕颞通道""何处通路(where pathway)"。从视皮质枕部到顶部的传导束。其功能主要是与物体空间关系以及空间运动有关。

05.165　腹侧通道　ventral stream
又称"枕顶通道""什么通路(what pathway)"。从视皮质枕区到颞区的传导束。其功能主要是识别客观物体。

05.166　眨眼反射　eye blink response
物体或气流刺激眼毛、眼皮或眼角时，诱发的眨眼动作。是一种防御性的本能。

05.167　眼动　eye movement
眼球伴随视觉信息搜索的运动。

05.168　眼电图　electrooculogram, EOG
眼球运动中前后轴的电位差随时间变化的记录。

05.169　同时性辨别　simultaneous discrimination
对同时呈现的两个或更多的刺激物进行区分的学习能力。个体在做出选择之前可以多次比较。

05.170　定向反应　orienting response
突然遭遇一个刺激特别是新异刺激时，动物迅速转身将眼或耳朝向刺激方向，从而提高警觉、准备防御的行为。

05.171　动力定型　dynamic stereotype
经过有规律的反复刺激，大脑皮质与刺激间建立的暂时联系系统。表现出自动化条件反射活动。

05.172　兴奋　excitation
对某刺激引发的机体的、器官的、组织的或

细胞的激活性反应。

05.173 抑制 inhibition
机体、器官、组织或细胞对某一刺激反应过程终止或减弱的现象。

05.174 印记 imprinting
由直接印象形成的、高度特化、但有局限性的学习方式。许多印记仅在动物一生中的特定时期才会产生。

05.175 旷场试验 open field test
研究实验动物在由圆形或方形的箱子构成的开阔环境里的自发活动（如探究、行走、直立等行为）的测试。

05.176 长时程增强 long-term potentiation, LTP
中枢突触经过突触前纤维的刺激所导致的突触传递效能的持续增强。被认为与学习记忆有关。

05.177 比较认知 comparative cognition
比较不同物种间认知机制和起源，以动物与环境交互作用时应用的技能、表征和过程来解释行为。

05.178 联想学习 associative learning
两种或两种以上刺激引起的脑内两个以上的中枢兴奋并形成暂时的联结而实现的学习。

05.179 非联想学习 non-associative learning
由单一模式的刺激重复呈现而引起的反应变化。学习模式包括习惯化与敏感化。

05.180 穿梭箱 shuttle box
研究学习记忆的行为装置。通常由两个不同环境或与不同刺激相联结的箱体相连构成。

05.181 莫里斯水迷津 Morris water maze
莫里斯（S. C. Morris）发明的、让动物在水中寻找隐藏平台的实验装置。用于研究动物空间方位的学习和记忆。

05.182 T形迷津 T maze
由两个选择臂和一个开始臂，呈 T 形的学习装置。用于研究空间学习、交替行为、条件性识别等。

05.183 Y形迷津 Y maze
由互相间隔 120°三等分辐射状的三个相同的臂及连接区组成的行为装置。用于研究学习记忆能力等。

05.184 模仿学习 imitation learning
个体模仿榜样的特定动作或行为模式的学习方式。

05.185 回避学习 avoidance learning
对导致厌恶性体验的刺激做出回避反应的学习方式。

05.186 先天行为 innate behavior
由遗传决定的、生来就具有的行为。

05.187 行为显现 behavior emergence
新行为的出现。常指在系统进化上较高级动物某些在其以下物种中未见原型，似乎是突然出现的特殊行为。

05.188 探究行为 exploratory behavior
巡回探查新异环境或物体的动机行为。通常由内部情绪状态和探究动机驱动产生。

05.189 逃逸行为 flight behavior
由刺激引起机体产生的逃跑行为。是一种防御行为。

05.190 修饰行为 grooming behavior

动物使用四肢或口对皮肤和毛发进行梳理的行为。

05.191 习得行为 learned behavior
通过后天学习并从个体经验中获得的行为改变或特别的行为模式。

05.192 领地行为 territorial behavior
动物有选择地占据、保卫一定的空间，不允许同类其他个体进入的行为。

05.193 攻击行为 aggressive behavior
通过言语或动作有意伤害其他个体或自身的行为。

05.194 动物求偶行为 animal courtship behavior
异性动物之间以交配和种群繁衍为目的的一种仪式化行为。

05.195 类抑郁行为 depressive-like behavior
动物所表现的能够模拟人类抑郁症状的行为反应。主要是快感缺乏、活力降低以及兴趣降低等。

05.196 类焦虑行为 anxiety-like behavior
动物所表现的能够模拟人类焦虑症状的行为反应。如探究行为的抑制、逃走等。

05.197 养育活动 care of young
又称"护幼活动"。亲代照料子代以提高其成活率的行为。如筑巢、哺育、保卫等。

05.198 欲望行为 appetitive behavior
动物为了满足某种需求而积极寻找和探索的行为。如觅食行为、求偶行为等。

05.199 迂回行为 detour behavior
在通往目标的直线路径上存在障碍时，寻找其他路径抵达目标的行为。

05.200 成瘾行为 addiction behavior
个体难以自控地从事某种活动或服用某种药物的行为。停止后常伴有戒断症状。

05.201 行为敏感化 behavioral sensitization
在药物或心理刺激等反复作用下，机体表现出的对这类刺激的反应性大幅升高的现象。

05.202 行为同源 behavior homology
动物行为基于共同祖先的相似性。

05.203 行为矫正 behavior modification
依据条件反射学说和社会学习理论来处理行为问题，从而引起行为改变的方法。

05.204 早期经验 early experience
在成长初期获得的对以后发展有重要影响的经验与技巧。

05.205 顺行性遗忘 anterograde amnesia
记忆丧失发生在致病事件后意识已经恢复时，遗忘涉及事件发生后的各种经历。

05.206 分化 differentiation
个体通过选择性强化和消退习得的对条件刺激物和与条件刺激物相似的刺激做出不同反应的过程。

05.207 本能 instinct
个体在适应环境的进化过程中逐渐形成和巩固下来的一系列无条件反射活动。通过遗传获得。

05.208 应激 stress
机体在各种内外环境因素刺激下所表现的非特异性的适应性和不适应性的生理和行为反应。

05.209 慢性温和型应激 chronic mild stress

长时间(一般大于 3 周)暴露于多种温和但不可预知的应激源下的应激。模拟人类在现实生活中遭遇的困境或压力。

05.210 奖赏 reward
通过食物、药物、金钱等物质或心理刺激使个体产生愉悦感,从而强化行为的过程。

05.211 渴求 craving
内在的对特定物质或者某种经历的强烈渴望。是精神依赖的主要表现。

05.212 复发 relapse
患者经过治疗摆脱戒断症状,但由于线索

或应激等因素的作用,重新发生成瘾行为的现象。

05.213 剥夺 deprivation
限制个体某些必需的生存条件(如食物或水)的获得。

05.214 感觉剥夺 sensory deprivation
在动物个体发育初期,使之不能获得某种或某几种感觉刺激的特殊状态。

05.215 睡眠剥夺 sleep deprivation, SD
由某种因素引起的睡眠缺失状态。可引起情绪、学习记忆、免疫功能等一系列改变。

06. 发展心理学

06.001 发展心理病理学 developmental psychopathology
研究个体发展中适应不良的状态及其机制的学科。

06.002 发展认知神经科学 developmental cognitive neuroscience
采用认知神经科学研究方法,揭示个体心智发展过程及神经机制的学科。是由神经科学、发展心理学和认知科学交叉形成的跨学科领域。

06.003 发生心理学 genetic psychology
用发生学的观点和方法研究人类心理发生过程、特点和规律的学科。

06.004 儿童心理学 child psychology
发展心理学的一个分支。研究儿童从出生到成熟前心理发生发展规律的学科。

06.005 老年心理学 aging psychology, psychology of aging

发展心理学的一个分支。研究老年期(60 岁以上)个体的心理活动及变化规律的学科。

06.006 皮亚杰理论 Piagetian theory
皮亚杰的认知发展理论。视儿童为心理结构的积极建构者,并主张认知发展表现出阶段发展的模式。

06.007 新皮亚杰理论 neo-Piagetian theory
修正、补充皮亚杰的经典理论并结合信息加工论的观点而形成的一类理论。

06.008 图式 schema
皮亚杰认为图式指一种特殊的心理结构,或一种组织起来的理解经验的方式。

06.009 同化 assimilation
皮亚杰认为同化是指个体运用已有的图式解释外部世界的过程。

06.010 顺应 accommodation

皮亚杰认为顺应是指当不能同化客体时，就要引起图式的改变或创新，以适应环境的过程。

06.011 守恒 conservation
皮亚杰认为守恒是指当物体的外观发生改变时仍认识到其某种物理属性保持不变的能力。

06.012 适应 adaptation
在认知发展过程中，个体改变认知结构以与外在环境保持平衡的过程。

06.013 调整 adjustment
个体主动运用技巧以增加自己与环境的和谐关系。比适应更主动。

06.014 亲和 affiliation
个体在社会生活中与他人亲近、交流、往来以获得他人的关心、理解、合作的过程。

06.015 老化 aging
随着年龄增长，生物的结构和功能衰退，适应性和抵抗力减退的现象。

06.016 认同 (1)identity (2)identification
(1)一种建构良好的自我概念，是个体庄重做出的关于价值、信仰和人生目标的自我承诺。(2)又称"自居"。弗洛伊德精神分析中的一种防御机制。即个体有意或无意地将他人或群体的行为、观点等归属于自己的过程。

06.017 观点采择 perspective taking
想象理解他人的思想、观点、企图和感受的能力。

06.018 生态系统理论 ecological system theory
布朗芬布伦纳(U. Bronfenbrenner)把影响个体发展的环境理解为宏观、中观、微观等多水平且相互影响的复杂关系系统的理论主张。

06.019 社会文化理论 sociocultural theory
维果茨基(L. Vygotsky)提出的认为儿童是通过与其他社会成员互动而获得特定文化的思维方式和行为方式的理论主张。

06.020 情绪分化理论 differential emotion theory
认为通过成熟与学习，新生儿的情绪从弥散性的兴奋或激动分化为各种不同性质情绪的观点。

06.021 领域一般理论 domain-general theory
认为同一发展阶段的心理结构对不同内容领域加工是普遍适用的，因而它们表现出相同发展水平的理论主张。

06.022 领域特殊理论 domain-specific theory
认为儿童的心理发展是受对象内容制约的，因而不同领域的加工表现出不同的发展水平的理论主张。

06.023 感觉运动阶段 sensorimotor stage
皮亚杰的认知发展第一阶段(出生至 2 岁的婴儿)。本阶段儿童主要依靠直接的感觉运动信息进行"思考"。

06.024 前运算阶段 preoperational stage
皮亚杰的认知发展第二阶段(2～7 岁)。本阶段儿童的心理表征能力已迅速发展，但思维活动还缺乏逻辑性。

06.025 具体运算阶段 concrete operational stage
皮亚杰的认知发展第三阶段(7～11 岁)。本阶段儿童运用具体信息的思维活动是符合逻辑的、灵活和有组织的，但还缺乏抽象思维能力。

06.026 形式运算阶段 formal operational stage
皮亚杰的认知发展最高阶段。11～12 岁的青少年已开始发展了抽象思维能力。

06.027 口唇期 oral stage
弗洛伊德(S. Freud)提出的性心理发展第一个阶段(出生至 1 岁)。个体通过口腔活动获得快感与满足。

06.028 肛门期 anal stage
弗洛伊德提出的性心理发展第二个阶段(1～3 岁)。个体通过排便获得快感和满足。

06.029 生殖器期 phallic stage
弗洛伊德提出的性心理发展第三个阶段(3～6 岁)。性心理能量转移到生殖器区域，儿童要解决"恋母情结"或"恋父情结"。

06.030 产前期 prenatal period
从母亲怀孕到胎儿出生的时期。

06.031 新生儿期 neonatal period
从出生至 1 个月的时期。

06.032 婴儿期 infancy
从出生至 3 岁的时期。

06.033 童年早期 early childhood
3～6 岁的时期。

06.034 童年中期 middle childhood
6～11 岁的时期。

06.035 青少年期 adolescence
11～20 岁的时期。

06.036 青春期 puberty
青少年的身体发生迅速成熟变化的时期。女孩从 11～12 周岁到 17～18 周岁，男孩从 13～14 周岁到 18～20 周岁，这期间个体身材陡增，性功能逐渐发育成熟。

06.037 成年期 adulthood
20 岁以上的时期。包括成年早期(20～40 岁)、成年中期(40～60 岁)和成年晚期即老年期(60 岁以上)。

06.038 老年期 late adulthood
60 岁以上的时期。分为年轻老年人，即 60～74 岁；老年人，即 75～89 岁；长寿老年人，即 90 岁以上。

06.039 心理发展 mental development
心理特点随种系进化、年龄增长产生的变化。包括动物心理发展、人的意识的历史发展及人类个体心理的发展三个方面。

06.040 发展弹性 developmental resilience
个体在处境严重不利或经受创伤时仍表现出积极适应行为的过程或能力。

06.041 发展趋势 developmental trend
个体随年龄增长而表现出来的身心发展的顺序性或倾向性。

06.042 连续性与阶段性问题 continuity-discontinuity issue
关于个体发展变化是连续的量变过程还是不连续的质变过程的理论争论。

06.043 由近及远发展 proximal-distal development
神经系统对身体的控制从躯干(或近端)到周围部位(或远端)的发展顺序。

06.044 毕生发展观 life-span perspective

认为个体发展是毕生的、多维的、多方向的、具有高度可塑性的，并且是受个人生活经历影响的观点。

06.045 发展常模 developmental norm
个体发展中在某一年龄表现出的共同性与代表性特征。

06.046 发展阶段 developmental stage
根据生理、心理的发展状态对个体的生命全程划分的既存在量的连续性又存在质的差异性的不同时期。

06.047 年龄特征 age characteristics
个体生理心理发展在各个年龄阶段表现出来的质的差异。

06.048 关键期 critical period
又称"敏感期(sensitive period)"。个体在生物学上已准备好发展某种能力，在合适的刺激条件下，该能力可获迅速发展的一段时期。相对于其他时期更容易习得某种知识、行为或生存能力。

06.049 发展可塑性 developmental plasticity
变化的开放性。在其限度内发展可以采取许多不同的形式，这取决于个体的生物、环境历史条件与当前生活条件的不同结合。

06.050 认知发展 cognitive development
对客观世界的认识活动的发展。其中有感知觉、注意、思维、想象、创造的发展，并把学习、记忆、语言的发展包括在内。

06.051 元认知发展 development of meta-cognition
个体对人类自身认知活动的认知的发展。

06.052 多元智力理论 multiple intelligences theory
加德纳(H. Gardner)提出的智力包括一组相对独立的能力，而并非一种一般能力的观点。

06.053 同伴接纳 peer acceptance
个体被同伴群体接受，处于有利的社交地位。

06.054 同伴拒绝 peer rejection
个体被同伴群体所排斥，处于不利的社交地位。

06.055 自我同一性 ego-identity
个体关于自我在时间上的连续与稳定性、与他人的分离性的认识。

06.056 同一性拒斥 identity foreclosure
停止对同一性的追求，是同一性探索过程中的一种失败状态。

06.057 延迟满足 delay of gratification
通过推迟对欲望的满足以获得的更大满足。

06.058 延迟模仿 deferred imitation
在感知到被模仿者的某行为后经过一段时间的间隔才重复出现该行为的现象。

06.059 依恋 attachment
个体与对其有特殊影响的人(如抚养者)所建立的深厚情感联结。

06.060 先天属性 congenital attribute
个体与生俱来的特征。

06.061 新生儿反射 newborn reflex
新生儿对特定的刺激做出的天生、自动反应。是新生儿最早出现的有组织的行为模式。

06.062 巴宾斯基反射 Babinski reflex
当足底被触摸时，新生儿会做出脚趾像扇形

样张开然后朝里面弯曲的动作。一般出生后8～12月消失。

06.063　莫罗反射　Moro reflex
又称"惊跳反射(stuttle reflex)"。新生儿受声音惊吓或身体暂时失去支撑时，会做出双臂外伸、伸腿、弓背，然后双臂收拢作抱物状的动作。一般出生半年后消失。

06.064　觅食反射　rooting reflex
在被触摸腮帮时，新生儿会向刺激源做出转头张嘴吮吸的动作。出生后3周这一反射变成有意的转头动作。

06.065　吮吸反射　sucking reflex
新生儿对放入口中的物体会做出有节奏的吮吸动作。

06.066　抓握反射　grasp reflex
又称"达尔文反射(Darwin reflex)"。当有小物品放在掌心时，新生儿会自动握紧手指的动作。这一反射出生3～4个月后消失。

06.067　吞咽反射　swallowing reflex
新生儿在食物进入时出现的肌肉收缩，使食物由口腔进入胃内的无条件反射。

06.068　排便训练　toilet training
指导儿童使用相关设施或器具排泄大小便的过程。弗洛伊德认为排便训练是否适当会影响儿童长大后的人格发展。

06.069　陌生人焦虑　stranger anxiety
儿童在陌生人接近时表现出的一种惧怕反应。约出生后6个月出现。

06.070　视崖　visual cliff
能产生深度感的实验装置。用以评估婴儿的深度知觉能力。

06.071　喔啊声　cooing
婴儿在出生2～3个月时出现的表示快乐和舒服感的类似元音的语声。

06.072　咿呀语　babbling
婴儿在大约4～5个月时开始发出的类似成人言语中的音节，重复但不表达意义的一种特殊语声。

06.073　模仿言语　echolalia
婴儿在9～10个月表现出的对他人声音的有意模仿。

06.074　电报式言语　telegraphic speech
儿童在1.5～2岁时表达意思所使用的由两、三个词构成的不完整语句。通常由动词和名词组成。

06.075　儿向语言　child-directed speech, CDS
专门说给婴幼儿、适应其语言和认知能力的语言。其语音语调夸张、语速较慢、内容与当前活动有关。

06.076　语言可习得性理论　learnability approach to language acquisition
莱内贝格(E. H. Lenneberg)提出的语言学习理论。认为语言是生理功能成熟的产物，个体具有潜在地建立语言体系的能力，2岁至青春期是语言习得的关键期。

06.077　语言习得装置　language acquisition device, LAD
又称"语言获得机制"。乔姆斯基(N. Chomsky)假设的一种生物预成装置。使儿童不论听到什么语言，只要掌握足够的词就能理解和说出符合其规则的语句。

06.078　快速映射　fast mapping
儿童将初次看到或听到的词汇迅速与某个客体或基本概念相联系的过程。

06.079　内部言语　inner speech
在出声言语基础上形成的无声言语形式。在口头语言发展到一定阶段后出现。

06.080　自我中心言语　egocentric speech
皮亚杰提出的发生在童年早期的一种特殊语言形式。即不以社会交往为目的，表现为忽视他人反应的自言自语。

06.081　过度概化　overgeneralization
在儿童语言发展中，个体倾向于将规则过于广泛地应用于不受该规则支配的语言形式中的现象。

06.082　单词句　single-word sentence
儿童在 1～1.5 岁时出现的用一个词代表一句话的语言形式。

06.083　双词句　two-word sentence
儿童在 1.5 岁后出现的由两个词代表一句话的语言形式。

06.084　错误信念任务　false belief task
测查儿童是否能够理解他人的信念错误，并据此预测和解释他人行为的任务。

06.085　最近发展区　zone of proximal development
儿童独立解决问题的实际水平与在成人指导下或与有能力的同伴合作中解决问题的潜在发展水平之间的差距。由维戈茨基(C. Vygotsky)提出。

06.086　客体永久性　object permanence
当物体不在直接感知范围内，儿童仍认为该物体持续存在的意识。

06.087　去中心性　decentration
从只关注问题情景的一个方面中解脱出来而能同时考虑问题的其他方面的认知倾向。

06.088　中心性　centration
只专注问题情境的一个方面而忽视其他重要方面的认知倾向。

06.089　自我中心　egocentrism
只从自我的角度出发理解事物，不能区分自己的观点与别人的观点。

06.090　他律道德　heteronomous morality
皮亚杰提出的道德发展的第一阶段(5～10岁)。儿童认为道德规则是权威制定的，是外在的，祖传的，不可改变的。

06.091　自律道德　autonomous morality
皮亚杰提出的道德发展的第二阶段(10 岁以后)。儿童认识到道德规则是灵活的，社会约定的，必要时也可做出修改。

06.092　前习俗道德　preconventional morality
科尔伯格(L. Kohlberg)提出的道德发展的第一种水平。儿童是基于对权威的服从或行为的奖励或惩罚结果做出道德判断。

06.093　习俗道德　conventional morality
科尔伯格提出的道德发展第二种水平。儿童道德判断的标准是遵守社会规范以确保和睦的人际关系和社会秩序。

06.094　后习俗道德　postconventional morality
科尔伯格提出的道德发展的最高水平。个体是依据抽象的道德原则和普世价值观对道德的标准做出界定。

06.095　道德两难　moral dilemma
不同的道德原则相互冲突、使人左右为难的道德情境。

06.096　青少年发育陡增　adolescent growth spurt
个体在青春期出现的生长发育高峰。表现为

身高、体重的陡增。

06.097　心理断乳　psychological weaning
青春期的青少年要求自治，摆脱成人监护的一种独立意向。

06.098　同层人　cohort
年龄接近，接受同样文化而具有类似生活经验的人。

06.099　空巢　empty nest
无孩子一起生活的老年家庭。会有空虚、寂寞、孤独等心理反应。

06.100　中年危机　midlife crisis
个体在向中年期转变时所经历的自我怀疑、情绪困扰和希望改变生活的感受。

06.101　衰老性退缩行为　aging regressive behavior
老年人因生理、心理功能的衰退，不能适应主客观环境的变化和制约而产生的消极退避行为。

06.102　留守儿童　left-behind child
因父母一方或双方外出学习、务工或经商等，留在户籍所在地而不能与父母共同生活的未成年个体。

06.103　低常儿童　subnormal child
智力发展明显低于同龄儿童平均水平，并有适应行为障碍的儿童。

06.104　超常儿童　supernormal child
又称"天才儿童(gifted child)"。智能发展水平大大超过同龄儿童的平均水平，或具有高度创造能力或某种特殊能力的儿童。

06.105　特殊儿童　exceptional child
需给予特殊的教育帮助才能充分发展的儿童。

06.106　问题儿童　problem child
情绪、人格或行为举止存在异常且社会适应不良的儿童。

06.107　智力落后　mental retardation
又称"精神发育迟缓"。在发育成熟前起病，以智力低下和适应能力缺陷为主要特征的一种心理发展障碍。

06.108　发展障碍　developmental disorder
在儿童发展的某一阶段出现的心理或生理障碍。包括广泛性与特殊性发展障碍。

06.109　高读症　hyperlexia
儿童在单词认读方面表现出超强的能力，但在言语理解方面有明显困难的一种学习障碍。

06.110　计算困难　dyscalculia
个体在学习或理解数字和数字材料方面存在明显困难的一种学习障碍。

06.111　注意缺陷多动障碍　attention deficit hyperactivity disorder, ADHD
以持续的注意力不集中和冲动性为特征，且可能伴有多动的一种发展障碍。

06.112　发展性协调障碍　developmental co-ordination disorder, developmental dyspraxia
又称"发展性运动障碍"。运动器官或感官没有损伤，但存在动作协调缺陷的一种发展障碍。

06.113　父母教养方式　parenting style
父母教养态度、行为的集合。具有跨情境的稳定性。

06.114　专制型教养　authoritarian parenting

为子女设定各种行为规则，但对子女缺乏关爱，要求子女对父母绝对服从的教养方式。

06.115　权威型教养　authoritative parenting
对子女的行为有明确规定和要求，同时又关爱子女、能听取与接受其意见的教养方式。

06.116　宽容型教养　permissive parenting
只重视满足儿童的各种需求、甚至是不合理的需求，而不能对儿童提出行为规范要求的教养方式。

06.117　放任型教养　uninvolved parenting
对子女听之任之，既不关爱也不提出行为规范要求的教养方式。

06.118　亲子关系　parent-child relationship
父母与子女之间的关系。

06.119　核心家庭　nuclear family
父母与未成年或未婚子女组成的家庭类型。

06.120　单亲家庭　single-parent family
只有父亲或母亲与子女组成的家庭。

06.121　注视偏好范式　preferential looking paradigm
通过考察婴儿对不同刺激的注视时间而研究其知觉发展的方法。

06.122　习惯化　habituation
由于刺激的反复呈现而使个体的反应强度逐渐降低的过程。

06.123　去习惯化　dishabituation
由于刺激的变化而使个体的反应强度增加的过程。

06.124　领养研究　adoption study
通过比较领养儿童与其生身父母和养父母

在心理或行为特征上的相似程度，探讨遗传和环境对个体身心发展的影响。

06.125　剥夺研究　deprivation study
以成长于刺激贫乏环境条件下的儿童为对象，探讨环境经验对个体身心发展的影响。

06.126　丰富化研究　enrichment study
对来自不良处境的儿童，通过使环境丰富化促使其更好发展的教育性研究。

06.127　日记法　diary method
通过每日的行为记录对个体（通常为儿童）进行研究的方法。

06.128　血缘关系研究　consanguinity study
通过分析人们血缘的亲疏远近与某种身心特征发生的频率之间的一致性，探讨遗传和环境对个体身心发展的影响。

06.129　双生子研究　twin study
通过比较同卵双生子和异卵双生子在心理行为特征上的相似程度，探讨遗传和环境对个体身心发展的影响。

06.130　作品分析法　product analysis method
通过对个体活动作品的内容、形式进行客观、系统的分析以了解其心理含义的方法。

06.131　同伴评定　peer rating
根据同伴意见考察个体发展或被接纳程度的社会测量方法。

06.132　微观发生设计　microgenetic design
在一连串间隔紧密时间段中观察儿童从开始学习某种任务到稳定掌握该任务的进程和特点的一种研究设计。

06.133　纵向设计　longitudinal design
在较长的时间内对一个或多个被试对象进

行定期的观察、测量或实验，以揭示个体心理发展变化的趋势的一种研究设计。

06.134 横断设计 cross-sectional design
在同一个时间点对不同年龄个体进行观察、测量或实验，以揭示个体心理发展特点或规律的一种研究设计。

06.135 时间滞后设计 time-lag design

在不同时间对出生年代不同而年龄相同的人群进行测量，以探讨与年龄有关发展特征的一种研究设计。

06.136 连续系列设计 sequential design
又称"序贯设计""队列设计"。以同层人和测量时间为自变量，对被试进行测量或实验，揭示同层人组效应或测量时间效应的一种研究设计。

07. 社会心理学

07.001 实验社会心理学 experimental social psychology
以实验为主导取向的社会心理学。

07.002 话语社会心理学 discoursive social psychology
用话语分析或修辞学方法来研究社会心理或社会行为的研究取向。

07.003 职业心理学 occupational psychology
研究与人们选择、从事和改变职业有关的个体差异和特点的心理学分支学科。

07.004 社会认知 social cognition
人们对社会信息的加工、储存、提取和应用过程并依此形成的社会知识。

07.005 社会认知神经科学 social cognitive neuroscience
采用认知神经科学技术研究社会认知现象的交叉学科。

07.006 社会图式 social schema
人脑中对于社会观念的表征与分类结构。

07.007 社会表征 social representation

表达一定社会观念或意向的符号系统。一定条件下为社会成员所共享。

07.008 社会规范 social norms
人类在社会互动过程中共同制定、明确施行、相习成风的行为准则。其本质是对社会关系的具体化反映。

07.009 社会兴趣 social interest
阿德勒(A. Adler)理论体系的术语。认为特定社会中的人群都会自发地具有共同的对社会问题的兴趣和解决社会问题的天然愿望。但是这种愿望也需要后天的培养。

07.010 社会化 socialization
个体接受社会教化，习得语言、行为及其内在心理结构，从自然人转化为合格社会成员的过程。

07.011 过度社会化 oversocialization
行动者被社会规范僵化而缺乏应有适应所需要的灵活性和创造性的现象。

07.012 社会测量技术 sociometric technique
测定群体成员关系亲疏并进行定量分析的方法。

07.013 现场实验 field experiment
研究者无法控制实验刺激时，如自然突发事件、重大社会事件等，在实际环境中进行的实验。

07.014 现场研究 field research
实验者进入实际环境进行长期观察、采访，搜集大量显示数据和资料，并最终通过分析得到相应结论或推论的过程。

07.015 社会比较理论 social comparison theory
斯廷格(L. Festinge)1954 年提出的一种关于自我评论与亲和行为的理论。认为个体在缺乏客观标准时，会选择他人作为比较的尺度以获得自我评价。

07.016 社会交换理论 social exchange theory
霍曼斯(G. C. Homans)提出的一种社会心理学理论。认为人际交往是交换过程，每个人都想在交换中获取最大利益，因而可以用得失概念分析人们的交互关系。

07.017 社会认同理论 social identity theory
认为人们通过自我归类，建立与特定社会群体的心理联系，并通过比较确认自我特性和建立自尊的一种社会心理学理论。

07.018 社会影响理论 social impact theory
认为外部来源对群体的社会影响力，会在群体成员身上分散，群体规模增加则影响力逐渐减弱的一种社会心理学理论。

07.019 社会渗透理论 social penetration theory
认为人们亲密关系发展的动力过程，经由逐渐的自我表露，直接和预期的结果影响着人们由浅入深的渐进交换过程的一种社会心理学理论。

07.020 自我价值定向理论 self-worth orientation theory
金盛华教授提出的一种有关态度与行为关系的社会心理学理论。认为个人经由自我经验形成的自我价值抉择，决定着个人指向特定对象(包括自身)和在特定情境中的自我体验和社会行为，并由此决定着一个人的自我价值状况和自我发展的方向。

07.021 态度 attitude
个体对人、事、周围的世界所持的持久性与一致性的倾向。包含认知、情感和行动意向三种成分。

07.022 态度改变 attitude change
个体由于接受新的影响改变既有态度的过程。

07.023 态度免疫 attitude inoculation
个体预先警示而对可能引起其态度改变的说服产生抵制并保持原有态度的现象。

07.024 双重态度 dual attitude
人们对同一客体可能同时存在有意识的外显态度和与之相分离无意识的内隐态度。

07.025 内隐态度 implicit attitude
过去经验的无意识痕迹影响个体对社会客体的认识、情感和行为的内隐认知。

07.026 态度测量 attitude measurement
对他人和事物的认同与反对程度的测量。

07.027 归因 attribution
个体根据有关信息、线索推测与判断行为或态度的原因的过程。

07.028 本性归因 dispositional attribution, personal attribution
又称"素质归因"。将人们行为原因归于其

内在特质、动机或意向等心理素质的过程。

07.029　内在归因　internal attribution
将特定行为的原因归结为行动者内在心理特点的过程。

07.030　外在归因　external attribution
将特定行为的原因归结为外部影响的过程。

07.031　因果性归因　causal attribution
对于行为、事件的因果解释和推论。

07.032　情境归因　situational attribution
把行为的原因归结为造成该行为情境的过程。

07.033　防御性归因　defensive attribution
又称"自利偏误(self-serving bias)"。在归因过程中表现得最普遍的一种动机性偏误。即哪些能加强自我和保卫自尊的利己性归因。

07.034　归因偏向　attribution bias
又称"归因偏差"。对于行为和事件的因果推论中由于某种倾向带来的与实际情况偏离的现象。

07.035　归因理论　attribution theory
描绘人们对行为和事件进行原因推论的过程和机制的理论。

07.036　海德归因理论　Heider's attribution theory
海德(F. Heider)提出的一种归因理论。认为人有理解和预测周围事件和人的行为的需要，从而会寻找特定行为的规律性原因来解释行为。

07.037　凯利归因理论　Kelley's attribution theory
又称"三维[度]理论(tube theory)"。凯利(H. H. Kelley)提出的一种归因理论。认为人们归因时考虑特异性、一致性和一贯性三类信息，三类信息的协同变化决定了人们的归因结果。

07.038　特异性　distinctiveness
凯利归因理论中进行归因时所利用的一类信息，即行动者是否对同类其他刺激做出相同的反应。

07.039　一致性　consensus
凯利归因理论中进行归因时所利用的一类信息，即归因对象的行为是否也出现在其他人身上。

07.040　一贯性　consistency
凯利归因理论中进行归因时所利用的一类信息，即归因对象的行为是否一致或经常出现。

07.041　平衡理论　balance theory
又称"P-O-X理论(P-O-X triads)"。海德(F. Heider)提出的一种社会心理学理论。认为知觉者(P)—他人(O)—态度对象(X)三者之间应是稳定关系，否则会导致心理紧张，并力图恢复平衡。

07.042　一致性理论　congruity theory
又称"调和理论"。奥斯古德(C. E. Osgood)等人提出的一种社会心理学理论。认为主体、对象和对象来源之间的关系，若三者之间是否定关系或存在一个否定关系，就会出现不协调，此时个体会改变态度达成协调。

07.043　符号互动理论　symbolic interaction-ism
米德(G. H. Mead)创立的一种社会心理学理论。认为社会是在动态互动过程中形成的，人们通过符号系统实现沟通与互动，事物对于个人的意义来源于互动过程。

07.044　认知失调理论　cognitive dissonance theory

费斯廷格(L. Festinger)提出的一种社会心理学理论。认为认知因素之间出现"非配合性"关系会引起认知失调，并促使个人改变有关的观念或行为。

07.045 行动者–观察者效应 actor-observer effect
在行为归因上，观察者高估个人特质，行动者高估情境因素的现象。

07.046 基率谬误 base-rate fallacy
解决概率相关问题时忽略小概率事件发生率的现象。

07.047 群体 group
两个及以上认为自己是其成员，并至少有一个他人认可的个体集合。

07.048 内群体 ingroup
个体经常参与、关系密切，有强烈归属感和自我卷入的群体。

07.049 外群体 outgroup
自己没有直接关联的他人所属群体。

07.050 正式群体 formal group
由事业、企业等部门明文规定的群体。其成员有固定的编制，职责权利明确，组织地位确定。

07.051 非正式群体 informal group
成员依照各自的喜好自发形成、没有明确角色分化和权利义务规定的群体。

07.052 参照群体 reference group
被个体认同并用作参照的其他群体成员或群体。

07.053 群体规范 group norm
群体多数成员共有行为方式的总和。包括制

度、法规、纪律、道德、习惯、信念和信仰等。其对群体成员有约束作用。

07.054 群体压力 group pressure
群体对群体成员的心理和行为的影响。

07.055 群体思维 groupthink
又称"小群体意识"。在凝聚力很强的群体中其成员从众倾向显著而在群体决策中表现出的过分追求一致，从而阻碍不同意见发表和问题分析解决，导致决策失误的现象。

07.056 群体极化 group polarization
群体成员中，原有的倾向性通过相互作用而得到加强并趋于极端赞成或反对的现象。

07.057 群体偏向 group extremity shift
群体决策中比个体决策时更倾向于冒险或保守，并向某一极端偏斜的现象。

07.058 凝聚力 cohesion, cohesiveness
全称"群体凝聚力(group cohesion)"。群体成员相互吸引而期望留任群体的强烈程度。

07.059 任务凝聚力 task cohesion
因对任务的共同认识而产生的凝聚力。

07.060 社会凝聚力 social cohesion
对社会价值和状态的认同而产生的凝聚力。

07.061 利他主义 altruism
有利于他人而不期望任何个人回报的心理倾向。

07.062 权威主义 authoritarianism
认为权威是解决社会发展问题的观念。权威主义者较多地强调权力、地位与支配。

07.063 集体主义 collectivism
重视与他人联结的价值取向和文化倾向。

07.064 文化决定论 cultural determinism
认为个体的心理与行为是由其所属文化来决定的观点。

07.065 文化整合 cultural integration
不同文化相互吸收、融化、调和而趋于一体化的过程。

07.066 拟剧论 dramaturgy
以戏剧比拟社会生活，视社会为舞台、社会互动为个体表现自我的表演过程的社会心理学观点。

07.067 公平理论 equity theory
亚当斯(J. Adams)提出的激励理论。认为人的公平感不仅取决于其工作报酬的绝对量，同时取决于与他人或过去报酬的比较。

07.068 博弈论 game theory
以博弈情境为比喻，探讨个体面临抉择是如何考虑得多失少以实现最优化决策的心理学研究理论。

07.069 脑力激励 brainstorming
群体对问题进行完全自由联想和畅谈并提出方案，但不对其准确性或正确性进行评价的一种群体讨论方法。

07.070 内在激励 intrinsic motivation
以人的内部需求(如责任、成就、光荣感等)所形成的对行为的促进效应。

07.071 角色 role
原意指剧本中的虚构人物。心理学上指社会对特定占据社会位置的人们的行为期待，它规定这个位置的权利义务与行为规范。

07.072 角色期待 role expectation
社会对占据特定社会位置的人们应具有的行为表现的一般观念。

07.073 角色认同 role identity
个体或群体接受社会对自身的角色期待且使自己的态度与行为与其相一致。

07.074 角色扮演 role play
通过设身处地的方式体验、了解和领会别人的内心世界和行为，提高社会技能的方法。

07.075 角色图式 role schema
用来选择和加工与角色相关的信息的认知结构。

07.076 角色承担 role taking
又称"角色获得""角色采摘"。站在他人角色的立场，体验别人的角色，了解别人在特定情境中的期望与情感。

07.077 角色理论 role theory
用戏剧比拟的方法解释人们行为随社会身份不同而受互动情境中各种因素影响的一种社会心理学理论。

07.078 角色冲突 role conflict
人在社会中充当一个或几个不同角色时，因不能胜任造成不合适宜的矛盾和冲突。分为角色间冲突和角色内冲突。

07.079 角色间冲突 interrole conflict
同一主体由于不能同时完成两个或两个以上角色责任所引发的冲突。

07.080 角色内冲突 intrarole conflict
人们由于同一角色有不同期待所引起的冲突。

07.081 性别角色 gender role, sex role
个体基于性别差异而形成的与社会或群体规定相适应的心理特点和行为模式。

07.082 性别图式 gender schema
个体按性别社会规范形成并引导其加工性

别关联信息的认知结构。

07.083 性别认同 gender identity, sex identity
个体经过学习模仿而逐渐习得的对自我性别的认识、理解和概念。

07.084 换位思考 perspective taking
将自己置于他人社会位置，从而更好地理解他人的观点和角色，并更好地理解自己原有角色。

07.085 打折扣原理 discounting principle
对行为解释的理由由于其他理由的出现而被削弱的现象。

07.086 过度理由效应 overjustification effect
外在过度理由使人们内在动机降低的现象。

07.087 不充分理由效应 insufficient justification effect
当外部理由不足以支持行为时，人们用主观理由做行为理由补充，以寻求心理平衡的现象。

07.088 去个体化 deindividuation
个人在群体中自身同一性意识下降，自我评价和控制水平降低的现象。

07.089 少数人影响 minority influence
群体中少数成员影响多数成员的态度、立场、观念的现象。

07.090 冒险转移 risky shift
群体决策比个人决策更具冒险性的现象。

07.091 责任扩散 diffusion of responsibility
紧急情境中，因他人在场使个体卷入事件的责任意识下降的现象。

07.092 旁观者效应 bystander effect
紧急情景下，在场的旁观者越多，任一旁观者实施助人行为的可能性越低的现象。

07.093 沟通 communication
人与人之间信息、情感和物品形式的交流。

07.094 大众沟通 mass communication, public communication
又称"大众传播"。通过影视、报刊、网络等媒体为中介的信息交流过程。

07.095 言语沟通 verbal communication
通过语词进行和实现的沟通。

07.096 非言语沟通 nonverbal communication
借由面部表情，目光接触以及身体的位置、姿势和运动等来进行的信息沟通。

07.097 身体语言 body language
传递信息沟通和表达情感、情绪的身体位置、姿势和运动。

07.098 规范 norm
社会群体的正式或非正式的行为准则。

07.099 概化他人 genaralized other
符号互动理论中的核心概念之一。指特定共同体共识性的态度和规范体系。

07.100 信念 belief
个体对某种思想或准则坚信不移的心理状态。

07.101 竞争 competition
不同个体或群体为同一个目标展开争夺，以实现只有利于自己的结果的行为或意向。

07.102 依从 compliance
又称"顺从"。个体对他人意愿或行为的

遵从。

07.103 吸引 attraction
人与人之间可以产生友谊或情感关系的相互接纳。

07.104 服从 obedience
遵照权威组织的规则或权威人士的指示、命令行为。

07.105 米尔格拉姆服从实验 Milgram's obedience experiment
米尔格拉姆(S. Milgram)于1963年所做的研究人服从权威的经典实验。结果表明正常人对权威的服从程度和普遍性远远超出人们的想象。

07.106 侵犯 aggression
又称"攻击"。有意伤害别人且不为社会规范所许可的行为。

07.107 替代侵犯 displaced aggression
行为指向或方式变换后的侵犯行为。

07.108 冲突 conflict
个体或群体之间由于不一致引发的对立。

07.109 调解 mediation
通过第三方促使纠纷双方达成一致的过程。

07.110 从众 conformity
在群体压力或影响下，个人做出与众人意见与态度相一致选择的心理倾向与行为。

07.111 阿希实验 Asch experiment
阿希(S. Asch)于1951年所做的研究群体压力下人们倾向于附和群体意见而从众的经典实验。

07.112 内化 internalization
个体综合外部意见、准则、态度和价值观转化为自己心理结构稳定的过程。

07.113 合作 cooperation
不同个体或团体之间为了共同目标而协同活动。

07.114 认知和谐 cognitive consonance
人们希望维持各种认知间和谐平衡的状态。

07.115 说服 persuasion
经由劝说、诱导，最后使他人改变观点、态度或价值观的过程。

07.116 心理逆反 psychological reactance
个人用反向的态度与行为来对外界劝导做出的反应。

07.117 心理社会剥夺 psychosocial deprivation
个体情感、智力、生理发展所必需的心理社会动力条件缺失。

07.118 相对剥夺 relative deprivation
社会地位相对劣势与社会地位相对优势的人比较产生的失落感。

07.119 偏见 prejudice
用带有一定倾向的认识看待特定的人和事物。

07.120 歧视 discrimination
个体对不属于自身群体成员的消极态度与行为。

07.121 面子 face
个体的自我角色形象期望。

07.122 留面子技术 door-in-the-face technique

故意先向他人提出一个不可接受的过大要求，被拒绝后，再提出实际要求而增加被接受可能性的技巧。

07.123 登门槛效应 foot-in-the-door effect
先提出一个小要求让对方轻易接受，再提出较大要求容易被人们接受的现象。

07.124 第一印象 first impression
对初次见面的人所形成的印象。这一印象会成为评估该人的基础并具有最高权重。

07.125 挫折 frustration
个人在目的受阻情境中不能顺利达成目的时的情绪反应。

07.126 挫折–侵犯理论 frustration-aggression theory
认为侵犯是挫折后果的理论。被侵犯对象所提供的线索也与是否发生侵犯有关。

07.127 增减效应 gain-loss effect
初始喜恶的基本态度会对事物的喜恶产生相反方向增加或减少的现象。

07.128 代沟 generation gap
不同代的人在社会心理和社会行为上的差别。尤指对同样事物在理解上的差别。

07.129 光环效应 halo effect
又称"晕轮效应"。知觉对象的某个积极特征被泛化，并影响对其整体印象的人际知觉偏差。

07.130 锚定效应 anchoring effect
在评估问题时所依据的起始参照点不同而引起的判断偏差。

07.131 预热效应 warm-up effect
某种关联信息或事件预先出现产生启动效应，使后续相关思维活动易化的现象。

07.132 武器效应 weapons effect
武器对攻击行为的触发或增强作用。

07.133 睡眠者效应 sleeper effect
随着时间的推移，感知者对低影响力来源的劝说信息的相信程度增强的现象。

07.134 内隐联结测验 implicit association test
通过对概念词和属性词之间的自动化联系测量个体的内隐态度的方法。

07.135 刻板印象 stereotype
有关特定社会群体特征和倾向的信念。

07.136 内隐刻板印象 implicit stereotype
人们对与某特定社会类别所存在的无意识内在联结，可被特定内隐认知测量检出的现象。

07.137 印象管理 impression management
又称"印象整饰"。个体采取一定方式，对自我表现进行控制和调节，以影响别人所形成的对自己的过程。

07.138 污名 stigma
对个体或群体特质、行为或声誉否定性描述，以在公众心目中形成负面印象。

07.139 人际距离 interpersonal distance
人与人之间在交往过程中保持的距离。

07.140 人际关系 interpersonal relation
人与人在相互交往过程中所形成的情感联系。

07.141 讨好 ingratiation
个体为了让他人喜欢自己而运用的各种行为和策略。

07.142 性别助长 sex facilitation
异性在场提升行为效率的现象。

07.143 社会助长 social faciliation
又称"社会促进"。他人在场增加行为效率的现象。

07.144 国民性 national character
特定国家的民众所表现出来的持久的性格特点和独特风格。

07.145 舆论 public opinion
公众对某种普遍关注的社会事件或社会问题公开表达的一致意见。

07.146 民意调查 public opinion poll
基于特定样本对公众舆论的调查。

07.147 对人知觉 person perception
通过对别人外部特征知觉而形成的有关他们动机、情感、意图的概念。

07.148 个人空间 personal space
个体周围不允许大多数人侵入的空间范围。

07.149 个人距离 personal distance
个人在社会交往中保持的与情境和关系对应的恰当物理距离。

07.150 公共距离 public distance
演讲者与听众之间正规交往时的恰当物理距离。

07.151 领域性 territoriality
动物用不同方法标定和保护自己生存空间的现象。

07.152 亲社会行为 prosocial behavior
人们符合社会期待的积极行为。

07.153 利他行为 altruistic behavior
人与动物有意增进群体中其他个体福利而不求回报的行为。

07.154 回避行为 avoidance behavior
泛指个体对厌恶刺激所表现的离避反应。每遇该刺激出现，个体即起而走避。

07.155 消费者行为 consumer behavior
一般消费者在获得与使用经济物质或人力服务时所表现的行为。

07.156 价值观 value
人们对事物进行评判和选择的重要性标准。

07.157 价值取向 value orientation
人们对特定事物所采取的价值观。

07.158 罗克奇价值观系统 Rokeach value system
罗克奇(M. Rokeach)提出的将价值观分为终极性价值观和工具性价值观的分类系统。

07.159 终极性价值观 terminal value
与存在的终极状态关联的价值观。

07.160 工具性价值观 instrumental value
与行为方式关联的价值观。

07.161 自我设障 self-handicapping
个人通过一定的方式增加获取成功的困难。为可能的失败制造保护性借口，使失败可以用外部原因来解释的行为。

07.162 镜像自我 looking-glass self
库利(C. H. Cooley)提出的自我。认为个人自我是通过他人对自己的反映折射而形成的。

07.163 自我表露 self-disclosure
在一定情境中自愿展示和表达自己私密信

息的行为。

07.164 自我实现预言 self-fulfilling proph-ecy
预言后用可以促使预言实现的方式行为，从而使预言逐步成为现实的预言。

07.165 自我知觉理论 self-perception theory
贝姆(D. J. Bem)于1972年提出的一种自我评价的理论。认为行为影响态度，人们通过自己的行为和行为发生的情境可以了解自己的态度、情感和内部状态。

07.166 自我认同 self-identification
个体在一定社会环境中，通过与他人的长期互动，逐渐形成与发展出的关于自我的认知。能帮助个人明确而清楚地认识自身。

07.167 自我认同感 sense of self-identity
个体对自我认同的体验。是艾里克森(E. H. Erikson)心理社会发展理论中的术语。

07.168 自我图式 self-schema
人们对自身所拥有的各种特征与属性的认知结构。

07.169 自我监控 self-monitoring
个人为适应环境或符合他人的期望所进行的自我行为调整。

07.170 自我价值 self-worth
个人选择一定的价值标准对自身进行价值评判获得的关于自身总体价值的概念。

07.171 自我价值感 feeling of self-value
个体自我价值得到外界承认和自我确立后的自我肯定体验。

07.172 自我价值定向 self-worth orientation
个人用以评价自身价值的价值标准和体系的择定。

07.173 爱情三角理论 triangular theory of love
斯腾伯格(R. Sternberg)提出的爱情理论。认为人类爱情结构包括亲密、激情和承诺三种成分，分别代表爱情三角的顶点。

07.174 罗密欧与朱丽叶效应 Romeo and Juliet effect
恋爱双方在遭遇外界干扰时，情感反而会加强，恋爱关系也更加牢固的现象。

07.175 激情之爱 passionate love
恋爱双方有强烈的依赖感和占有欲的爱情。

07.176 人为失误 human error
简称"人误"。工作人员在生产、工作中产生的失误。可分为错误和过失。

08. 人格心理学

08.001 心理传记学 psychobiography
运用心理学理论和研究方法对一个人的生命历程中重要事件进行历史学分析的研究方法。

08.002 人格理论 personality theory

对人格进行描述和解释，从而对人的行为进行预测和控制所使用的概念体系。一般认为有特质理论、生物理论、精神分析、行为主义、人本主义和认知理论等。

08.003 认知人格理论 cognitive personality

theory

着重从认知差异的角度探讨人格的形成与发展的人格理论。

08.004 个人建构理论 personal construct theory
假设个体的心理过程是被其建构系统所引导的认知人格理论。由凯利(G. Kelly)提出。

08.005 人格动力论 dynamic theory of personality
狭义上指以关注人格动力为主要研究取向的人格理论学派。如精神分析。广义上泛指解释人格形成和发展动力的所有人格心理学理论。

08.006 精神分析 psychoanalysis
侧重研究人的无意识心理的心理治疗体系、心理学理论和研究人格的范型。

08.007 精神分析理论 psychoanalytic theory
弗洛伊德的人格理论。强调无意识的力量和内部冲突对行为的影响作用。

08.008 人格 personality
个体内在的心理生理系统的动力组织和由此决定的独特的思维、情感和行为模式。

08.009 人格类型 personality type
荣格(C. G. Jung)提出的从心理特征的角度对不同人进行的分类。分为外倾感觉型、外倾直觉型、外倾思维型、外倾情感型、内倾感觉型、内倾直觉型、内倾思维型和内倾情感型八种基本性格类型。

08.010 A 型人格 type A personality
一种人格类型。以具有高水平的竞争意识、强烈的时间急迫感、较强的攻击性、强烈的成就努力等行为的集合为特征的人格倾向。

08.011 B 型人格 type B personality
一种人格类型。以从容不迫、与世无争、随遇而安等的行为的集合为特征的人格倾向。

08.012 D 型人格 type D personality
一种人格类型。以经常体验焦虑、愤怒、沮丧、冲突等负性情绪，同时在社交中抑制自己表达这些负性情绪为特征的人格倾向。

08.013 不成熟人格 immature personality
一种人格类型。以幼稚为核心表现，在情绪、认知等方面的心理特征小于实际年龄的人格特征。

08.014 反社会人格 antisocial personality
一种人格类型。以无视和违犯社会规范，自我中心和缺乏同情心为特征。

08.015 回避型人格 avoidant personality
一种人格类型。以社交抑制、自卑、对拒绝敏感为特征，但未达到回避型人格障碍诊断标准。

08.016 癫痫性人格 epileptoid personality
又称"癫痫性人格"。某些癫痫患者出现的人格改变。表现为思维黏滞、注意狭隘、性欲减退、情绪不稳、固执的坏脾气、残酷或暴力行为。

08.017 被动攻击性人格 passive-aggressive personality
以被动、消极的态度为主要特征的人格类型。在人际或职业环境中以被动方式抗拒权威人物而自身否认有抗拒意图。

08.018 疼痛易感人格 pain-prone personality
容易导致人们患上慢性疼痛的人格特点。如完美主义、常取悦他人、高度自制、常担忧畏惧等。

08.019　病态人格　psychopathic personality
在发展和结构上明显偏离正常，以致不能适应正常社会生活的人格类型。主要表现在情感和意志活动障碍，其思维和智力活动并无异常。

08.020　双重人格　dual personality
一种人格类型。在相同时刻存在两种思维方式，各种思维的运转和决策不受其他思维方式的干扰和影响，完全独立运行。

08.021　多重人格　multiple personality
又称"分离性身份障碍(dissociative identity disorder)"。一个人具有两个以上相对独特并相互分开的人格特征，每种人格特征在一特定时间占主导地位并作为一个完整的自我存在。

08.022　成瘾人格　addictive personality
酒精和药物依赖者通常具有的人格特征。其主要特征是被动、依赖、自我中心、反社会行为、易生闷气、缺乏自尊、对人疏远。

08.023　创造性人格　creative personality
对创造力发展和创造任务的完成起促进作用或保证作用的特殊个性特征。

08.024　边缘人格　marginal personality
一种人格类型。主要表现为人际关系、自我意向和情感的不稳定性以及明显的冲动性，始于成年早期。

08.025　分裂人格　split personality
一种人格类型。主要表现为与社会关系普遍脱离，在人际交流场合表情有限，始于成年早期。

08.026　权威人格　authoritarian personality
一种人格类型。对上过度防御、对下过度要求，执着于坚持自己价值观。

08.027　特质　trait
影响个体行为模式的持久的人格特征。是说明人格的术语体系之一，认为不同人格的人是由某些内部和身体特征决定的。

08.028　共同特质　common trait
多个个体共有的特质。

08.029　人格特质　personality trait
个体内在持久的特征。能对个体外显行为的规律性和一致性起阐释作用。

08.030　首要特质　cardinal trait
又称"中心特质(central trait)"。奥尔波特特质理论术语。是指组成个体基本人格的特质。决定个体在一切活动中的本色。

08.031　次要特质　secondary trait
奥尔波特特质理论术语。是指个人生活中不甚明显的、一致性和概括性都较差的那些人格特质。

08.032　根源特质　source trait
卡特尔(R. B. Cattell)特质因素理论术语。是指行为之间成为一种关联，一起变动，从而成为单一的、独立的人格维度。

08.033　表面特质　surface trait
卡特尔特质因素理论术语。是指一群看似关联的特征或行为。

08.034　特质图　trait profile
表示一个人或一个群体在若干人格特质测量上得分的图形。

08.035　希波克拉底体液说　Hippocrates' theory of humor
希波克拉底(Hippocrates)提出的学说。认为气质取决于人体内的血液、黏液、黄胆汁、黑胆汁等四种液体的混合比例。

08.036　词汇学假设　lexical hypothesis
所有的人格特点都会被编码进自然语言中去。是当前流行的人格五因素模型等的理论基础。

08.037　人格维度　personality dimension
对人格特质的行为表现进行因素分析后抽取出来的构成该特质的因素。

08.038　人格三因素模型　three-factor personality model
艾森克(H. J. Eysenck)提出的以外向性、神经质和精神质三维人格因素构建的模型。

08.039　神经质　neuroticism
表现为情绪稳定性差异的人格特征。反映了与个体发生神经症有关的特征。

08.040　精神质　psychoticism
表现为孤独、冷酷、敌视、怪异等偏于负面的人格特质。反映了与个体发生精神病有关的特征。

08.041　人格五因素模型　five-factor personality model, FFM
又称"大五人格模型(Big Five personality model)"。麦克雷(R. R. McCrae)和科斯塔(P. T. Costa)提出的以外向性、宜人性、公正性、神经质和开放性五个因素建构的人格模型。

08.042　人格七因素模型　seven-factor personality model
王登峰等人提出的以外向性、善良、行事风格、才干、情绪性、人际关系和处世态度等七因素建构的反映中国人人格结构的模型。

08.043　本我　id
又称"伊底"。人格结构中与生俱来、以消除或减轻机体的紧张状态而获得满足和快乐为唯一目的、潜意识的原始本能能量。

08.044　自我　ego
人格结构中，在现实环境作用下出现、从本我中分化出来、处于本我和超我之间的意识结构部分。

08.045　超我　superego
人格结构中，由自我分化而来的、道德化了的、代表社会和文化规范的人格部分。

08.046　力比多　libido
一切寻求快感的心理能量。主要指性本能的能量。

08.047　内驱力　drive
迫使机体行动的、与最基本生存需要有关的动机因素。如饥饿、渴、性等。

08.048　生的本能　life instinct
又称"厄洛斯(Eros)"。一切与自身生存和种族延续有关的本能。

08.049　死的本能　death instinct
又称"塞纳托斯(Thanatos)"。驱使人回到有生命之前的无机状态的本能。

08.050　情结　complex
无意识中对个人生活具有重要意义、富有情绪色彩、彼此关联的观念和思想。如恋父情结、恋母情结等。

08.051　自卑情结　inferiority complex
由过于沉重的自卑感产生的、对个人积极成长有阻碍和破坏作用的无助感。

08.052　泛性论　pansexualism
弗洛伊德提出的关于性的学说。认为性欲是一种追求快感的本能，人的一切行为动机都受性本能冲动的支配。

08.053　心理性欲发展阶段　psychosexual stages of development
以主要的动情区和性欲为特征的阶段组成的内在发展序列。

08.054　恋母情结　Oedipus complex
又称"俄狄浦斯情结"。儿子亲母反父的复合情绪。其产生是儿童性欲发展的高峰，也是性心理和人格发展的关键时刻。

08.055　固着　fixation
心理–性发育过程中，个体的力比多或内驱力部分地停留于某一较早的发育阶段，不随年龄的增长而发展的现象。

08.056　人格发展　personality development
个体的人格特征随着年龄的增长和经验积累而逐渐发生变化的过程。

08.057　发展危机　developmental crisis
人格发展过程中受阶段性因素影响，致使个体的行为与环境不相适应所造成的心理障碍。

08.058　埃里克松八个发展阶段理论　Erikson's eight stages of development
埃里克松(E. H. Erikson)提出的一种人格发展理论。描述了人格毕生发展的八阶段及每阶段要解决的发展危机，人格发展任务即解决这些危机。

08.059　人格面具　persona
个体在社会压力下公开的出现在别人面前的面孔，不一定符合深层心理角色。

08.060　个体无意识　personal unconscious
荣格理论中的概念。是指个体没有主观觉察到的内部存储的信息及行为意向。

08.061　集体无意识　collective unconscious
又称"集体潜意识"。荣格理论中的最核心概念。是指人类经种族长期演化流传下来的普遍存在的原始心像与观念。

08.062　原始意象　archetype
荣格理论中的概念。是指集体无意识中的一种普遍的概念、形象或模式。

08.063　自我的原始意象　self-archetype
荣格理论中的概念。是指一种表征统一、完整、圆满、平衡的无意识形象。

08.064　阿尼玛　Anima
男人心中的女性原型。是集体无意识的原型之一。

08.065　阿尼姆斯　Animus
女人心中的男性原型。是集体无意识的原型之一。

08.066　曼荼罗　Mandala
一种表示平衡、联合和完整的圆形图案。

08.067　线索　cue
表示特定刺激可能出现并引导反应的外部刺激或信号。

08.068　诱因　incentive
能够引起个体动机的外在刺激。

08.069　正诱因　positive incentive
能满足个体需要的有吸引力的刺激物。

08.070　负诱因　negative incentive
使个体产生回避行为的刺激物。

08.071　控制点　locus of control
个体对强化物或后果究竟是由自己控制还是由外部力量控制的泛化预期，即对事件的后果是否取决于自己的一般信念。

08.072　需要层次　hierarchy of needs
又称"马斯洛动机层次(Maslow's motivational hierarchy)"。马斯洛将人类的基本需要分为五个层次并以金字塔的结构形式进行排列，从底部到顶端依次是生理需要、安全需要、归属与爱的需要、尊重需要、自我实现需要。

08.073　自我实现　self-actualization
实现个人理想、抱负，发挥个人的能力到最大程度，完成与自己的能力相称的事情的高层次需要。

08.074　顶峰体验　peak experience
又称"高峰体验"。一种狂喜、惊奇、敬畏以及失去时空的情绪感受。马斯洛用来描述人们达到自我实现时的片刻体验。

08.075　自我概念　self-concept
个体对自己各个方面的看法和情感的总和。

08.076　自我提升　self-enhancement
人们采用某种行为策略以提升自尊的过程。

08.077　自尊　self-esteem
个体对自己的全面的评价及由此而产生的、对自我的积极或消极情感。

08.078　自我确证　self-verification
为了保持自我印象的一致性，人们会寻找和解释能加强已有自我概念的情境，采取能加强已有自我概念的行为策略，避免与已有自我概念不符的情境和反馈信息的干扰。

08.079　自我防御　ego defense
个体为保护自我免受冲突、焦虑等痛苦之累而自发产生的无意识反应。

08.080　自我强化　self-reinforcement
完成既定任务后的自我激励，使个体更趋向

于去完成该类任务。

08.081　罗杰斯自我论　Rogers' self theory
罗杰斯将自我看作人格的核心，个体的自我概念形成于个体现象场中关于自我的感知和认识。包含真实自我和理想自我两个成分。

08.082　真实自我　real self
在实现倾向的基础上，遵循个体自身的机体价值判断而形成的自我。

08.083　理想自我　ideal self
个体违背自身的机体价值判断，受到有条件的积极关注影响而形成的自我。

08.084　无条件积极关注　unconditional positive regard
罗杰斯提出的，对个体做的所有事情都给予积极关注，即使客观上消极的行为也要接受的态度。

08.085　自我效能感　self-efficacy
个人对自己从事某项工作所具备的能力和可能做到的程度的主观评估。

08.086　主观幸福感　subjective well-being
个体依据自己设定的标准对其生活质量的整体评价。包括情感平衡和生活满意度两部分，主观性、稳定性、整体性是其基本特征。

08.087　防御机制　defense mechanism
个体为缓解冲突和焦虑所采取的无意识反应方式。精神分析人格理论解释神经症形成的核心概念。

08.088　基本焦虑　basic anxiety
儿童在不安全环境成长过程中时刻感受到的孤独感和无助感。霍妮(K. D. Horney)认为它是神经症形成的内在原因。

08.089　升华　sublimation
将不为社会认可的冲动如性、愤怒、恐惧等，转化或提炼为社会认可的具有建设性的形式。是弗洛伊德精神分析中的一种防御机制。

08.090　合理化　rationalization
又称"文饰"。用自我能接受、超我能宽恕的理由来代替自己行为的真实动机或理由的一种自我防御机制。

08.091　习得性无助　learned helplessness
个体经历某种学习后，在面临不可控情境时形成无论怎样努力也无法改变事情结果的不可控认知，继而导致放弃努力的一种心理状态。

08.092　男性化–女性化　masculinity-femininity
个体的性别角色。贝姆的双性化理论认为，个体性度可根据其男性化和女性化气质划分为双性化、男性化、女性化和中性化人格四种。

08.093　贝姆性别角色调查表　Bem Sex Role Inventory
贝姆设计的测量个体性别角色的量表。通过被试自陈男性化和女性化特征来区分不同类型的性别角色。

08.094　人格评估　personality assessment
又称"人格测评"。创制和应用心理测量技术收集人格的相关信息，进而对人格进行评

价和鉴定的过程。

08.095　人格问卷　Personality Questionaire
用于人格测量的心理学工具，通常以对一系列问题的方式表现。

08.096　NEO 人格调查表　Neuroticism, Extroversion, Openness Personality Inventory, NEO-PI
又称"大五人格问卷（Big Five Personality Inventory）"。麦克雷（R. R. McCrae）和科斯塔（P. T. Costa）编制的由 5 个维度、30 个层面、240 个项目组成的综合性人格问卷。

08.097　人格测验　personality test
应用心理量表等测量工具评定人格的方法。如，用艾森克人格问卷（EPQ）量表测量人的外向性、神经质和精神质。

08.098　迈尔斯–布里格斯人格类型测验　Myers-Briggs Type Indicator, MBTI
用以衡量和描述人们在获取信息、做出决策及生活取向等方面偏好的迫选型、自陈式人格测验。由 4 个维度、8 个端点组合成的 16 种人格类型。

08.099　加州心理测验　California Psychological Inventory, CPI
以明尼苏达多相人格调查表（MMPI）为基础编制的一种自陈式人格量表。可为团体或个别施测，适用于 13 岁以上正常人。

08.100　Q 分类　Q sort
对特定材料按类别进行等级排列以便于进行心理学统计处理的方法。

09.　教育心理学

09.001　学习心理学　psychology of learning

教育心理学的一个分支。研究学习的实质、

类型和规律。

09.002　教学心理学　instructional psychology
教育心理学的一个分支。研究学生的学习及其规律在学科教学中的应用。

09.003　学校心理学　school psychology
教育心理学的一个分支。研究如何应用教育心理学及临床心理学原理来诊断、处理儿童青少年的行为及学习问题，为身心缺陷或学习困难学生提供直接或间接的心理服务。

09.004　学习　learning
因练习、经验而获得新的、相对持久的信息、行为模式或能力的过程。

09.005　意义学习　meaningful learning
通过与已有的知识经验建立联系而掌握新内容的学习。

09.006　机械学习　rote learning
通过死记硬背、机械操练等方式所进行的一种学习方式。

09.007　发现学习　discovery learning
通过亲身体验来获得直接经验，或者通过提出假设、检验假设来解决问题的一种学习方式。

09.008　接受学习　reception learning
通过经验传递系统，掌握或占有他人经验的一种学习方式。

09.009　非正式学习　informal learning
在正规的学校系统以外的环境中进行的不定期、即兴或随意的学习，或者在正规学校环境中进行的非结构化的一种学习方式。

09.010　学习理论　learning theory
用于解释学习实质、类型、机制等的一系列概念与原理。

09.011　学习的行为理论　behavioral theory of learning
视学习为建立刺激与反应之间联系过程的理论。

09.012　学习的认知理论　cognitive theory of learning
视学习为通过新旧经验相互作用而形成对新材料的理解、重构认知结构的理论。

09.013　学习的建构理论　constructive theory of learning
视学习为基于已有经验和信念去主动感知、理解世界并不断地充实、修正已有经验、生成新经验的理论。

09.014　社会学习理论　social learning theory
视学习为在社会情境中基于观察、模仿而获得经验的理论。

09.015　尝试错误　trial and error
简称"试误"。个体通过不断尝试而逐渐减少错误行为的学习过程。

09.016　效果律　law of effect
桑代克(E. L. Thorndike)提出的刺激情境与反应之间联结的加强或减弱受其反应结果制约的学习原理。

09.017　练习律　law of exercise
桑代克(E. L. Thorndike)提出的学习律之一。即学会了的反应，经过多次重复练习后，会增加刺激和反应之间的联结，否则这种联结就会减弱。

09.018　频因律　law of frequency
华生(J. B. Watson)提出的学习律之一。在其他条件相等的情况下，某种行为练习得越多，习惯形成得就越迅速，练习的次数在习惯形成中起着重要作用。

09.019　近因律　law of recency
华生(J. B. Watson)提出的学习律之一。当反应频繁发生时，最新近的反应比之前较早的反应更容易得到加强，也就是说有效的反应总是最后一个反应。

09.020　迷津学习　maze learning
由尝试错误方式而学会自迷津的起点到达终点的一种学习方式。

09.021　相倚合约　contingency contract
在师生之间、亲子之间或来访者和咨询师之间就行为改变及其相应的奖惩后果所达成的协议。

09.022　潜伏学习　latent learning
在无外在强化的情况下仍在进行的、且在后续情境中其效果可外化的一种学习方式。

09.023　逃脱学习　escape learning
在厌恶刺激出现后，学会做出某种反应以摆脱或终止厌恶刺激的一种学习方式。

09.024　个体建构主义　individual constructivism
强调个体自身的主观意愿和生成创造在经验建构过程中独特而主导作用的学习建构理论。

09.025　社会建构主义　social constructivism
强调个体通过社会互动将社会经验内化、进而建构知识结构的学习建构理论。

09.026　生成性学习　generative learning
学习者基于原有认知结构，主动采择和加工环境中的信息，以充实、更新或重组原有认知结构的学习。

09.027　认知学徒制　cognitive apprenticeship
专家或教师在真实情境中外化其心智活动、讲解示范活动流程，与新手互动，使新手主动掌握知识技能的过程。

09.028　支架式教学　scaffolding instruction
为促进学习者的深入理解而为其提供各种支持并随其发展进程而适时减少支持的一种教学方式。

09.029　交互式教学　reciprocal teaching
通过师生之间以及学生之间的信息交流，引导学生使用有效学习策略以加强对所学内容的理解和保持的一种教学方式。

09.030　锚定教学　anchored instruction
围绕真实事件、案例或某个主题安排教学内容和教学进程、以促使学生主动参与学习、培养其问题解决能力的一种教学方式。

09.031　合作学习　cooperative learning
要求学生以小组为单位，通过分工、协作、对话等方式共同掌握学习内容的一种教学方式。

09.032　探究学习　inquiry learning
要求学生通过搜集资料、提出猜想、运用科学方法进行检验、进而解决问题并建构知识的一种教学方式。

09.033　项目学习　project-based learning
要求学生通过项目研究的方式来获得知识、形成解决问题能力的一种教学方式。

09.034　情境学习　situated learning
个体在真实或虚拟情境中与他人和环境相互作用，以形成参与实践活动的能力、提高社会化水平的一种教学方式。

09.035　问题学习　problem-based learning

以学生为中心、要求学生合作解决问题并对习得经验进行反思的一种教学方式。

09.036　同伴学习　peer learning
在没有教师直接指导的情况下，通过同伴之间的互动而改善学习的一种合作学习方式。

09.037　观察学习　observational learning
又称"替代学习(vicarious learning)"。通过观察他人的行为及其结果而获得信息、技能或行为方式的一种学习方式。

09.038　下位学习　subordinate learning
又称"类属学习"。新学习的内容比原有内容的包摄性和概括性低的一种学习方式。

09.039　上位学习　superordinate learning
又称"总括学习"。新学习的内容比原有内容的包摄性和概括性高的一种学习方式。

09.040　并列结合学习　combinational learning
新旧知识的概括程度相同，通过并列或联合关系而产生的一种学习方式。

09.041　概念学习　concept learning
掌握同类事物的共同本质属性的过程。

09.042　概念同化　concept assimilation
学习者利用已有概念去学习以定义的方式直接呈现的新概念。

09.043　错误概念　misconception
又称"迷思概念"。学习者拥有的与科学概念不符的知识。

09.044　概念改变教学　conceptual change teaching
通过直面、剖析和批驳学生认知结构中的错误概念来改变旧概念、形成新概念的一种教学方式。

09.045　陈述性知识　declarative knowledge
又称"描述性知识"。反映事物的性质、内容、状态及变化发展原因的知识。可以是抽象符号，也可以是表象。

09.046　条件性知识　conditional knowledge
何时、为何使用某种知识、技能或方法的有关信息。

09.047　外显知识　explicit knowledge
能够利用媒介而明确地加以表述、记载、传递的知识。

09.048　内隐知识　implicit knowledge
又称"意会知识(tacit knowledge)"。通过日常生活或其他非正规途径获得的有关如何做的知识经验。具有可意会、不可言传的特点。

09.049　惰性知识　inert knowledge
个体已获得并储存于脑中、但在某些情况下无法提取并加以应用的知识。

09.050　内隐学习　implicit learning
没有意识到的学习。

09.051　外显学习　explicit learning
意识到的或需要意志努力的学习。

09.052　自主学习　autonomic learning
以学生作为学习的主体，通过学生独立的分析、探索、实践、质疑、创造等方法来实现学习目标的一种学习方式。

09.053　学习动机　learning motivation
激发个体启动、维持学习活动，并使其朝向特定的学习目标的一种内部动力机制。

09.054　学习的外在动机　extrinsic motivation

of learning

通过各种外部的物质或精神奖励诱发的一种学习动机。

09.055 学习的内在动机 intrinsic motivation of learning

通过对学习活动本身的兴趣或求知欲引发的一种学习动机。

09.056 成就动机 achievement motivation

努力克服困难、达到预期目标的内在动力和心理倾向。

09.057 目标指向学习 goal-directed learning

受特定目标导引、并朝向该目标努力的学习活动。

09.058 认知内驱力 cognitive drive

即求知欲，一种理解事物、解决问题的心理需要。

09.059 自我提高内驱力 ego-enhancement drive

为赢得相应地位和威望而努力提高学业成绩的需要。间接指向学习活动。

09.060 附属内驱力 affinitive drive

为获得重要他人或群体的接受、认可或赞许而努力学习的需要。间接指向学习活动。

09.061 任务卷入学习者 task-involved learner

学习过程中以自己是否掌握知识、技能为主要关注点的学习者。

09.062 自我卷入学习者 ego-involved learner

学习过程中过于关注自己成绩以及他人评价的学习者。

09.063 自我决定理论 self-determination theory

强调个体的自主性和内部动机在适应过程中的重要作用的一种动机理论。

09.064 形式训练说 theory of formal discipline

早期迁移理论。认为记忆、推理等各种心理官能可通过不同形式的训练而得到增强，并自动迁移到其他活动。

09.065 共同要素说 common element theory

桑代克(E. L. Thorndike)提出的迁移理论。认为迁移的产生取决于前后两种学习情境是否具有相同的要素。

09.066 学习迁移 transfer of learning

一种学习对另一种学习的影响。其实质是个体与环境互动过程中的经验重构和生成。

09.067 特殊迁移 specific transfer

又称"具体迁移"。将一种学习情境中习得的具体或特殊的经验直接迁移或经重组后迁移到另一种学习情境的过程。

09.068 一般迁移 general transfer

又称"普遍迁移"。将一种学习情境中习得的一般原理、方法、策略和态度等迁移到另一种学习情境的过程。

09.069 训练迁移 training transfer

先期训练对学习新知识、新技能和解决新问题所产生的积极影响(即正迁移)或消极影响(即负迁移)。

09.070 正迁移 positive transfer

一种学习对另一种学习产生的促进作用。

09.071 负迁移 negative transfer

一种学习另一种学习产生的干扰或阻碍

作用。

09.072　低阶迁移　low-road transfer
熟练掌握的知识和技能自动迁移到类似的
新情境中的过程。

09.073　高阶迁移　high-road transfer
有意识地从一种学习情境中提炼、概括出基
本原则，并迁移到新情境中的过程。

09.074　远迁移　far transfer
将习得的知识经验迁移到相似性低的新情
境或任务中的过程。

09.075　近迁移　near transfer
将习得的知识经验迁移到相似性高的新情
境或任务中的过程。

09.076　横向迁移　lateral transfer
又称"水平迁移"。具有相同的抽象或概括
水平的不同学习或经验间的相互影响。

09.077　纵向迁移　vertical transfer
又称"垂直迁移"。抽象和概括水平较高的
上位经验与抽象和概括水平较低的下位经
验之间的相互影响。

09.078　学习定势　learning set
个体因过去反复经验而对新的学习活动产
生特定反应模式的准备状态。

09.079　学习策略　learning strategy
学习过程中用于知识和技能的获得、保持与
应用的各种方法和手段。

09.080　认知策略　cognitive strategy
学习过程中用于调节和控制自己认知过程
的各种方法和手段。

09.081　复述策略　rehearsal strategy
为熟记信息而采用的多次言语重复的一种
学习策略。

09.082　精细加工策略　elaboration strategy
利用已有的熟悉、生动经验，对要学习的新
材料进行人为的、有意义的主动添加的一种
学习策略。

09.083　组织策略　organizational strategy
依据各项目材料的内部类别关系进行记忆
的一种学习策略。

09.084　资源管理策略　resource management strategy
管理学习时间、环境、努力与心境等各种学
习资源的策略。

09.085　元认知策略　metacognition strategy
学习者对自己的学习过程进行计划、监控、
调节和评价的各种策略。

09.086　自我调节学习　self-regulated learning
主动、系统地使用各种策略来调节自己的认
知、情感和行为，使其朝向特定的学习目标
的一种学习方式。

09.087　过度学习　overlearning
个体在掌握某项学习内容后继续进行的
练习。

09.088　道德判断　moral judgement
个体根据一定的道德标准对道德现象进行
评价或做出选择的心理过程。

09.089　价值澄清　values clarification
通过提问、讨论等形式促使个体明晰、理解
或更新已有价值观的道德教育方式。

09.090　道德推理　moral reasoning
运用道德知识从已有的道德判断推出新的

道德判断的思维形式。

09.091　道德信念　moral belief
个体意识中根深蒂固的、并遵循、信奉的道德观念和道德理想。

09.092　学习障碍　learning disorder
个体在听、说、读、写、算等方面显著落后于正常水平的现象。

09.093　学习无能　learning disability
在智力正常的个体中由于脑功能缺陷而造成学业成绩低下的一种特殊学习障碍。

09.094　学习风格　learning style
学习者持续一贯的、带有个性特征和偏好的学习方式。

09.095　个性化教学　individualized instruction
允许学生自定步调地学习，根据不同学生的特点而采取有针对性措施的一种教学方式。

09.096　计算机辅助教学　computer-aided instruction, CAI
借助计算机来辅助教师的教学和学生学习的一种教学方式。

09.097　程序教学　programmed instruction
根据强化原理，将学习材料分解为小单元，由浅入深、逐步呈现的一种个别化教学方式。

09.098　课堂管理　classroom management
用于维持良好的课堂学习环境、避免不良行为出现的各种策略与方法。

09.099　先行组织者　advance organizer
在开始新学习之前给学习者提供的用于沟通新旧知识的引导性、概括性的材料。

09.100　能力倾向–教学处理交互作用　aptitude-treatment interaction, ATI
因学生的不同能力倾向而表现出的学习方式与教师的教学方法之间的匹配程度影响着教学与学习成效的现象。

09.101　螺旋式课程　spiral curriculum
布鲁纳(J. S. Bruner)提出的课程编排方式。即围绕基本概念与基本原理，每次都在深度和广度上比原有基础有所深化和拓展。

09.102　教学目标　instructional goal
教学活动的预期结果或标准。

09.103　教学策略　instructional strategy
教学过程中用来促进学生知识和技能的获得、保持、应用以及其他教学目标实现的各种策略。

09.104　教学设计　instructional design
根据学习内容、学生特点及学习规律，来确定教学目标、安排教学进程等一系列的设计过程。

09.105　直接教学　direct instruction
教师通过合理分配课堂时间，直接将信息传递给学生，以高效率地实现界定明确的教学目标的一种教学方式。

09.106　适应性教学　adaptive instruction
根据学生的能力、需求特点及进步状况，灵活、动态地组织和呈现适宜的学习材料的一种教学方式。

09.107　学生中心教学　student-centered instruction
由学生自主选择、自主决定和自我调控以充分发挥学生主体性的一种教学方式。

09.108　教师中心教学　teacher-centered in-

struction

教师来安排和调控学生的学习活动内容及方式的一种教学方式。

09.109　学生小组成就区分法　student teams-achievement division, STAD

一种合作学习方式。即将成绩、性别等不同的四名学生分为一组共同学习，力求所有组员都掌握课程内容。

09.110　掌握学习　mastery learning

布卢姆（B. S. Bloom）提出的个别化教学方式。即力求 90% 以上的学生都能掌握学习内容。

09.111　期望效应　expectancy effect

又称"皮格马利翁效应（Pygmalion effect）""罗森塔尔效应（Rosenthal effect）"。人的行为发展表现为他人所表达的对其期望的现象。

09.112　教师期望效应　effect of teacher expec-

tancy

学生认同、接受教师对他们的某种积极或消极的看法，并按照这些看法待人处事的现象。

09.113　教学效能感　teaching efficacy

教师对自己的教学胜任力的主观评价。

09.114　专家型教师　expert teacher

具有优秀的教学技能、丰富的教学经验和良好的师德，并能在教学中取得显著效果的教师。

09.115　新手型教师　novice teacher

教学能力处于初级水平的教师。

09.116　学业成就　academic achievement

在学校中的一般学科或具体技能方面获得的成就。

09.117　真实性评价　authentic assessment

对学生在真实情境中的学习能力及其表现进行的评价。

10.　医学心理学

10.001　临床心理学　clinical psychology

研究心理异常问题的医学心理学分支学科。主要服务对象为由心理状态紊乱而致病的患者。

10.002　变态心理学　abnormal psychology

研究行为和心理异常及其发生、发展和变化规律的医学心理学分支学科。

10.003　护理心理学　nursing psychology

护理学与心理学相结合而形成的医学心理学分支学科。

10.004　康复心理学　rehabilitation psychol-

ogy

研究残疾人或病人在康复过程中的心理规律的医学心理学分支学科。

10.005　健康心理学　health psychology

采用心理学的方法和手段，促进人们身心健康的医学心理学分支学科。

10.006　阿德勒心理学　Adlerian psychology

阿德勒（A. Adler）创建的个体心理学。是精神分析学派内部第一个反对弗洛伊德的心理学体系。

10.007　社区心理学　community psychology

针对社区人群和社会组织状态而从事心理学研究和服务的医学心理学分支学科。

10.008　心理病理学　psychopathology
又称"精神病理学"。研究心理障碍的基本性质及其产生原因、结构、变化机制和过程的医学心理学分支科学。

10.009　行为医学　behavioral medicine
研究和发展行为科学中与健康、疾病有关的知识和技术，并将其应用于疾病预防、诊断、治疗和康复。

10.010　博多模式　Boulder model
又称"科学家-实践者模式(scientist-practitioner model)"。美国培养临床学者的主要模式。认为临床学者首先须是一个能在实践中创造科学知识的科学家，然后才能成为一个解决来访者心理问题的专家，因而非常看重学生的学术能力。

10.011　魏尔模式　Vail model
又称"实践者模式(practioner model)"。1973年美国心理学会在魏尔(Vail)城召开的会议中确立的临床心理学新的培训体制。认为临床学者本质上是一个解决实际问题的实践者，或者是心理服务的提供者，并非科学家。

10.012　医学模式　medical model
研究医学问题时所遵循的总的原则和出发点，即从总体上认识健康和疾病及其相互转化的哲学观点。

10.013　生物医学模式　biomedical model
局限于将人作为单纯生物体的医学模式。

10.014　生物-心理-社会医学模式　biopsychosocial medical model
同时重视生物、心理、社会因素在疾病中作用的医学模式。

10.015　生活质量　quality of life
个人在其所处文化和价值系统背景下，参照目标、期望和关注对自己生活状态的感受与评价。

10.016　时间管理　time management
为提高时间利用率和有效性，合理地计划和控制、有效地安排与运用时间的管理过程。

10.017　生活事件　life events
生活中能够改变正常生活、对人心理和生理状态造成影响的事件。

10.018　社会再适应　social readjustment
生活事件发生以后，个体进行调整并重新适应已变化的生活的过程。

10.019　人格解体　depersonalization
个体对自身或外界事物感到疏远、陌生、不真实的精神症状。

10.020　人格改变　personality change
个体的认知、行为及人格特征违背了原来的稳定性和统一性的现象。如出现妄想、退缩、暴力行为等，可提示心理或生理出现病态。

10.021　人格障碍　personality disorder
内心体验和行为模式明显偏离所处的社会文化环境，社会功能受损，但往往不能自我认识的异常人格模式。

10.022　反社会型人格障碍　antisocial personality disorder
以无视和违犯社会规范及他人的权利、常常欺骗和操纵他人为核心特征的一种人格障碍。

10.023　回避型人格障碍　avoidant person-

ality disorder

以严重的社交抑制、自卑感、对负面评价过度敏感、回避社会交往为核心特征的一种人格障碍。

10.024 边缘型人格障碍 borderline personality disorder

以情绪强烈多变，人际关系和自我意象混乱而不稳定、具有分裂的防御机制为核心特征的一种人格障碍。

10.025 强迫型人格障碍 compulsive personality disorder

以僵化地遵循规则、程序、行为准则或完美主义，过分谨小慎微及内心不安全感为核心特征的一种人格障碍。

10.026 依赖型人格障碍 dependent personality disorder

以无法独立依靠自己，而对他人强烈的依赖为核心特征的一种人格障碍。

10.027 偏执型人格障碍 paranoid personality disorder

以普遍持久地猜疑他人以及偏执为核心特征的一种人格障碍。

10.028 分裂样人格障碍 schizoid personality disorder

又称"分裂型人格障碍(schizotypal personality disorder)"。以观念、外貌和行为奇特，情感冷漠和人际关系明显缺陷为核心特征的一种人格障碍。

10.029 表演型人格障碍 histrionic personality disorder

以情绪不稳(强烈夸张的情绪表现)和过度寻求他人注意为核心特征的一种人格障碍。

10.030 自恋型人格障碍 narcissistic person

ality disorder

以普遍持久地妄自尊大，需要赞美，缺乏共情能力为核心特征的一种人格障碍。

10.031 大脑半球优势化 cerebral dominance

大脑单侧半球主导某些功能的倾向。

10.032 大脑两半球功能不对称性 functional asymmetry of cerebral hemispheres

大脑两半球对应区域功能不尽相同的现象。

10.033 大脑功能偏侧化 lateralization of brain function

大脑两半球在功能上的专门化过程。

10.034 左利手 left handedness

在日常生活中偏向于使用左手的现象。

10.035 右利手 right handedness

在日常生活中偏向于使用右手的现象。

10.036 割裂脑 split brain

切断两侧大脑半球之间的胼胝体等联系，形成两半球各自独立活动的脑。

10.037 假两性畸形 pseudohermaphrodism

躯体内部拥有一种性别的性腺和相应生殖器官，但外生殖器呈现异性特征的现象。

10.038 认知障碍 cognitive disorder

认知的缺陷或异常。包括感知障碍、记忆障碍和思维障碍。

10.039 失认症 agnosia

因颅内肿瘤、脑血管疾病和颅脑外伤等原因所致的不能识别或辨认熟悉对象的一种认知障碍。包括触觉、听觉和视觉失认症等。

10.040　触觉失认症　tactile agnosia
主要表现为实体感觉缺失的失认症。患者触觉、温度觉、本体感觉等基本感觉存在，但闭目后不能凭触觉辨别物品。

10.041　听觉失认症　acoustic agnosia
不能识别或分辨熟悉声音的失认症。

10.042　视觉失认症　visual agnosia
不能识别或辨认视觉图像或刺激的失认症。

10.043　面孔失认症　prosopagnosia
不能识别或辨认先前熟悉者面孔的视觉失认症。

10.044　失语症　aphasia
因中枢神经损伤或疾病引起的以语言表达或理解能力受损或丧失为特点的一种认知障碍。

10.045　表达性失语症　expressive aphasia
又称"布罗卡失语症(Broca's aphasia)"。布罗卡区受损造成的以口语表达障碍为特点的失语症。

10.046　感觉性失语症　sensory aphasia
又称"韦尼克失语症(Wernicke's aphasia)"。韦尼克区损伤造成的以分辨语音和理解语义能力丧失为特点的失语症。

10.047　经皮质失语症　transcortical aphasia
又称"跨皮质失语症"。大脑中动脉与前动脉或中动脉与后动脉分布交界区损伤造成的失语症。仍保持复述能力。

**10.048　命名性失语症　amnestic aphasia,
　　　　anomic aphasia**
又称"遗忘性失语症"。优势半球枕叶和颞叶交界区损伤所致的以对常见事物命名能力丧失为特点的失语症。

10.049　传导性失语症　conduction aphasia
不能重复别人口语、同时自己说话时择字错误的失语症。

10.050　失读症　alexia
不能读出书写或打印出来的字或符号的一种认知障碍。多有器质性病变基础。

10.051　阅读障碍　reading disorder
阅读的准确性、速度和理解力明显落后于患者应达到的年龄、智力和教育水平的学习障碍。

10.052　阅读困难　dyslexia
诵读困难症孩子到了一定年龄却不能正常诵读，就连准确、迅速、清楚地模仿其他人发音的能力也不具备的现象。

**10.053　表达性语言障碍　expressive lan-
　　　　guage disorder**
表达语言能力发育明显落后于非言语智力和语言理解能力的交流障碍。

10.054　语法缺失　agrammatism
造句困难、遗漏重要词语和词尾的失读症。

10.055　失算症　acalculia
表现为计算能力丧失的一种认知障碍。

10.056　书写困难　dysgraphia
非智能障碍引起的正确书写能力缺损现象。通常阅读能力不受影响。

10.057　失音症　aphonia
因器质性或精神性障碍造成不能发声的症状。

10.058　失写症　agraphia
大脑语言神经中枢损伤所致的以书写能力缺损为特点的障碍。

10.059 失用症 apraxia

优势半球损伤造成患者不能有目的地运动身体或按要求摆出姿势的障碍。

10.060 结构性失用症 constructional apraxia

不能将个别和分散的成分综合成一种形体或结构的失用症。

10.061 衰退 deterioration

身体、精神、意志、能力等趋向衰弱或退化的现象。

10.062 精神衰退 mental deterioration

心理功能的衰退。

10.063 自我挫败 self-defeating

遇到失败容易气馁、怨天尤人、过分自责的消极自我心理防卫现象。

10.064 躯体化 somatization

有明显身体症状，但又没有器质性损伤或神经生理功能障碍的症状。

10.065 记忆减退 hypomnesia

识记、保持、再认与回忆等记忆的四个基本过程普遍衰退的症状。

10.066 遗忘症 amnesia

部分或全部地不能回忆以往的经历。

10.067 遗忘综合征 amnestic syndrome

脑器质性病理改变导致的，以近事记忆障碍、时间定向力障碍、错构与虚构为特征的一种认知障碍。患者智能相对完好。

10.068 进行性遗忘 progressive amnesia

大脑器质性病变的不可逆性进展造成的记忆损害进行性加重。主要影响再认与回忆。

10.069 记忆错觉 memory illusion

人们对过去事件的报告与事实严重脱离的现象。

10.070 痴呆 dementia

又称"失智"。一般指成年后因脑器质性病变导致的智能、记忆和人格全面受损的一种综合征。

10.071 假性痴呆 pseudodementia

功能性、暂时性和可逆性的痴呆状态。多由重大的强烈的精神刺激诱发，是大脑处于普遍抑制状态的表现。

10.072 阿尔茨海默病 Alzheimer's disease, AD

呈进行性发展的致死性神经退行性疾病。表现为认知和记忆功能不断恶化，日常生活能力进行性减退，并有各种神经精神症状和行为障碍。

10.073 轻度认知损伤 mild cognitive impairment

介于正常老化与阿尔茨海默病间的一种认知缺损状态。表现为进行性认知功能下降，日常生活能力正常。

10.074 唐氏综合征 Down syndrome

因常染色体异常所致的，以精神发育迟滞和特殊面容、通贯掌、粗大裂纹舌等特征性表现为临床特征的疾病。

10.075 更年期综合征 climacteric syndrome

以自主神经功能紊乱、情感障碍为主要表现的一系列生理和心理症状。女性通常发生在 50 岁左右，男性在 60 岁左右。

10.076 癫痫 epilepsy

又称"癫痫"。反复发作的因大脑神经元异常放电所致的短暂中枢神经系统功能失常的一类慢性脑部疾病。

10.077　躯体虐待　physical abuse
过度伤害躯体的行为。

10.078　创伤　trauma
由生理性的身体伤害、强烈的情绪或刺激对个体心理功能活动所造成的影响。

10.079　出生创伤　birth trauma
分娩过程遗留在婴儿潜意识中的痛苦。可成为所有神经症的源泉。是精神分析用语。

10.080　精神创伤　psychic trauma
精神分析理论用于指因遭受早期伤害或严重精神打击或长期痛苦经历而造成的心灵伤害。

10.081　心理疾病　mental illness
由于精神紧张或干扰，使个体的思维、情感和行为发生偏离社会规范的异常心理现象。

10.082　心理疾患　mental dysfunction
因认知、情感、意志功能失调导致的个体或群体的社会认知障碍。表现为工作和生活功能受损的状态。

10.083　心理障碍　mental disorder
伴有痛苦或妨碍个人功能的症状或行为的总称。是认知、情绪、行为的改变，常伴有痛苦体验和心理功能损害。

10.084　性行为异常　abnormal sexual behavior
偏离社会规范且可能伤害自己或他人的性行为。

10.085　性偏离　sexual deviation
性行为对象和方式异常的现象。

10.086　性虐待　sexual abuse
违背性行为对象意愿的严重性侵犯。尤指成人对儿童的性侵犯。

10.087　施虐癖　sadism
以造成他人疼痛、羞辱等形式的痛苦来达到性兴奋或快感的人。

10.088　受虐癖　masochism
又称"受虐症"。以自己遭受疼痛、羞辱等形式的痛苦来达到性兴奋或快感的人。

10.089　露阴癖　exhibitionism
又称"露阴症"。以反复向陌生异性展露自己的性器官或手淫作为偏爱的满足性欲的方式的性行为异常。

10.090　窥阴癖　voyeurism
又称"窥阴症"。反复偷窥他人裸体状态或性交活动偏爱以满足性欲方式的性行为异常。

10.091　异装癖　transvestism
以穿着异性服装而得到性欲满足的性行为异常。男性多见。

10.092　易性癖　transsexualism
因自身性别特征而痛苦，长期极度渴望按异性方式生活，并愿为此改变本人的解剖性别特征的行为障碍。

10.093　恋童症　pedophilia
对青春期前或青春初期的儿童存在强烈的性偏好的性行为障碍。

10.094　恋物癖　fetishism
又称"恋物症"。以某些非生命物体作为性唤起及性满足的必备刺激物的性行为障碍。

10.095　偷窃癖　kleptomania

又称"病理性偷窃(pathological stealing)"。以反复的无法克制的偷窃冲动，并伴有偷窃行动前的紧张感和行动后的满足感为特征的冲动控制障碍。

10.096 同性恋 homosexuality

以同性为性爱对象的心理取向现象。

10.097 矛盾心态 ambivalence

对某一事物或人同时具有积极和消极情感、同时具有不相容想法或倾向的心理状态。

10.098 感觉缺失 anesthesia

在意识清晰的情况下患者对刺激不能感知的现象。

10.099 机体觉缺失 acenesthesia

缺乏内脏各器官活动状况的感觉。

10.100 快感缺失 anhedonia

感受快乐的能力缺失，即无法体验快乐。

10.101 意志缺失 abulia

以缺乏行动的动机、生活需求减退或消失、对周围事物缺乏兴趣为特征的一种精神症状。

10.102 孤独症 autism, infantile autism

又称"自闭症"。起病于婴幼儿期，以不同程度的人际交往障碍、言语发育障碍、兴趣狭窄和行为方式刻板为特征的广泛性发育障碍。

10.103 缄默症 mutism

言语器官无器质性病变，智力发育正常且已获得言语能力的人表现出的持续一月以上的沉默不语状态。

10.104 癔症 hysteria

由明显的心理因素引起的，主要表现为感觉障碍、运动障碍或意识改变状态等，而缺乏相应的器质性基础的神经症。

10.105 转换性癔症 conversion hysteria

又称"癔症躯体症状"。患者无法解决的问题和冲突引起的消极心情转换成躯体症状的一类癔症。

10.106 疑病症 hypochondriasis

以担心或相信自己患有某种严重躯体疾病或身体畸形的持久性优势观念为主的神经症。为躯体形式障碍的一个亚型。

10.107 欣快症 euphoria

在脑器质性精神障碍或醉酒状态时出现的不易理解的、自得其乐的情感高涨状态。

10.108 梦样状态 dreamy state

意识清晰度降低的同时伴有梦境样体验的意识障碍。以思维不连贯和内心体验比较丰富为特征。

10.109 梦游症 noctambulism, somnambulism

又称"睡行症(sleepwalking disorder)"。在睡眠过程中起床、行走，或做一些简单活动的睡眠和清醒同时存在的意识改变状态。清醒后不能回忆。

10.110 解离性漫游症 dissociative fugue

癔症的临床表现之一，为突然且非预期地离开家或惯常工作地点，做无目的的漫游，可自我照顾及与人简单交往。

10.111 发作性睡病 narcolepsy

一种持续终身的、以白天过多的睡眠为特征的原发性睡眠障碍。表现为突然和不可抗拒的发作性睡眠。

10.112 失眠 insomnia

一种最常见的睡眠障碍形式。个体连续长时间的睡眠问题，包括入睡困难型、维持睡眠困难型和早醒型。

10.113　违拗症　negativism
一种对他人的要求或指令表现出抵制或反抗的症状。临床上又分为主动违拗症及被动违拗症。

10.114　对立违抗性障碍　oppositional defiant disorder
以持久性的违抗、敌意、对立、挑衅和破坏行为等为基本特征的一类精神障碍。多见于10岁以下的儿童。

10.115　心因性障碍　psychogenic disorder
由各种心理因素而不是器质性变化引起的精神疾病。

10.116　苦恼　distress
由负性事件或生理不适等引起的痛苦体验。

10.117　无助　helplessness
感到自己没有能力处理当前问题、无法控制现状的心理状态。

10.118　敌对　hostility
人际关系中对抗、冲突、愤怒、排斥的状态。

10.119　慢性疲劳　chronic strain
无明确病因的疲劳感，持续六个月以上，无法因休息而缓解的现象。

10.120　慢性疼痛　chronic pain
各种原因所致的持续一个月以上长期不愈的疼痛。

10.121　破堤效应　abstinence violation effect, AVE
因违反某些约束条例（如不抽烟或不喝酒）

而产生的一种自我失控感。

10.122　心理化　psychologilization
将事件和身体状态的前因后果更多地归结为主观因素的过程。

10.123　虚构症　confabulation
由于遗忘，患者以想象的、未曾经历过的事件来填补其记忆缺损的症状。是器质性脑病的特征之一。

10.124　谵妄　delirium
意识清晰度降低，出现大量错觉、幻觉，定向力部分或全部丧失，昼轻夜重的一种意识障碍。多见于躯体疾病或中毒所致精神障碍。

10.125　定向力　orientation
个体对周围环境及自身状态的察觉和识别能力。是判断意识障碍的重要标志之一。

10.126　定向障碍　disorientation
个体辨认周围环境及自身状态的能力受损或认识错误。是意识障碍的重要判定标准之一。

10.127　行为障碍　behavior disorder
各种心理过程障碍所致的结果。通常按其表现分为精神运动性抑制与精神运动性兴奋两类。

10.128　幻觉　hallucination
在没有现实刺激作用于感觉器官时出现的虚幻的知觉体验。

10.129　适应障碍　adjustment disorder
个体在日常生活中无法根据情境的要求做出应变，而陷入主观痛苦和情绪紊乱的心理障碍。

10.130　心身障碍　psychosomatic disorder
由心理因素及生物因素交互作用引起的自主神经和内脏功能方面的障碍。通常不包括组织损害。

10.131　心身疾病　psychosomatic disease
心身障碍的进一步加重，表现为具有形态学基础的躯体性疾病。

10.132　身体意象　body image
对自己身体外貌特征的感受与评价以及感受到的别人对自己外貌特征的看法。

10.133　述情障碍　alexithymia
理解、处理和表达情绪的能力缺乏的障碍。

10.134　情感障碍　affective disorder
情感活动异常，波动幅度过大、时间过长，反应与刺激的性质不协调等现象。

10.135　情感高涨　hyperthymia
情感活动显著增强，表现为不同程度的病态喜悦，且具有一定感染力。是躁狂发作的核心症状。

10.136　情感淡漠　apathy
情感活动丧失，表现为对外界任何刺激都缺乏相应的情感反应，即使对自身有密切利害关系的事情也漠不关心。

10.137　情感倒错　parathymia
认知过程和情感活动之间丧失一致性，即情感反应与内心体验或处境不协调的情感障碍症状。

10.138　心境障碍　mood disorder
以显著而持久的情感或心境改变为主要特征的一组心理障碍。

10.139　抑郁　depression
以显著而持久的心境低落为特征的一种心境障碍。是心境障碍的主要类型。

10.140　双相障碍　bipolar disorder
以躁狂和抑郁交替发作为临床特征的心理障碍。

10.141　焦虑性障碍　anxiety disorder
以持续性焦虑症状作为最突出特征的一类心理障碍。

10.142　精神病　psychosis
严重的心理障碍。患者的认识、情感、意志、动作行为等心理活动均可出现持久的明显的异常。

10.143　精神分裂症　schizophrenia
具有思维、情感、行为等多方面的障碍，以精神活动和环境不协调为特征的一类病因未明的功能性精神障碍。

10.144　情感性精神病　affective psychosis
又称"躁狂抑郁性精神病(manic-depressive psychasis)"。一组以情感障碍为原发性症状、呈周期性发作、间歇期内完全正常的精神病。

10.145　神经性厌食症　anorexia nervosa
患者自己有意造成体重明显下降、甚至正常生理标准体重以下，并极力维持该状态的一种心理生理障碍。

10.146　躁狂症　mania
又称"躁狂发作"。以明显而持久的心境高涨为主的情感性精神障碍。典型的临床症状是情感高涨、思维奔逸和活动增多。

10.147　思维奔逸　flight of thought
思维联想速度异常加快，表现为明显话多和语速快的现象。是躁狂症的典型表现之一。

10.148 妄想性障碍 delusional disorder
又称"偏执性精神病(paranoid psychosis)"。以缓慢发展的系统而牢固的妄想为特征的一种精神病性障碍。病程进展较慢，一般无人格衰退与智能缺损。

10.149 妄想 delusion
病人对歪曲信念、病态推理和判断坚信不移，无法被说服，也不能通过亲身体验和经历加以纠正的现象。

10.150 否定妄想 delusion of negation
患者坚信本人、其他人及某些物体已不复存在的妄想。常伴有心境极度低落。

10.151 关系妄想 delusion of reference
患者认为环境中一些实际无关的现象皆与其本人有关的妄想。

10.152 疑病妄想 hypochondriacal delusion
患者坚信自己患了某种严重躯体疾病或不治之症，反复医学验证都不能纠正的妄想。

10.153 嫉妒妄想 delusion of jealousy
患者坚信其配偶对其不忠、另有所爱的妄想。

10.154 被害妄想 delusion of persecution
患者坚信自己被周围某些人或某些集团迫害的妄想。

10.155 惊恐障碍 panic disorder
以反复出现的惊恐发作为原发的和主要临床症状，并伴有持续地担心再次发作或发生严重后果的焦虑障碍。

10.156 注意障碍 attention deficit disorder, ADD
以频繁地、不自觉地走神，不能决定集中注意力的时间和场合为最主要症状的一种障碍。

10.157 癫痫性精神障碍 mental disorder in epilepsy
又称"癫痫性精神病(epileptic psychosis)"。特发性及症状性癫痫伴发的精神障碍。

10.158 器质性精神障碍 organic mental disorder
又称"器质性精神病(organic psychosis)"。由于脑部疾病或躯体疾病导致的一组精神障碍。

10.159 应激相关障碍 stress-related disorder
又称"反应性精神病(reactive psychosis)"。主要由应激刺激引起的精神障碍。

10.160 创伤后应激障碍 post-traumatic stress disorder, PTSD
突发性、威胁性或灾难性生活事件导致的个体延迟出现和长期持续存在的精神障碍。

10.161 神经症 neurosis
一类主要表现为焦虑、抑郁、恐惧、强迫、疑病或神经衰弱症状的精神障碍的总称。

10.162 焦虑 anxiety
担心发生对自己不利的情况的紧张情绪。

10.163 状态焦虑 state anxiety
在某一时刻或某一阶段所体验到的焦虑状态。

10.164 特质焦虑 trait anxiety
从小逐渐发展形成的具有人格特性的稳定而持久的焦虑状态。

10.165 社交焦虑 social anxiety
与社会交往情境和被他人评估有关的焦虑体验。一般始于童年早期社交。其表现形式、程度和情境均有不同。

10.166　分离性焦虑　separation anxiety
儿童与其熟悉的抚养者分离时出现的一系列消极情绪体验。

10.167　心境恶劣　dysthymia
以持久的心境低落状态为主的轻度抑郁。不出现躁狂。

10.168　强迫症　obsessive-compulsive disorder, OCD
以强迫观念和强迫动作为特征的神经症。患者有意识地自我强迫和反强迫之间的强烈冲突使其感到焦虑和痛苦。

10.169　焦虑症　anxiety neurosis
全称"焦虑性神经症"。以广泛和持续性焦虑或反复发作的惊恐不安为特征的神经症。伴有明显的自主神经系统症状、肌肉紧张和运动性不安。

10.170　广泛性焦虑症　generalized anxiety disorder
对一系列生活事件或活动感到过分的、难以控制的慢性担忧的焦虑障碍。

10.171　恐怖症　phobia
过分和不合理地惧怕某种客观事物或情境，伴有明显的自主神经症状，以致极力回避该事物或情境的神经症。

10.172　社交恐怖症　social phobia
表现为对一种或多种人际处境存在持久的强烈恐惧和回避行为的一种恐怖症。

10.173　特定恐怖症　specific phobia
对存在或预期的某种特殊物体或情境的不合理焦虑的一种恐怖症。

10.174　广场恐怖症　agoraphobia, space phobia
又称"旷野恐怖症"。对空旷的广场、拥挤的公共场所、密闭的空间等特定场所产生异乎寻常的恐惧或紧张，并出现竭力回避的行为。

10.175　A 型行为类型　type A behavior pattern
过度竞争意识、强烈的时间紧迫感、较强攻击性、缺乏耐心和富有敌意等的行为模式。

10.176　B 型行为类型　type B behavior pattern
悠闲自得、不易紧张、不喜好争强、一般无时间紧迫感、有耐心、能容忍等的行为模式。

10.177　C 型行为类型　type C behavior pattern
以被动接受和自我牺牲、尽量回避各种冲突、不表现负性情绪为特征的行为模式。

10.178　强迫行为　compulsion
个体认为不必要的、想要控制而又难以抗拒的，重复出现的、刻板的仪式化动作或行为，往往继发于强迫观念。

10.179　刻板反应　stereotype reaction
一种反复单调、没有变化的，发生频率相当高的，而且不具有任何适应功能的反应。

10.180　生活方式疾病　life style disease
因日常生活方式不良所导致的躯体或心理疾病。

10.181　酒精成瘾　alcohol addiction
以强烈而难以自制的饮酒欲望、缺少自控能力、停止饮酒就出现戒断症状、大量饮酒后有满足感为特点的不良行为。

10.182　药物滥用　drug abuse
由于盲目、长期、大量地使用某些药物而导致明显不良后果的适应不良方式。

10.183　药物依赖　drug dependence

又称"药物成瘾(drug addiction)"。因长期或反复应用某种药物而产生精神或躯体上的依赖性，持续地或周期地渴望重复应用该种药物的现象。

10.184　网络成瘾　internet addiction disorder

因对互联网过度依赖而导致的一组心理异常状态以及生理性不适症状。

10.185　致幻剂　psychedelics

可影响人的中枢神经系统、改变意识状态和感知觉，使人产生各种奇异认识的物质。

10.186　镇静剂　tranquillizer

可抑制中枢神经系统的活动，用于缓解焦虑状态的药物。主要有巴比妥类和苯二氮䓬类。

10.187　戒断症状　withdrawal symptom

药物成瘾者，在停止用药或减少用药剂量时所表现出的各种症状。恢复用药量，戒断症状即可消失。

10.188　禁戒　abstinence

个体因健康问题或宗教信仰，而自觉克制酗酒等可获得快感的行为。

10.189　失范感　anomia

一种因丧失社会规范所致的严重疏离感。令人迷失，时间拖长后易形成社会问题。

10.190　应激源　stressor

引起应激反应的刺激物。包括躯体性应激源、心理性应激源、社会性应激源以及文化性应激源。

10.191　生活应激　life stress

由日常生活事件或变化引起的应激状态。

10.192　心理社会应激　psychosocial stress

由心理社会因素引起的心理和生理反应。与人心身健康密切相关。

10.193　应激应对策略　stress coping strategy

个体用来控制、忍受、减轻应激刺激，将其影响降到最低的行为与心理上的特定努力。

10.194　一般适应综合征　general adaptation syndrome, GAS

又称"普遍性适应综合征"。塞里(H. Selye)提出的由持续应激状态引起的一种普遍生理反应模式。

10.195　应激管理　stress management

一系列处理应激的方法和程序。包括如何评价应激性事件、发展应对技能，并练习使用这些应对技能等。

10.196　或战或逃反应　fight or flight response

应激条件下机体行为反应的一种类型。由坎农(W. B. Cannon)提出，反应可使躯体做好防御、挣扎或者逃跑的准备，应激反应的中心位于丘脑下部。

10.197　保存–退缩反应　conservation-withdrawal response

应激条件下机体行为反应的一种类型。反应表现为活动的抑制，个体表面上顺从和依附，往往伴有抑郁、悲哀、失望、失助甚至绝望等情绪，其核心生理变化是下丘脑一垂体一肾上腺皮质轴的激活。

10.198　急性心因性反应　acute psychogenic reaction

在遭遇强烈的精神刺激后几分钟或几小时内出现，历时短暂、预后良好的应激障碍。

10.199　分析性心理治疗　analytical psychotherapy

通过帮助患者了解、分析和认识其病态的根源及性质，达到领悟并改善症状的一种短程心理治疗方法。

10.200　反向刺激法　counterirritation
较温和地刺激或激惹身体的其他部位，以抑制身体某特定部位疼痛的控制技术。

10.201　恐惧诱导　fear appeal
通过关注常见的担忧和/或风险来诱发恐惧情绪，进而利用其避免使用某种产品或服务或者不去进行某种行为的过程。

10.202　安慰剂　placebo
由既无药效、又无毒副作用的中性物质构成的、外形似药的制剂。

10.203　安慰剂效应　placebo effect
因接受形似治疗而实质上并无治疗成分的处理而导致的治疗效果。

10.204　疼痛控制　pain control
减轻疼痛体验、疼痛主诉、情绪集中于疼痛、对疼痛缺乏忍耐力以及出现疼痛行为等情况的措施。

10.205　催眠术　hypnotism
通过诱导使人逐步放松到接近潜意识的状态的一种特殊技术。有减轻疼痛、治疗疾病等效果。

10.206　宣泄　catharsis
使用催眠术使神经症患者回忆起被压抑的创伤经验，治疗其相应情感的方法。是精神分析最早采取的治疗神经症的方法之一。

10.207　舞蹈疗法　dance therapy
通过舞蹈这种运动形式，矫正人们的适应不良性运动、姿势和呼吸，并将潜伏在内心深处的焦虑、愤怒、悲哀和抑郁等情绪安全地

释放出来的方法。使人们感受到自己对个人存在的控制能力。

10.208　开放性访谈　open-end interview
只按照一个概略性、指导性的访谈提纲所进行的访谈。

10.209　结构性访谈　structured interview
基于研究目的，按照事先统一设计的调查问卷所进行比较正式的访谈。

10.210　精神病学社会工作者　psychiatric social worker
在各类社会福利或医疗机构中为精神疾病患者的治疗及预防服务的人员。

10.211　一级预防　primary prevention
通过消除或减少病因或致病因素来防止或减少精神障碍的发生的预防环节。是最积极主动的预防措施。

10.212　二级预防　secondary prevention
通过早期发现、早期诊断、早期治疗，争取疾病缓解后有良好预后的预防环节。

10.213　三级预防　tertiary prevention
做好精神残疾者的康复训练，最大限度地促进患者社会功能的恢复，减少功能残疾、延缓疾病衰退进程和提高患者生存质量的预防环节。

10.214　评估　assessment
科学地运用多种手段从各方面获得信息，对某一现象进行全面、系统和深入地客观描述。

10.215　康复　rehabilitation
针对各种先天性或后天的疾病和损伤所造成的功能障碍采取综合措施，使之尽可能恢复正常功能或充分发挥残余功能的过程。

10.216 心理健康 mental health
有利于个体身心发展，工作、学习有效率，维持良好生活质量的适宜的心理状态。

10.217 整体健康 holistic health
相对于传统的生物医学健康观的一种新型健康观。指在医学实践中将个体的身体、心理和社会适应等方面作为一个整体来看待。

10.218 健康行为 health behavior
个体有利于促进和保持健康的积极行为方式。

10.219 社会支持 social support
来自家庭、亲友和社会各方面(同事、组织、团体和社区等)的精神上和物质上的帮助和援助。

10.220 情感支持 emotional support
社会支持的一种形式。指使用倾听、关注、情绪支持、鼓励等方法，给予对方情感上的关怀。

10.221 情绪调节 emotion regulation
对个体或群体的情绪进行控制和调节的过程。包括对情绪的认识、协调、引导、互动和控制。

11. 工程心理学

11.001 航空心理学 aviation psychology
研究航空活动中人的心理活动规律以及航空设备设计中人因问题的分支学科。

11.002 航天心理学 space psychology
研究人在航天活动中的心理活动规律的分支学科。

11.003 航空航天心理学 aerospace psychology
研究航空航天环境中飞行航天员的行为规律和飞行器设备设计中人因工程的分支学科。

11.004 航海心理学 marine psychology
研究航海环境下舰船人员心理活动规律的分支学科。

11.005 环境心理学 environmental psychology
研究人的心理和行为与环境之间的相互作用和关系的分支学科。

11.006 安全心理学 safety psychology
为防止事故、保障安全，研究环境变化和生产过程中人的安全行为及其心理活动变化规律的分支学科。

11.007 工效学 ergonomics
又称"人因学(human factors)"。以人–机环境系统的高效、安全、舒适为研究目标的综合学科。

11.008 认知工效学 cognitive ergonomics
研究人机系统设计中涉及的认知因素的分支学科。

11.009 航空航天工效学 aerospace ergonomics
研究航空航天条件下人–机–环境间最佳匹配与设计的分支学科。

11.010 人体测量学 anthropometry
对人类身体特征状况进行观察、测量和分析的学科。

11.011 工程人体测量学 engineering anthropometry
以工程设计为目标的人体测量学分支学科。

11.012 技术美学 technological aesthetics
研究与工业产品设计、制作相关的美学问题的学科。

11.013 人–机–环境系统 man-machine-environment system
由共处于同一时间和空间的人与其所使用的工具、设备或机器以及它们所处的周围环境所构成的系统。

11.014 人机系统 man-machine system, human-machine system
由人和所使用的工具、设备或机器组成的工作系统。

11.015 人机系统评价 evaluation of man-machine system
对人机系统在特定条件下的功能、特性、效果等方面的评价。

11.016 人机界面 man-machine interface
人机系统中人与机进行信息交换的部分。主要指显示器与控制器。

11.017 个性化界面 personalized interface
根据不同的使用习惯和需求，可以自动或非自动地改变交互内容及表现形式的人机界面。

11.018 图形界面 graphical interface
图形化展示计算机系统结构和状态的用户界面。

11.019 自适应人机界面 adaptive human-computer interface
基于自适应理论设计的智能人机界面。根据用户行为的差异自动改变界面形式和功能。

11.020 多通道交互界面 multi-channel interface
以视、听、触等方式向人输入信息，以手操作、言语、手势和表情识别、视线和头位跟踪向机器输出信息的人机界面。

11.021 人机对话 man-machine dialogue, human-computer dialogue
人和机器(如计算机)之间所进行的通信。

11.022 人机匹配 man-machine matching
人机系统中人机双方在结构和功能特点上的适合程度。

11.023 人机功能分配 man-machine function allocation
人机系统中按人和机器各自的功能特长合理地分配工作任务，以便最大限度地提高系统的总体效能。

11.024 人机交互[作用] human-computer interaction
人与计算机的信息交换及互相影响。

11.025 人的可靠性 human reliability
在一定时间内和给定条件下人成功完成要求的任务的概率。

11.026 人的传递函数 human transfer function
以经典控制论方法建立的表征手控系统中人操作者的输入与输出的关系的数学模型。

11.027 开环控制 open-loop control
系统输出信息不能反馈给操作者或人能收到反馈信息但不能用它来修正系统工作的全自动控制。

11.028 闭环控制 closed-loop control
利用输出反馈信息进行系统工作修正的控制。

11.029 系统反馈 system feedback
手工控制中为修正系统反应使之符合目标指令,将系统输出信息通过显示器或直接观察回送给操作者的过程。

11.030 认知走查法 cognitive walkthrough
模拟用户在人机对话每一步的问题解决过程,查看用户目标和动作记忆能否引起正确操作的可用性检查技术。

11.031 补偿追踪 compensatory tracking
依据目标与受控单元间的相对误差显示进行的追踪操作。

11.032 尾随追踪 pursuit tracking
依据目标与受控单元的实际状态及误差的显示进行的追踪操作。

11.033 刺激维度 stimulus dimension
刺激物所具有的可被人直接感知的特性。一种刺激特性为一个维度。

11.034 信息 information
刺激所载有的不确定性的倒数。用比特 $[\lg2 \cdot (1/i)]$ 表达,其中 i 是刺激发生的概率。

11.035 信息显示 information display
将人机系统中各种状态和性质向人展示的各种手段的总称。可分为动态显示和静态显示。

11.036 视觉编码 visual coding
用视觉刺激的特征进行编码的方法。

11.037 视觉显示器 visual display
人机系统中以视觉方式向人提供信息的信息显示装置。

11.038 视觉显示终端 visual display terminal
由显像管、液晶等显示器构成的,以图形、文本、动画和视频图像等方式向人显示信息的计算机输出装置。

11.039 听觉显示器 auditory display
人机系统中以听觉方式向人提供信息的信息显示装置。

11.040 触觉显示器 tactual display
人机系统中以触觉方式向人提供信息的信息显示装置。

11.041 多功能显示器 multiple functional display
以多种显示格式呈现武器、导航、飞机状态等各类信息,且可资源共享、互为余度的航空电子显示器。

11.042 三维显示器 three-dimensional display
又称"3D 显示器"。提供三维视觉效果的显示设备。在三维空间显示三维图像或者利用视差原理在二维平面显示三维图像。

11.043 光源显色性 color-rendering properties of light source
与参照标准相比,光源对物色产生的效果。

11.044 信号灯 signal light
以灯光方式传递信息的视觉显示器。

11.045 闪光信号 flash signal
以闪烁灯光方式传递的信息。可用闪烁频率和占空比编码的视觉显示器。

11.046 告警信号 warning signal

将要求立即采取矫正或补偿操作的危险情况通知操作员的信号。

11.047　综合告警　integrated alerting
将系统中的全部告警信号，按优先级方式统一处理，以多通道方式显示，包含主告警和告警信息显示的告警方式。

11.048　控制器　controls, controller
人机系统中人用以将控制信息传递给机器，使之执行控制功能的装置。

11.049　控制器编码　coding of controls
以刺激的颜色、大小、形状、表纹、位置等特性对控制器功能的表征。

11.050　控制器阻力　controls resistance
阻碍人驱动控制器的力。适宜的控制器阻力可起平稳操作、防止意外启动和提供操作反馈信息的作用。

11.051　控制–显示比　control-display ratio
控制器与显示器的运动元素（如指针、光标）的动程之比。

11.052　控制–显示兼容性　control-display compatibility
控制器与显示器的空间、运动关系与人对这些关系预测的一致性，以及控制器和显示器的编码与人的已有概念的一致性。

11.053　计算机支持的协同工作　computer-supported cooperative work, CSCW
基于协同理论和人机交互理论的工作方式，使多个个体通过计算机网络系统以群体的方式进行工作。

11.054　虚拟现实　virtual reality
利用动态环境建模、实时三维图形生成等计算机技术生成的三维虚拟世界。具有交互、临场及构想三个特点。

11.055　模拟　simulation
利用模型或装置，通过改变特定条件或参数观察发生的变化，以预测真实系统的功能或特性。

11.056　用户体验　user experience
用户与系统交互过程中形成的全部心理感受。通常分为外表层、框架层、结构层、范围层和战略层。

11.057　言语通信　speech communication
用言语方式，通过设备或面对面地，人与人之间或人与机器之间进行的信息交流。

11.058　互联网导航　internet navigation
互联网用户到达目标节点的路径指示。主要有分类目录、门户和搜索引擎等方式。

11.059　心理运动能力　psychomotor ability
个体通过控制自身的运动，完成感知动作反应任务的能力。

11.060　心理疲劳　mental fatigue
由脑力劳动过多或长时间从事单调、厌烦的工作而引起的疲劳。

11.061　心理[工作]负荷　mental workload
单位时间内人体承受的心理工作量。主要用于评价监控和决策等不需要明显体力付出的工作情境。

11.062　低负荷　underload
工作要求远低于人体的正常工作能力。可导致兴奋性水平下降、信号漏检率提高和反应时延长等结果。

11.063　信息超负荷　information overload
信息呈现的数量或速度超出人体正常承受

的能力。可导致信息接收效率降低和疲劳上升等结果。

11.064　警觉　vigilance
又称"警戒"。一定环境中觉察特定的、不能预期出现的事件的准备状态。其效率随时间推移而下降。

11.065　眩光　glare
在视野内由于远大于眼睛可适应的照明而引起的烦恼、不适或丧失视觉的感觉。

11.066　视觉疲劳　visual fatigue
视觉作业中由于紧张或不适而引起视觉效能降低的现象。

11.067　动态视敏度　dynamic visual acuity
人的视觉系统对运动物体的辨认能力。一般以刚刚能辨认运动物体时的运动角速度表示。

11.068　言语可懂度　speech intelligibility
简称"可懂度(intelligibility)"。用标准测验材料对给定噪声环境中的给定言语通信系统测得的收听人正确理解的词汇、短语或句子百分率。

11.069　清晰度指数　articulation index
对给定噪声环境中的给定言语通信系统测量并计算的 200～7000Hz 范围中规定频带的峰值言语与均方根噪声的比率。

11.070　优选言语干扰级–4　preferred speech interference level-4
以 500、1000、2000 和 4000Hz 为中心频率测量的环境噪声的 4 个倍频带声压级的算数平均数。是噪声掩蔽言语有效度的测量指标。

11.071　振动效应　vibration effect
加速度的交替变化引起的人体生理、心理反应。

11.072　温度效应　temperature effect
环境温度的变化引起的人体生理、心理反应。

11.073　加速度效应　acceleration effect
由线加速度或角加速度引起的人体生理、心理反应。

11.074　操作温度　operative temperature
根据人体与环境干热交换公式推导出的温度参数，为以各自热传递系数加权的平均辐射温度与周围气温的平均值。

11.075　舒适温度　comfortable temperature
与环境湿度、风速、服装热阻、人体活动强度和冷、热习服程度等因素相关的使人感到舒适的环境温度。

11.076　习服　acclimatization
机体为能在新环境(如高温、低氧、失重、高压等)中生存而产生的一系列适应性改变。

11.077　失重　weightlessness
又称"零重力"。物体在引力场中自由运动时有质量而不表现重力的状态。

11.078　飞行错觉　flight illusion
飞行中由于缺少视觉参照或对视觉参照物发生错误认知而引起的错误知觉。

11.079　科里奥利错觉　Coriolis illusion
又称"交叉耦合旋转错觉(cross-coupling rotation illusion)"。因惯性力偶作用于飞行人员前庭半规管感受器而引起的错误知觉。

11.080　飞行空间定向　spatial orientation in flight

飞行人员在三维空间中以视觉表象为坐标对飞机状态、位置及自身与环境间空间关系进行认知和判断的过程。

11.081 飞行空间定向障碍 spatial disorientation in flight
飞行人员在飞行中对飞行姿态、位置和运动状况发生的错误知觉。

11.082 飞行员情景意识 pilot situational awareness
飞行员在感知内外环境信息基础上形成的对当前情境的理解和对未来状态的预见。

11.083 飞行员工作负荷 pilot workload
飞行任务要求和环境因素压力所致飞行人员操纵行为、机体功能、主观感觉等方面变化程度的总和。

11.084 飞行行为障碍 flying behavior disorder
以飞行操纵失误为主要外在表现的心理运动障碍。

11.085 飞行疲劳 aircrew fatigue
飞行人员因飞行而出现疲乏、不适、飞行能力下降等生理心理反应的总称。

11.086 机组资源管理 crew resource management
又称"驾驶舱资源管理"。对机组成员能够利用的所有与飞行相关的人力、软件和信息资源进行的有效组织利用。

11.087 任务分析 task analysis
按任务的层次结构、时间流程或类别特点等属性对人完成的工作进行的分解。以实现优化系统的目标。

11.088 链分析 link analysis
用于系统组件排列且以链接的相对频次等

统计术语表征各个系统组件间链接的流程图。

11.089 时间动作研究 time and motion study, time and action study
用科学方法对动作的结构和时间进行分析、研究和测定以获得最佳工作方法的技术。包括动作研究和时间研究两部分。

11.090 动作经济原则 economic principle of motion
指导人们节约动作和提高动作效率的准则。可广泛应用于动作分析和动作改良。

11.091 工作场所设计 workplace design
对工作地和工作空间所进行的各类布置。涉及工作地组织、工作空间布置和工位区域设计等。

11.092 工作空间 work space
开展工作所涉及的空间区域。包括工作台、工作座位和工作者移动空间等区域。

11.093 工作姿势 work posture
工作中特定的肢体形态。常见有立、坐、卧和仰姿等。影响工作效率、施力能力、工作空间范围及肌肉工作负荷。

11.094 可达包络面 reach envelope
操作者在不前倾或不过度仲展的条件下其肢体所能达到的区域。

11.095 用户研究 user research
观测用户行为，分析用户需求，以供产品开发和设计参考。

11.096 可用性测试 usability test
在实验控制条件下观察、记录和分析由典型用户执行的明确定义的典型任务，以检验所研发产品的可用性。

11.097　启发式评价　heuristic evaluation
专家在可用性原则指导下对诸如对话框、选单、导航结构等用户界面元素进行评价的非正式可用性检查技术。

11.098　菲茨定律　Fitts' law
菲茨(P. M. Fitts)提出的计算定位运动时间的公式：$MT = a + bf(D/W)$。式中，MT 为运动时间；D 为运动距离；W 为目标大小。

11.099　盲目定位运动　blind-positioning movement
人在无视觉辅助条件下凭借运动轨迹的记忆和动觉反馈引导肢体从起始位置移至目标位置的过程。

11.100　事故倾向　accident proneness
个体容易诱发事故的心理特质。

11.101　事故分析　accident analysis
对系统出现故障与事故的过程和原因进行的系统分析。以获得改进系统的安全和效率的信息。

11.102　人为失误分析　human error analysis
通过对用户操作过程所犯错误的类型和发生场景的分析。发现出错原因，以预防或减少用户错误，优化系统设计。

12.　管理心理学

12.001　人事心理学　personnel psychology
运用心理学原理与方法研究研究人事选拔与评价以及其他人才管理问题的分支学科。

12.002　消费心理学　consumer psychology
研究人的消费行为中心理现象及其规律的分支学科。

12.003　X 理论　theory X
一种管理理论。认为人们生来懒惰、缺乏进取心、不愿承担责任、以自我为中心、习惯于守旧、缺乏理性和易受外界影响。

12.004　Y 理论　theory Y
一种管理理论。认为人们生来就是主动工作、承担责任、追求组织需要、能自我指挥与控制、具有想象力和创造力。

12.005　Z 理论　theory Z
一种管理理论。认为人们致力于高承诺和高参与的自我实现。

12.006　ERG 理论　ERG theory
奥尔德弗(C. Alderfer)在马斯洛需要层次论的基础上提出的一种动机理论。认为人类的生存(existence)需要、关系(relatedness)需要和成长(growth)需要是三种核心需要。

12.007　双因素理论　two-factor theory
赫茨伯格(F. Herzberg)提出的有关导致员工工作满意和不满意状态的激励因素和保健因素的理论。

12.008　激励理论　motivation theory
如何调动员工积极性及创造性的行为驱动机制的理论。

12.009　期望理论　expectancy theory
个体对努力导致绩效及行为结果的期望影响激励程度的理论。

12.010　特质激活理论　trait activation theory
基于对情景特征关联线索所激活反应的行

为理论。

12.011　认知评价理论　cognitive evaluation theory
有关过分突出的外部奖励可能会形成错位控制源的认知评价削弱内在动机的理论。

12.012　目标设置理论　goal setting theory
通过设定具体化、可测量、挑战性、现实性和时间性强的目标而提高绩效水平的理论。

12.013　通路目标理论　path-goal theory
领导者为下属达成目标而提供指导与支持以实现组织或群体总体目标的理论。

12.014　成就归因理论　achievement attributional theory
个体对自己或他人成功或失败原因的知觉或解释的理论。

12.015　成就动机理论　achievement motivation theory
把工作需求分为对成就、权力和关系等三种需求的动机理论。

12.016　展望理论　prospect theory
决策者在预期结果概率的基础上做出风险性备择方案选择的理论。

12.017　霍桑效应　Hawthorne effect
从霍桑研究中发现并提出有关被观察者由于知道自己成为观察对象而改变行为的倾向。

12.018　行动研究　action research
由研究者与实际工作者共同参与，通过诊断、行动、评估等程序实施行动方案的方法。

12.019　人力资源管理　human resources management
为实现组织目标，对人才队伍进行规划、设计、分析、招选、培训、激励、考核、生涯发展和跨文化管理的政策与实践。

12.020　人员选拔　personnel selection
运用一定程序招选和录用适合岗位要求者的过程。

12.021　实践智力　practical intelligence
个体在日常生活情景中解决实际问题所体现的智能因素。

12.022　工作生活质量　quality of worklife
通过工作内在激励和工作环境营造，实现组织的高效能与员工积极工作状态的整体体验。

12.023　工作丰富化　job enrichment
在工作中赋予员工更多责任、自主权和控制权，以更好发挥其潜能的现象。

12.024　工作扩大化　job enlargement
通过扩大岗位工作范围或多样性而提升激励水平的途径。

12.025　工作满意感　job satisfaction
员工对工作的满意程度。

12.026　工作压力　work stress
由于个人与工作环境互动中能力与资源要求失调而形成的紧张情绪状态。

12.027　工作家庭平衡　work-family balance
员工正确认识、处理和调和工作与家庭之间关系并缓解矛盾与压力的过程。

12.028　弹性工作时间　flexible working hours, flextime, flexitime
根据工作需要而灵活决定工作休息时间的工作制度。

12.029 岗位分析 job analysis
获取岗位职责内容和任职能力要求信息的研究活动。

12.030 岗位评价 job evaluation
为了确定薪酬标准的根据，就工作岗位相对价值进行分析和评价的过程。

12.031 绩效评估 performance appraisal
根据已设定的标准与指标、方法和程序，系统、定期评定与衡量员工或群体的工作行为与成效的方法。

12.032 外在激励 extrinsic motivation
基于外部奖励等因素产生的激励。

12.033 任务绩效 task performance
员工通过完成直接工作活动和服务任务所获得的成效。

12.034 薪酬制度 compensation system
根据工作与服务成效，支付给员工的工资、薪金和福利待遇的标准、规定、程序和管理实践的体系。

12.035 职位设计 job design
根据组织需要，设计岗位的任务、责任、职权及工作关系的过程。

12.036 岗位轮换 job rotation
组织为了培训与发展需要，使员工在不同职能或岗位之间轮换工作任务的方法。

12.037 工作特征模型 job characteristic model
有关工作的技能多样性、任务完整性、工作重要性、工作自主性、工作反馈性等五种核心任务特征的理论模型。

12.038 人–组织匹配 person-organization fit
员工与组织在价值理念、能力特征和行为模式要求之间的一致性程度。

12.039 人–职岗位匹配 person-job fit
员工能力、知识、技能、性格、气质和其他心理素质等特征与岗位职责及任务要求相符合的程度。

12.040 程序公平 procedural justice
管理决策及资源分配过程公平性的知觉。

12.041 互动公平 interactional justice
员工在组织中获得的人际公平和信息公平待遇的知觉。

12.042 分配公平 distributive justice
员工对工作所获得的各种结果及资源分配是否正当的判断知觉。

12.043 团队建设 team building
一系列促成团队形成、发展和提升功能的团队活动过程。

12.044 团队多样性 team diversity
团队成员背景属性差异的分布特征。

12.045 虚拟团队 virtual team
成员在跨空间、时间或组织边界条件下通过远程通信工具进行沟通协调以完成共同目标的工作团队。

12.046 交叉职能团队 cross-functional team
为完成共同工作任务而由不同职能部门或有不同专业技能的员工组成的团队。

12.047 团队效能感 team efficacy
团队成员对有效完成特定任务所拥有综合能力的信念。

12.048 共享心智模型 shared mental model

团队成员对团队任务、设备、行为模式和交互关系相关特征的共同表征。

12.049 莱温变革模型 Lewin's change model
以莱温(K. Lewin)的解冻、变革、再冻结等三个步骤构成的组织变革模型。

12.050 群体气氛 group climate
群体成员对价值、理念及工作氛围的共享认知。

12.051 群体决策 group decision making
由群体成员共同参与做出决策的过程。

12.052 群体动力学理论 group dynamics theory
有关群体的规模、规范、行为特征、演进发展与运行模式等关键动力要素的理论。

12.053 士气 morale
成员在追求共同组织目标时表现出来的一致性和持续性。

12.054 敏感性训练 sensitivity training
通过开放、发散式互动而提升人际敏感性和对他人需求及其情绪变化敏感度的培训。

12.055 社会网络 social network
群体成员之间互动而形成的相对稳定的关系网络体系。

12.056 关系 guanxi
中国文化中人际互动中形成的认知与情感连接模式。

12.057 信任 trust
对他人行为的善意、有利或低利益损害的期待和信念。

12.058 社会惰怠效应 social loafing

群体条件下由于工作绩效标准不明确或社会性闲散而产生个体努力降低的现象。

12.059 归属需要 need for affiliation, N-Affil
成就动机理论中有关寻求对社会群体的参与感和归属感而形成的需求特征。

12.060 心理契约 psychological contract
组织与员工之间形成的有关双方应尽非正式义务的期望。

12.061 行为决策 behavioral decision making
基于认知启发式和有限理性假设的决策行为。

12.062 过程咨询 process consultation
借助咨询顾问参与活动、给予反馈并实现变革任务的过程。

12.063 启发式偏差 heuristic bias
以非理性推理或认知捷径方式做出判断与决策而导致的偏差。

12.064 社会技术系统 sociotechnical system, STS
由人员与技术子系统交互模式设计复杂组织系统的方法。

12.065 交互记忆系统 transactive memory system
团队成员在互动过程中集体编码、储存和提取知识的机制。

12.066 沟通网络 communication network
以轮式、Y式、链式、环式和全通道式为模式的正式沟通和以集束式、偶然式、流言式与单线式为类型的非正式沟通所组成的网络模式。

12.067 周边绩效 contextual performance

围绕组织持续发展而投入额外努力和敬业工作所获得的成效。

12.068 组织公民行为 organizational citizenship behavior, OCB
个体表现超出组织预期要求的贡献性行为。

12.069 组织文化 organizational culture
组织成员共享的理念、价值观和行为规范体系。

12.070 组织气氛 organizational climate
员工对工作氛围与行为模式的共同表征。

12.071 组织发展 organization development, OD
为提升组织效能和持续发展而精心策划的全面改进行动。

12.072 组织行为 organizational behavior, OB
在组织内外环境中个体、群体和组织水平为达成组织愿景目标所表现出的关键行为特征。

12.073 组织学习 organizational learning
组织主动创造或获取知识以适应内外环境变化的过程。

12.074 组织承诺 organizational commitment
员工对组织目标、规范和资格的情感认同和行为遵循的心态。

12.075 组织变革 organizational change
组织为适应内外环境而主动进行的整体性有计划的改变行动。

12.076 组织结构 organizational structure
组织的各个部分任务构成与协调监管架构。

12.077 层峰结构 hierarchical structure

具有严格的命令与控制链的高耸与多层级的组织架构。

12.078 矩阵结构 matrix structure
由纵横职权与职责构成的交叉性组织部门化架构。

12.079 职业咨询 occupational counseling
包括求职、就业、创业指导、人才素质测评、职业生涯规划、职业心理咨等一系列相关业务的人力资源开发咨询服务。

12.080 职业生涯发展 career development
通过员工职业生涯规划、设计、支撑和管理员工的晋升阶梯以实现职业发展的过程。

12.081 玻璃天花板 glass ceiling
员工因种族、性别、资历等因素影响而受到非明文规定性阻碍而无法实现职业生涯发展的现象。

12.082 职业选择 occupational choice
个体从自身职业期望、职业理想出发，依据自己的兴趣、能力、特征等素质条件，选择一种适合自己职业的过程。

12.083 霍兰德职业取向模型 Holland vocational model
霍兰德(J. L. Holland)提出的职业兴趣类型，分为实际型、研究型、艺术型、社交型、魅力型、传统型六种分布模式的职业模型。

12.084 领导 leadership
影响和引领群体实现特定目标的过程。

12.085 交易型领导 transactional leadership
通过任务要求、奖励惩罚、例外处理等途径达成目标的领导方式。

12.086 变革型领导 transformational leadership

通过识别变革需求，创设发展愿景并有效实施变革而实现目标的领导方式。

12.087　愿景型领导　visionary leadership

基于愿景规划与持续激励的领导方式。

12.088　体贴精神与主动结构　consideration and initiating structure

领导者为实现组织目标采取维护员工关系和主动构建任务的领导风格。

12.089　领导–成员交换理论　leader-member exchange theory

领导者与下属通过互动与相容而形成紧密交换关系的理论。

12.090　领导权变理论　contingency theory of leadership

领导效能取决于领导者的职位权力、任务结构和上下级关系等具体情景条件的理论。

12.091　领导行为理论　behavioral theory of leadership

领导者的任务导向或关系导向的行为方式决定领导效能的理论。

12.092　管理方格理论　managerial grid theory

基于关心员工和关心任务等两个维度而形成贫乏式、俱乐部式、平庸式、任务式、团队式等五种领导行为的理论。

12.093　领导特质理论　trait theory of leadership

领导者的内在特质决定领导效能的理论。

12.094　魅力型领导理论　charismatic leadership theory

领导者的独特个性与魅力行为方式决定领导效能的理论。

12.095　跨文化管理　cross-cultural management

对组织跨文化经营与运作进行的管理活动。

12.096　冲突管理　conflict management

倡导对组织有利的冲突、避免对组织有害的冲突，并控制冲突水平的管理活动。

12.097　参与管理　participative management

授权员工参与组织决策过程及管理工作，从而产生强烈的责任感并提升绩效的管理方式。

12.098　谈判　negotiation

两方或多方为协调利益分配等相关问题而进行的博弈式会谈过程。

12.099　评价中心　assessment center

运用测验、面试、公文筐测评、情景模拟和无领导小组讨论等多种评价手段考查与选拔管理人员的综合方法。

12.100　公文筐测验　in-basket test

运用模拟公文组合和公文处理程序对候选人的分析处理、决策判断和问题协调能力做出判断的测验形式。

12.101　无领导小组讨论　leaderless group discussion

由应试者小组以无指定领导人方式讨论给定的关键问题并做出决策的评估技术。

12.102　传记数据　biodata

记述个人各种学历、经历、表现、成果、业绩等相关材料的汇总资料。

12.103　结构化面试　structured interview

针对测评指标预先设定问题结构和评价标准并遵循特定程序进行的标准化面试过程。

12.104　情境面试　situational interview
由一系列模拟情景问题构成的结构化面试方法。

12.105　行为事件访谈　behavioral event interview
运用开放式行为回顾方法追述关键工作事例的情景、人员、行为与结果以揭示胜任特征的方法。

12.106　关键事件技术　critical incident technique, CIT
依据直接可观察的关键事例分析工作行为与设定岗位标准的一套程序技术。

12.107　胜任力　competence, competency
能将优秀者与平庸者区分开来的动机、特质、形象、态度、价值观、知识、认知或行为技能等多种个体能力特征的组合。

12.108　认知能力　cognitive ability
人类获取、存储、加工和利用信息的能力。

12.109　社会称许性　social desirability
应答者按照通行社会价值判断做出表现而非自己实际情况反应的倾向。

12.110　参照框架　frame of reference
考官表达评分标准和尺度的经验式认知图式。

13.　法律心理学

13.001　司法心理学　forensic psychology
研究司法活动过程中人的心理活动及其规律的分支学科。

13.002　诉讼心理学　litigation psychology
研究诉讼活动过程中诉讼主体及其他参与人的心理活动及其规律的分支学科。

13.003　侦查心理学　psychology of investigation
研究刑事案件侦查过程中侦查人员、犯罪嫌疑人及其他与案件有关人的心理活动规律与心理对策的分支学科。

13.004　审讯心理学　psychology of interrogation
研究审讯过程中审讯人员与犯罪嫌疑人及其他有关人员的心理活动、心理规律及心理对策的分支学科。

13.005　审判心理学　judicial psychology
研究审判活动过程中人的心理活动及其规律的分支学科。

13.006　刑罚心理学　penal psychology
从心理学角度研究刑罚的运用及其社会效果的分支学科。

13.007　供述心理学　psychology of confession
研究犯罪嫌疑人、被告人在刑事诉讼过程中作有罪供述和无罪、罪轻辩解的心理活动及其规律的分支学科。

13.008　证言心理学　psychology of testimony
研究影响证人证言形成的心理及其规律，为证人证言可信性判断提供心理科学依据和方法的分支学科。

13.009　犯罪心理学　criminal psychology
研究影响和支配犯罪人实施犯罪行为的心理及其形成、发展和变化规律以及犯罪对策的心理学依据的分支学科。

13.010 罪犯改造心理学 psychology of re-forming prisoner
运用心理学的理论和方法研究罪犯在改造过程中的心理特征及其规律的分支学科。

13.011 受害人心理学 psychology of victim
研究受害人及受害过程的心理现象及其规律的分支学科。

13.012 矫治心理学 correctional psychology
研究矫治活动中的心理现象及心理学方法和技术的分支学科。

13.013 法律意识 legal consciousness
关于法律及法律现象的知识、观点和社会态度。

13.014 犯罪心理痕迹 mental trace of crime
犯罪人在犯罪活动、犯罪现场中呈现的心理特征。

13.015 供述动机 motivation of confession
犯罪嫌疑人在案件审理过程中供述案情的内心起因。

13.016 犯罪心理结构 structure of criminal mind
行为人在犯罪行为实施前已经存在的、在犯罪行为实施时起支配作用的畸变心理因素有机而相对稳定的组合。

13.017 犯罪综合动因论 synthetic agent theory of crime
以整体系统观解释犯罪原因的理论。认为犯罪是多种主体内外因素综合的互为动力作用的结果。

13.018 犯罪心理机制 mental mechanism of crime
犯罪心理形成和犯罪行为发生的过程、机制和规律。

13.019 聚合效应 convergence effect
影响犯罪心理产生的诸多因素发生聚合作用而产生犯罪心理活动的现象。

13.020 反社会性 antisociality
个体主动地反对现行社会关系、法律规范、社会秩序的心理倾向。是犯罪心理结构的核心因素之一。

13.021 反社会行为 antisocial behavior
对现行社会关系、法律规范及社会秩序具有危害性的行为。

13.022 犯罪动机 criminal motivation
引起与推动行为人实施犯罪行为的内心起因。

13.023 激情犯罪 passionate crime
行为人在强烈、短暂、爆发式的情绪激昂、理智失控状态下所实施的犯罪。

13.024 应激犯罪 stress offence
行为人在出乎预料的突发情境状态中，因高度紧张和压力导致实施的犯罪。

13.025 无意识动机犯罪 offense with un-conscious motivation
行为人在没有意识到的动机作用下实施的犯罪。

13.026 犯罪动力定型 dynamic stereotype of crime
简称"犯罪动型"。犯罪人对特定刺激形成的自动化犯罪的态度与行为反应系统。

13.027 犯罪人格 criminal personality
犯罪人或潜在犯罪人所具有的反社会心理

特征构成的身心组织。犯罪思维模式、反社会型人格障碍是其典型的体现。

13.028　群体犯罪心理　mind of group crime
群体中成员之间心理活动及行为相互影响而形成的适合犯罪的共同心理倾向。

13.029　犯罪群体动力　group dynamics of crime
共同实施同一犯罪行为的联合体产生的群体凝聚力和集合效应。

13.030　犯罪心理预测　prediction of criminal mind
依据原因变量和心理学原理对犯罪发生的可能性做出的判断。

13.031　犯罪心理预防　prevention of criminal mind
依据原因变量和心理学原理对防止犯罪心理与犯罪行为所采取的社会心理控制。

13.032　犯罪心理测验　test of criminal mind
又称"犯罪心理测谎"。运用生理心理测试仪检测嫌疑人生理反应指标以甄别、判断其与刑事案件关系的测试技术。

13.033　犯罪心理画像　criminal profiling
通过对未知犯罪嫌疑人犯罪行为的分析及其心理特征的描述，以帮助侦查人员寻找犯罪嫌疑人的心理技术。

13.034　犯罪合理化　rationalization of crime
犯罪人对实施的犯罪行为给予一种合理性解释以避免他人谴责和自责，以及解除心理紧张的心理防御机制。

13.035　犯罪学习理论　learning theory of crime
根据行为学习理论解释犯罪心理形成及犯罪行为发生机制的理论。

13.036　犯罪亲和性　criminal affinity
特定事物、现象所具有的容易导致行为人实施犯罪行为的特性。

13.037　犯罪心理反馈　feedback of criminal mind
犯罪人通过与内外因素的交互作用，使犯罪心理得到增强或者削弱的机制。

13.038　犯罪习癖化　criminal habituation
犯罪行为人在特定情境中习惯性、刻板性地实施某种犯罪活动的心理与行为倾向。

13.039　犯罪心理强化　reinforcement of criminal mind
犯罪心理成分及其结构在较长时间的心理演变与多次犯罪经历中稳定化和牢固化的过程。

13.040　犯罪本能说　instinctive theory of crime
用无意识与本能说观点解释犯罪现象的学说。以弗洛伊德的本能说为典型代表。

13.041　犯罪恶性梯度　gradient of crime vice
犯罪人的犯罪心理和行为恶性发展的程度。

13.042　犯罪行为深度　depth of criminal behavior
行为人的生活空间与其犯罪行为的关联程度。

13.043　罪犯心理评估　evaluation of convict's mind
运用心理学技术和方法对罪犯心理状态、犯罪危险性、犯罪心理结构等特征的评估。

13.044　罪犯人格　personality of prisoner
罪犯因长时期服刑及监禁环境压力而形成的以对抗、顺从和伪装为特点的特殊人格类型。

13.045　罪犯人格测验　personality test of convict
用心理学的技术和方法对对罪犯的动力（以犯罪动机为核心）与特征系统（以犯罪人格为核心）及其心理状态进行的测验。

13.046　罪犯适应机制　adaptive mechanism of convict
罪犯在监管条件下为了减轻压力和焦虑、保持心理平衡所采取的自我调节机制。

13.047　罪犯心理危机　psychological crisis of convict
罪犯在服刑期间因面临危机事件而产生的严重心理失衡状态。

13.048　罪犯心理诊断　mental diagnosis of convict
运用心理学的技术和方法对罪犯的心理状况进行的检查和判断。

13.049　罪犯心理治疗　psychotherapy of convict
运用心理学的原理、方法和技术对罪犯的心理问题、心理疾病进行的矫正与治疗。

13.050　罪犯心理分析　psychological analysis of convict
运用心理分析技术与方法揭示、解释罪犯的无意识动机和人格特征等深层次心理现象的过程。

13.051　罪犯申诉心理　petition mind of convict
罪犯不服已经生效的判决、裁定而要求重新审理案件的心理状态。

13.052　罪犯心理档案　psychological file of convict
记录罪犯心理测验资料及其心理特点、行为习惯、心理矫治方案、矫治进程信息的文件。

13.053　罪犯心理矫治　correctional treatment of convict
以心理诊断、心理治疗、行为矫正等手段促成罪犯重新社会化的过程。

13.054　罪犯角色偏差　role deviation of convict
罪犯在服刑期间出现的原有角色与现有角色相冲突的认知偏差。

13.055　拘禁反应　reaction to detention
犯罪嫌疑人或者罪犯因难以适应强制性拘禁环境的压力而产生的反应性精神障碍。

13.056　色情杀人狂　lust murderer
在性变态心理支配下连续实施杀害行为以满足性欲的行为人。

13.057　罪责感　sense of guilt
犯罪人在实施犯罪行为前后及实施过程中对犯罪行为与犯罪事实的自我谴责情感。

13.058　罪责扩散　dispersion of liability for guilt
行为人在参与群体犯罪时因去个性化与匿名性而产生自我罪责感减轻的心理状态。

13.059　目击证言　eyewitness testimony
证人对现场直接感知的案件事实和情节所做的陈述。

13.060　受害人可责性　culpability of victim
受害人对犯罪行为的发生具有一定过错而分担责任的情形。

13.061　受害人后遗症　victim's sequelae
受害人在遭受犯罪行为侵害后产生的生理、

心理的不良症状。

13.062　受害人盲点症　victim's scotoma
受害人由于注意狭窄、判断力下降等消极性认知力而对自己所处的危险或者可能的风险有所忽视的心理状态。

14.　运动心理学

14.001　锻炼心理学　exercise psychology
研究锻炼活动中人的心理现象及其发展规律的分支学科。

14.002　体育心理学　psychology of physical education
研究学校体育教学活动和课外体育活动中人的心理现象及其发展规律的分支学科。

14.003　认知运动心理学　cognitive sport psychology
从信息加工角度研究人在体育活动中的感觉、知觉、记忆、想象、思维和决策等心理现象和过程的分支学科。

14.004　锻炼成瘾　exercise addiction
又称"运动成瘾"。对有规律的锻炼生活方式的一种心理生理依赖。可分为积极和消极两种。

14.005　锻炼坚持性　exercise adherence
个体在参与身体锻炼过程中有效实现预定的锻炼计划的程度。

14.006　跑步者高潮　runner's high
跑步或其他锻炼活动中突然出现的一过性欣快感。表现为强烈的健康幸福感和时空障碍超越感等。

14.007　身体自我　physical self
个人对自己的外貌体态、运动能力、健康状况等身体特征的综合的感受与评价。

14.008　闭锁性运动技能　closed motor skill
主要依靠本体感受器获得的反馈信息来控制运动动作的运动技能。

14.009　开放性运动技能　open motor skill
主要依靠外部环境信息来控制运动动作的运动技能。

14.010　分立技能　discontinuous motor skill
持续时间十分短暂且无重复或韵律性质的动作技能。

14.011　连续技能　continuous motor skill
具有重复或韵律性质且持续几分钟以上的动作技能。

14.012　高原现象　plateau phenomenon
练习的进步出现停顿而在练习曲线上出现近乎平缓线段的现象。

14.013　热身损耗　warming up decrement
已经掌握的运动技能在间歇后不能立刻回复到原有表现水平的现象。

14.014　运动学习　motor learning
为完成规范的运动动作所必须进行的各种肌肉运动或身体动作的学习。

14.015　比赛心理定向　mental orientation in competition
运动员在比赛中心理活动尤其是注意的焦点。

14.016 角色定位 role positioning
比赛前或比赛中对自己、同伴、对手之间关系的对比心态。

14.017 成功定向 success orientation
赛前和赛中将注意焦点指向成功因素的心理定向。

14.018 失败定向 failure orientation
赛前和赛中将心理活动和注意方向指向失败结果的心理定向。

14.019 当前定向 present-focus
比赛时将注意焦点指向当前任务而不是过去的结局和将来的结果的心理定向。

14.020 过程定向 process-focus
比赛时将注意焦点指向比赛过程要素而不是比赛最终结果的心理定向。

14.021 任务定向 task orientation
强调纵向的自己与自己相比、注重个人努力、以掌握技能、完成任务为目标的心理定向。

14.022 自我定向 ego orientation
强调横向的自己与他人相比、注重社会参照、以超过他人为目标的心理定向。

14.023 主位定向 sclf-focus
比赛时将注意焦点指向自己的思维和行动，而不是天气、裁判、比赛规则等难以控制的外部因素的心理定向。

14.024 动作定向 action orientation
动作技能形成过程中的一个必要阶段。学习者在初步了解动作方式基础上形成动作映象的过程。

14.025 比赛型运动员 good-at-competition athlete
善于在重要比赛中充分发挥训练水平的运动员。

14.026 训练型运动员 good-at-training athlete
训练水平很高但比赛中常因心理因素而发挥失准的运动员。

14.027 冰山剖面图 iceberg profile
摩根(W. P. Morgan)提出的优秀运动员赛前赛中的良好心境状态模式。表现为低的紧张、抑郁、愤怒、疲劳、困惑和高的精神活力。

14.028 倒 U 形假说 inverted U hypothesis
唤醒水平与操作表现关系的假说。认为只有唤醒水平处于中等程度时，操作表现才能达到最佳。

14.029 多维焦虑理论 multidimensional anxiety theory
马滕斯(R. Martens)提出的反映认知焦虑、躯体焦虑、状态自信心与操作成绩之间关系的理论。

14.030 符号学习理论 symbol learning theory
萨基特(R. S. Sackett)提出的将头脑中呈现的运动动作及其时空特征看作符号及其联系并以此为基础解释表象训练作用的理论。

14.031 个体最佳功能区理论 individual zone of optimal function theory
强调不同个体需要不同最佳唤醒水平以产生最佳运动表现的理论。

14.032 过度训练 overtraining
积累的运动负荷超过运动员的承受能力，导致身体或心理过度疲劳的训练。

14.033　唤醒　arousal
有机体总的生理、心理激活的程度。

14.034　最佳唤醒　optimal arousal
达到最佳竞技状态时的生理性激活程度。

14.035　流畅状态　flow state
由于运动员的技能水平与任务难度相对平衡而产生的心理活动积极、技能表现自然的最佳竞技状态。

14.036　内驱力理论　drive theory
赫尔(C. L. Hull)提出的关于操作成绩与内驱力关系的理论。认为操作成绩(P)等于内驱力状态(D)与习惯强度(H)的乘积，即$P=D×H$。

14.037　能力感理论　theory of perceived ability
尼科尔斯(J. G. Nicholls)和杜达(J. L. Duda)提出的强调自我定向和任务定向两种目标及相应的成就动机氛围影响儿童发展的理论。

14.038　逆转理论　reversal theory
强调个体的目的性心理定向和非目的性心理定向决定着唤醒水平与情绪体验关系的理论。

14.039　焦虑方向理论　anxiety direction theory
琼斯(G. Jones)和斯温(A. B. J. Swain)提出的关于焦虑与运动成绩关系的理论。认为焦虑频率和方向比焦虑强度对运动成绩有更好的预测作用。

14.040　躯体焦虑　somatic anxiety
焦虑的生理成分。由自发的唤醒引起，通过心跳加快、呼吸急促、手心出汗、肠胃痉挛及肌肉紧张等表现出来。

14.041　认知焦虑　cognitive anxiety
焦虑的认知成分。由对内外刺激产生的威胁性评价引起，伴有担忧和过度紧张的感受。

14.042　运动焦虑　sport anxiety
运动中因不能克服障碍或达到目标而感到威胁时形成的一种紧张、担忧并带有恐惧的情绪。

14.043　运动焦虑症　sport anxiety symptom
运动员由于运动训练或竞赛活动中失利、失意所引起的伴有紧张、恐惧情绪的持续性神经症性障碍。

14.044　激变模型　catastrophe model
哈迪(L. Hardy)和法耶(J. Fazey)以突变理论的数学模型为基础提出的解释生理唤醒、认知焦虑和操作成绩三者关系的理论。

14.045　完美主义　perfectionism
只按理想标准而不考虑现实情境，对任何事都要求达到毫无缺点的态度。

14.046　心理倦怠　burnout
长期、单调、高压力的工作引发的力竭性心理反应。主要表现为情绪和体力的耗尽感、去人性化和成就感下降。

14.047　心理神经肌肉理论　psychoneuromuscular theory
卡彭特(W. B. Carpenter)提出的以大脑运动中枢和骨骼肌之间的双向神经联系为基础的解释表象训练作用的理论。

14.048　心理选材　talent selection by psychology
采用心理学的指标与方法将具有发展潜能的人选入运动员训练体系的过程。

14.049　心理战术　psychological tactics

运用心理手段或策略，给对手心理上施加压力或使之产生错觉的方法总和。

14.050 战术思维 tactical thinking
以了解对方和同伴情况、推测对方和同伴作战意图、选择和确定战术方针等为内容的解决战术问题的思维。

14.051 战术意识 sense of tactics
比赛中根据战术目的合理运用技术、战术、体能的主动心理活动。

14.052 状态自信 state confidence
在某一时刻对凭借自身能力在社会比较中取得成功的信念。

14.053 最佳竞技状态 peak performance
比赛中技术、战术、体能、心理各方面状态产生最佳结合并充分发挥竞技水平时的身心状态。

14.054 敌意性攻击 hostile aggression
以伤害对手为直接目的的攻击行为。攻击者此时常伴有愤怒情绪，意在使受害者饱受痛苦和折磨。

14.055 工具性攻击 instrumental aggression
以取胜、获取金钱等为间接目的的攻击行为。攻击者此时无愤怒情绪，但伤害他人的行为未超出竞赛规则限制。

14.056 观众效应 audience effect
由于观众行为引起的运动员运动表现的波动。

14.057 主场效应 home effect
又称"主场优势(home advantage, home-field advantage)"。比赛地点与比赛胜负相关的一种统计现象。表现为主场取胜的比例大于客场取胜的比例。

14.058 自我暗示训练 self-suggestion training
利用言语等刺激对人的心理状态施加影响进而控制行为的过程。

14.059 表象调节 imagery intervention
通过运动表象控制情绪和行为的方法。

14.060 表象训练 imagery training
运动员在头脑中反复再现已形成的动作形象、运动情境或情绪体验以提高运动技能和比赛表现的过程。

14.061 放松训练 relaxation training
利用语言暗示、呼吸调节、集中注意等方式使肌肉紧张程度和中枢神经系统兴奋程度下降的过程。

14.062 三线放松 three-line relaxation
以意念指导调身、调息，将身体分为两侧、前面、后面三条线逐步进行放松的方法。

14.063 自生放松 autogenic relaxation
在暗示语的引导下调节肌肉、呼吸、心率以使身体各部位肌肉逐一地直接放松，直到全身放松的方法。

14.064 渐进放松 progressive relaxation
通过暗示语的引导使身体各部位肌肉群逐一先紧张再放松，最后达到全身放松的方法。

14.065 模拟训练 simulation training
使训练场景尽可能接近于实际比赛情景以提高适应能力的过程。

14.066 目标设置训练 goal setting training
学习与掌握目标设置技能以提高工作效率的过程。

14.067 生物反馈训练 biofeedback training

通过电生理仪器将身体生理变化直观呈现给受训者以提高受训者控制身体生理变化能力的过程。

14.068　视觉–运动行为演练　visual-motor behavioral rehearsal

用唤起表象整合现实中的感觉–运动体验的心理训练方法。

14.069　心理训练　psychological training

通过特殊手段掌握调节和控制心理状态和行为的方法，优化心理过程和个性心理的过程。

14.070　意志训练　will training

旨在提高自觉性、独立性、果断性、坚韧性等意志品质的训练。

14.071　应激控制训练　stress control training

提高积极应对各种压力的能力的过程。

14.072　注意控制训练　attention control training

通过各种方法提高注意的稳定性、抗干扰性及集中程度的过程。

14.073　思维控制训练　thought control training

运动员学习和掌握控制注意、无关思维或消极思维的方法的过程。

14.074　运动认知　sport cognition

学习和表现运动技能时接受、编码、操作、提取和利用运动信息的过程。

14.075　运动知觉　motion perception

通过视觉、动觉、平衡觉等多种感觉协同活动而实现的对外界物体运动或机体自身运动特征的反映。

14.076　专门化知觉　special perception

能对自身运动和环境线索做出敏锐的觉察和精确的识别的综合性知觉。

14.077　操作思维　operational thinking

反映肌肉动作和操作对象相互关系及其规律的思维。

14.078　动觉反馈　kinesthetic feedback

利用动觉信息对动作进行调节的过程。

14.079　动作感觉　sense of motion

对自身动作的时间、空间、力量的特点和效果的感觉。

14.080　内部表象　internal imagery

大脑中重现的运动形象。重点是动作的时间、空间和力量特征，主要成分是动觉表象。

14.081　外部表象　external imagery

大脑中重现的运动形象。重点是从旁观者角度观看自己运动过程中外观上的变化，主要成分是视觉表象。

14.082　运动表象　movement imagery

大脑中重现的动作形象或运动情境。包括动觉表象和视觉表象。

14.083　注意方式　attention style

奈德弗（R. M. Nideffer）提出的将注意分为广度和方向两个维度并产生交互作用的注意结构。

14.084　广阔–内部注意　broad-internal attention

奈德弗注意方式理论描述的一种注意方式。特指能将多种内部感受和思维内容综合起来进行分析的注意。

14.085　广阔–外部注意　broad-external attention

奈德弗注意方式理论描述的一种注意方式。

特指能同时对多种外部信息进行综合与分析的注意。

14.086 狭窄-内部注意 narrow-internal attention
奈德弗注意方式理论描述的一种注意方式。特指仅仅对少量内部感受和思维内容进行分析的注意。

14.087 狭窄-外部注意 narrow-external attention
奈德弗注意方式理论描述的一种注意方式。

特指仅仅对少量外部信息进行分析的注意。

14.088 心理不应期 psychological refractory period
相继给予两个间隔时间较短的刺激并对这两个刺激分别进行反应时，对第二刺激进行反应所推迟或延长的时间。

14.089 速度-准确性权重 time-accuracy trade-off
根据任务要求，在执行动作时以速度优先或以准确性优先的倾向。

15. 咨询心理学

15.001 心理咨询 psychological counseling
咨询师运用专业的态度、知识和技能，以促进当事人心理适应与发展为目标的助人活动。

15.002 心理治疗 psychotherapy
治疗者运用心理学的原理和方法，通过建立治疗性的人际关系，达到治疗心理疾病目的的助人过程。

15.003 内部工作模型 internal working model
由早期依恋经验发展而来的心理结构。其核心内容是自我及自我与外界关系的表征。

15.004 重要他人 significant other
在个体社会化过程中，对其心理与人格形成产生重要影响的具体人物。

15.005 阻抗 resistance
个体在咨询过程中面临某些威胁性成分时的无意识抵抗。表现为压抑、回避等反应。

15.006 修通 working through
当事人克服阻抗与移情，获得及加深领悟的过程。

15.007 自由联想法 free association analysis
要求当事人即时报告出现在意识中任何信息以帮助进行心理分析的一种方法。

15.008 释梦 dream interpretation
分析师通过对当事人的梦境涵义进行解释而促成领悟的精神分析技术。

15.009 梦的工作 dream work
心理分析理论的概念。指当事人无意识的欲望、冲突(隐梦)转化为梦境(显梦)的过程。

15.010 催眠 hypnosis
通过诱导改变当事人的意识状态，使其受暗示性提高的程序。

15.011 受暗示性 suggestibility
个体直觉地接受外界影响的倾向性。

15.012　压抑　repression
个体无意识地把不能接受的冲动、情感和记忆排除在意识之外的一种防御机制。

15.013　压制　suppression
个体有意识地将不为个人或社会文明规范所接受的冲动、想法和愿望逐出意识的一种心理防御机制。

15.014　反向形成　reaction formation
受到压抑的动机或观念以相反的形式表现于有意识的精神生活中的一种自我防御机制。

15.015　隔离　isolation
将想法与相关的情感内容分隔开的一种心理防御机制。

15.016　否认　denial
个体拒绝或不承认不能接受的想法、行为或事实的一种心理防御机制。

15.017　退行　regression
个体遭遇挫折或应激时，心理功能回到早期发展阶段，采用较为幼稚的方法应对的一种心理防御机制。

15.018　替代　substitution
个体在确立的目标与社会要求相矛盾或目标达成受阻时，改换目标或行为方式的一种心理防御机制。

15.019　过度补偿　overcompensation
因存在的身心缺陷而以超常努力等方式追求个人发展的一种自我防御机制。

15.020　自欺　self-deception
个体对事实做歪曲解释以符合自己内心需要的心理倾向。

15.021　投射　projection
个体将自己不能接受的冲动、欲望或观念无意识地加于他人，认为系他人所有的一种自我防御机制。

15.022　内投射　introjection
个体将来自他人的信息内化并应用到自己生活的一种心理防御机制。

15.023　投射性认同　projective identification
精神分析术语。主体将无法承受的内在精神体验投射到客体，并再次内化的心理过程。

15.024　阿德勒咨询　Adlerian counseling
由阿德勒(A. Adler)创立的咨询体系，重视对当事人生活风格的分析。

15.025　生活方式　life style
阿德勒治疗的概念，表示个体基于对自己及外部世界的评价而形成的独特的行为方式。

15.026　分析性咨询　analytical counseling
由荣格(C. Jung)创立的心理治疗体系，用象征的方法探索意识与无意识之间的辩证关系。

15.027　认识领悟疗法　cognitive insight therapy
由中国精神科医生钟友彬通过借鉴精神分析疗法而发展出来的一种治疗体系。强调通过解释使当事人改变认识从而获得领悟，因领悟使症状减轻或消失。

15.028　行为疗法　behavior therapy
又称"行为治疗"。集中反映行为主义观点的心理治疗学派，强调不良行为的消除与新的适应行为的建立皆可通过学习达成。

15.029　对抗性条件作用　counter conditioning

用新的反应与原有条件刺激建立联系以消除原有条件作用的过程。

15.030　交互抑制　reciprocal inhibition
相互拮抗的两种反应（如焦虑与放松）之间存在的此消彼涨的现象。

15.031　系统脱敏　systematic desensitization
按照强度从轻到重的顺序将诱发焦虑反应的刺激呈现给当事人，结合放松技术，逐步消除焦虑的一种治疗技术。

15.032　厌恶疗法　aversive therapy
在问题行为与不愉快的反应间建立经典条件作用，以抑制或消除问题行为的一种治疗技术。

15.033　暴露疗法　exposure therapy
通过使当事人想象或置身于诱发焦虑的刺激或场景来消除焦虑的一种治疗技术。

15.034　冲击疗法　flooding
通过持续、猛烈地向当事人呈现其所惧之物，而使其恐惧消退的一种治疗技术。

15.035　塑造法　shaping
采用操作条件作用原理，对当事人的行为分步强化，渐进地形成目标反应的一种治疗方法。

15.036　代币法　token economy
将具有交换价值的象征物（代币）与真实强化物建立关联，并以其强化所期望行为的一种治疗方法。

15.037　生物反馈疗法　biofeedback therapy
利用仪器提供实时生理过程信号，训练个体通过自我监控控制自主反应（如心率、脑波）的一种治疗技术。

15.038　冥想　meditation
起于印度的一种宗教修炼形式。通过调整身体和注意而达到深度放松、宁静的意识状态。

15.039　自信训练　assertiveness training
帮助退缩或被动的人学习以适时、适当的方式表达他们所想、所需的一种训练方法。

15.040　存在心理治疗　existential counseling
强调选择与焦虑、价值、自由，以及生活责任、寻求意义等存在主义理念的心理治疗取向。

15.041　人本主义心理治疗　humanistic psychotherapy
以人本主义为基础发展而成的心理治疗取向。当事人中心疗法是其代表体系。

15.042　当事人中心疗法　client-centered therapy
又称"来访者中心疗法""以人为中心疗法（person-centered psychotherapy）"。罗杰斯（C. Rogers）创立的咨询体系。强调重视和激发当事人的成长潜能。

15.043　内部参考系　internal frame of reference
个体由过去经验形成的内部世界。个体据以知觉和解释新的经验。

15.044　机体评估过程　organismic valuing process
个体以机体体验的方式，在自我实现倾向导向下，对个人经验进行评价性加工的过程。

15.045　价值条件　condition of worth
以人为中心理论体系的概念。指个体内化了的社会性价值标准和规范。

15.046　符号化　symbolization
个体经验在意识中以概念、意象等符号形式被表征的过程。

15.047　真诚　genuineness
内在感受、感受的意识表征，以及对感受的外化表达之间有较高的一致性。

15.048　矫正性情绪体验　corrective emotional experience
在不同于原先的、较为积极的关系条件下，当事人再次经历其过去不能处理的情感体验的过程。

15.049　工作同盟　working alliance
当事人与治疗者之间形成的以合作和情感联结为核心的工作关系。

15.050　移情　transference
当事人将自己过去对生活中某些重要人物的情感投射到咨询师身上的过程。

15.051　反向移情　countertransference
咨询师由自己未解决的冲突所引发的指向当事人的无意识愿望、幻想和情感。

15.052　共情　empathy
又称"同感"。咨询师体认当事人内部世界的态度、能力，以及相应的反应。

15.053　温情　warmth
咨询师向当事人展示的真诚的关心与接纳的感觉。

15.054　支持性心理治疗　supportive psychotherapy
采用倾听、支持、鼓励、解释、指导等方式帮助当事人发挥潜能，适应当前环境的一种心理治疗方法。

15.055　格式塔疗法　Gestalt therapy
又称"完形疗法"。由珀尔斯(F. Perls)所创的一种治疗体系。以促进当事人的自我觉察为主要目标。

15.056　未完成事务　unfinished business
个人以往生活中未实现的愿望和未解决的冲突及其对现时心理生活的影响。

15.057　心理剧　psychodrama
通过角色表演以澄清当事人内心冲突的一种治疗方法。

15.058　认知疗法　cognitive therapy
以矫正当事人不合理信念、不当思维过程为目标的咨询和心理治疗取向。

15.059　认知行为疗法　cognitive behavioral therapy
同时使用认知与行为疗法的咨询取向。

15.060　理情行为疗法　rational emotive behavior therapy, REBT
强调内在认知和信念的作用，力图通过改变消极认知而改变消极情绪及不当行为的一种治疗方法。

15.061　非理性信念　irrational belief
引发情绪困扰、行为失调的不合理想法。

15.062　自动思维　automatic thought
由特定刺激自然触发的、导致不良反应的个人信念或想法。

15.063　固定角色疗法　fixed role therapy
让当事人结合自己的特点扮演一个其所期望的角色，从而形成新构念或修正原有构念的一种治疗方法。

15.064　现实疗法　reality therapy

由格拉瑟（W. Glasser）创立的一种心理治疗方法。重视当事人行为选择的理性分析。

15.065　焦点解决疗法　solution-focused therapy
关注问题的解决方案及其与现有可利用资源的配合的一种治疗模式。

15.066　叙事疗法　narrative therapy
通过倾听当事人的故事，引导当事人其对故事做积极重构，以唤起当事人改变的内在力量的一种治疗方法。

15.067　家庭疗法　family therapy
又称"家庭治疗"。以家庭整体为治疗对象，以改善家庭中的关系和互动模式为重点的一种治疗形式。

15.068　婚姻疗法　marriage therapy
以夫妻关系及婚姻问题为焦点，促进形成良好的配偶关系的一种心理治疗方法。

15.069　森田疗法　Morita therapy
由森田正马（Morita Shoma）创立的一种心理治疗方法。主要运用顺其自然、为所当为原则治疗神经质症。

15.070　音乐疗法　music therapy
通过音乐欣赏和表演（演奏）等活动，实现心理调节的一种治疗方法。

15.071　游戏疗法　play therapy
以游戏为主要沟通媒介，在游戏中了解儿童的心理问题，并给予相应辅导的一种治疗方法。

15.072　共同治疗因素　common therapeutic factor
不同治疗流派共有的产生治疗效果的治疗原理与临床策略。

15.073　体验性学习　experiential learning
认知与情感体验并重的学习。

15.074　普遍性　universality
当事人觉得自己的问题并非独一无二的认识。

15.075　倾听技术　attending skill
咨询师用于接收和理解当事人的信息，传达对当事人的关注的各种言语或非言语谈话技术的总称。

15.076　澄清　clarification
使咨询师及当事人更准确地理解会谈内容的咨询技术。

15.077　具体化　concreteness
使会谈内容清晰、明确的一种会谈技术。

15.078　释意　paraphrasing, reflection of meaning
咨询师用自己的话语对当事人所说内容做出准确反映的一种会谈技术。

15.079　情感反映　reflection of feeling
咨询师把当事人言语与非言语中的情感信息反馈给当事人的一种会谈技术。

15.080　质对　confrontation
咨询师指出当事人言行之中的矛盾与不一致的一种咨询技术。

15.081　重构　reframing
咨询师帮助当事人从一个新的、较为积极的角度来看待问题的一种咨询技术。

15.082　解释　interpretation
咨询师依据某一理论或个人经验，对当事人的问题、反应进行因果说明的一种咨询技术。

15.083　即时性　immediacy
(1)咨询师对咨询中正在发生的事情做出反应。(2)咨询师就咨访之间的互动和关系与当事人直接交流。

15.084　适时　timeliness
咨询过程中，咨询师根据当事人的情况，做出各种反应的时机的恰当性。

15.085　知情同意　informed consent
结成咨询关系的一种程序性事项，向当事人告知他们即将参与的活动或经历，并获得当事人认可。

15.086　保密　confidentiality
咨询师的专业义务之一，除特殊情况，未经当事人许可不能泄露其在咨询中的信息。

15.087　双重关系　multiple relationship, dual relationship
咨询师与当事人之间除了咨询关系外还同时或相继存在着其他关系的情形。

15.088　界限　boundary
描述咨询师与当事人之间关系的概念，指把两个个体从身体和心理上区隔开同时又结合起来的那些因素。

15.089　转介　referral
由于咨询师个人或所在机构的局限，为了更好地使当事人受益，将其推荐给其他专业人员或机构的程序。

15.090　督导　supervision
一种深入的、相互的关系，在其中一位专家被指定促进其他专业人员专业能力的发展。

15.091　接案谈话　intake interview
用以初步检查或诊断当事人的状况并决定其是否为咨询适合对象的初始会谈。

15.092　结构化　structuring
咨询师对咨询的工作框架进行设置，向当事人说明咨询如何进行的程序。

15.093　概念化　conceptualization
咨询师对当事人及其心理问题形成的整体的、专业的理解。

15.094　应对方式　coping style
个体为了减轻或避免压力、适应环境所采用的带有个人特点的方法和策略。

15.095　应对策略　coping strategy
个体为了适应环境或减轻压力而使用的各种方法。

15.096　自我控制　self-control
个体对自己的心理和行为的主动调控过程。常表现为个体为达成未来目标而克制即时的快乐和满足。

15.097　自我调节　self-regulation
个体主动改变原有心理状态以适应外界环境的过程。

15.098　折衷心理治疗　eclectic psychothe- rapy
突破流派的限制，尝试使用不同理论体系的概念和技术对当事人进行治疗的咨询取向。

15.099　整合心理治疗　integrative psycho- therapy
咨询师不局限于某种理论取向，而是使用多种对当事人有效的方法并加以系统化的治疗取向。

15.100　长程心理治疗　long-term psycho- therapy

持续时间较长(通常在至少为 6 个月以上)的心理治疗。

15.101　短程心理治疗　short-term psycho-therapy
治疗时间一到四周或与短于长程心理治疗的咨询形式。

15.102　团体咨询　group counseling
在团体情境下,借助团体动力,以心理调节与个人发展为主要目标的咨询形式。

15.103　团体治疗　group therapy
在团体情境下,借助团体动力,以人格改变或心理障碍的矫正为主要目标的治疗形式。

15.104　成长团体　growth group
以提升自发性、促进个人成长和增强对他人的敏感性为目标的小组。

15.105　会心团体　encounter group
强调对个人体验的觉察和关系卷入的一种个人成长小组。

15.106　自助小组　self-help group

非专业人士由于共同的需要与问题自愿组成的相互提供支持与鼓励的团体。

15.107　生涯咨询　career counseling
聚焦于升学、职业选择和生涯发展的一种咨询类型。

15.108　会商　consultation
为帮助第三方(如学生),向相关人员(如家长、老师)提供的帮助,以提供信息、建议为主的一种助人活动。

15.109　危机干预　crisis intervention
以较为直接的、指导的方式,帮助那些处于紧急状况中的当事人做出较为建设性的反应的一种咨询形式。

15.110　自然缓解作用　spontaneous remission effect
当事人不经任何实质性专业心理干预,身体和心理功能得到改善的现象。

15.111　丧失　loss
结束或失去重要的关系、人、经历或某种功能(如身体功能)的心理事件。

16.　军事心理学

16.001　军人心理选拔　serviceman psycho-logical selection
对应征候选者进行心理素质检测,评定其掌握军事技能、适应军事环境的心理倾向性,并录取优秀者的过程。

16.002　军队一般分类测验　Armed General Classification Test, AGCT
美国国防部编制的士兵心理测验,替代陆军甲种测验,包括阅读与词汇、数字计算、数字推理和空间关系子测验。

16.003　陆军军官选拔测验　Army Officer Selection Battery, OSB
美国陆军军官和军校学员入学选拔的非智力性测验。检测成就动机、决策、管理、人际交往、技能和战斗精神等。

16.004　军队职业能力倾向成套测验　Armed Service Vocational Aptitude Battery, ASVAB
美军士兵选拔与分类能力倾向测验,用于对

士兵顺利完成训练任务的预测，包括 9 项能力倾向测验。

16.005　美国三军统一认知绩效评估测验
　　　　US Unified Tri-Service Cognitive Performance Assessment Battery, UTCPAB
美军研发的用于评估药物对人认知功能影响的测验。

16.006　陆军甲乙种测验　Army Alpha and Beta Test
第一次世界大战期间由美国学者编制的世界上第一个团体心理测验。分甲、乙两种测验，前者为文字测验，后者为非文字测验。

16.007　军人心理训练　serviceman psychological training
采用心理学方法对军事人员心理施加影响以提升其作战效能的训练活动。

16.008　心理相容性　psychological compatibility
群体成员共同活动和交往时在心理和行为上彼此协调一致性。包括生理心理相容性和社会心理相容性。

16.009　幽闭　incarceration
又称"隔绝"。个体处于封闭、狭小空间环境中，与外界和社会隔绝的状态。

16.010　团队精神　team spirit
团队成员对团队感到满意与认同而相互支持的特征。

16.011　团队领导训练　team leader training
运用角色扮演和模拟等手段，对团队领导进行的训练。

16.012　团队适应和协调训练　team adaptation and coordination training
通过改变团队协调方式和减少不必要的沟通以改善压力下的团队协作，重新分配任务、降低工作负荷的训练。

16.013　团队协作技能　teamwork skill
有效地与他人合作而达成共同目标所必需的相关知识和技术。

16.014　首属群体　primary group
朝夕相处互动形成的具有最亲密人际关系的群体。其内部成员常以"我们"相称。

16.015　作战单元组织心理健康　organizational psychological health of fighting unit
作战单元内在良性互动中形成的一种积极氛围。

16.016　战斗士气　fighting morale
作战成员投入战斗时表现出的自信、坚定、自觉以及勇于自我牺牲的心理力量。是战斗意志和战斗精神的统称。

16.017　士气最大化　maximization of morale
通过增强军人自身价值认同感、强化团队凝聚力，有效地将军人与所属岗位相匹配，使团队士气达到最高水平。

16.018　士兵负荷　soldier load
士兵参加军事行动中单位时间内承受生理和心理活动负荷的总值。

16.019　连续军事操作　continuous operation
特殊情况下作战人员所进行的日以继夜连续作业。

16.020　战斗定向理论　combat-oriented theory
主导军队战斗研究、发展方向的理念、方略

及价值体系。

16.021 军事应激 military stress
军人在军事活动中面临或觉察环境变化对个体构成威胁时做出的适应性反应过程。

16.022 战时心理障碍 wartime mental disorder
参战人员在战争期间发生各种心理功能异常。主要包括作战应激反应、战争神经症、战争精神病及战伤后心理反应等。

16.023 作战应激反应 combat stress reaction, CSR
参战人员在战场环境下遭遇各种刺激时所致的心理、生理反应。

16.024 战争神经症 war neurosis
参战人员在战争期间因紧张、危险、残酷等环境诱发的神经症。主要表现紧张、焦虑、烦恼、恐惧、强迫和多疑等。

16.025 战争精神病 war psychosis
参战人员在战争期间因紧张、危险、残酷的环境诱发的精神病。

16.026 精神性战斗减员 combat psychiatric casualty
作战中由于精神障碍导致失去作战能力而离队所致的人员损失。

16.027 应激减员 stress casualty
军事活动中由于各种应激刺激导致失去工作能力而离队所致的人员损失。

16.028 战场心理效应 battlefield psychological effect
战场特殊环境引发军人认知、情绪和意志等心理过程发生的连锁性反应。包括积极

和消极两个方面的效应。

16.029 急性战场心理应激反应 acute battlefield psychological stimulus response
参战人员在参加战斗后数小时内突然发生的失能性心理反应。

16.030 慢性战场心理应激反应 chronic battlefield psychological stimulus response
又称"作战疲劳(combat fatigue)"。参战人员长时间处于应激状态下表现出的低活性状态。主要表现抑郁和脱离群体等症状。

16.031 冷效应 cold effect
寒冷低温环境对个体产生的生理心理影响。主要引起感受能力与操作灵活性下降。

16.032 热效应 heat effect
炎热环境对个体产生的生理心理影响。具有热累积的迟发效应特点，工作绩效呈先升高、后下降的规律。

16.033 炮弹休克 shell shock
又称"弹震症"。受炮击等战斗刺激而导致军人出现的失能症状。

16.034 思乡病 nostalgia
参战人员对过去事物、人或环境强烈的渴望。

16.035 战俘心理 mind of prisoner of war
军人在被俘情景下认知、情感和意志发生变化的特性和规律。如羞耻感、失败感、自杀倾向、焦虑等。

16.036 应激训练 stress training
针对受到应激刺激时容易引发的身心不适状态而进行的提高个体适应能力的训练。

16.037 虚拟战场心理训练 psychological

training in hypothesized battlefield

利用现代科技手段，创设近似实战的环境，虚拟作战行动，使受训者在心理上体验到现场真实感的训练。

16.038　对抗训练法　confronting training
将两个或两个以上的单位或人员互设为假设敌，采取攻防对抗方式组织实施的训练。

16.039　适应性训练　fitness training
为适应特定环境和条件下的作战要求，根据军事训练的目的和受训者的个体差异开展的情境性训练。

16.040　耐力训练　endurance training
通过近似实战的演习和模拟战场情景，加大军人心理负荷，提高其承受高强度和持久刺激能力的训练。

16.041　战斗意识训练　battle-mind training
帮助参战官兵在战斗环境中保持积极、稳定的心态，战时充分发挥其战斗技巧的心理援助训练。

16.042　信息战　information warfare
以夺取战场主动权为目的，以争夺、控制和使用信息为主要内容，以各种信息武器装备为主要手段的作战样式。

16.043　信息损伤　information trauma
因信息过剩或爆炸、信息缺失或封闭、虚假信息或恐吓信息引起的受众心理失衡。

16.044　心理武器　psychological weapon
心理战中用于影响对方心理和行为的特制物品和装备。

16.045　心理战　psychological warfare, psychological operation
运用特定信息向对象施加心理影响，瓦解对

方、团结友方、巩固己方，以实现己方军事、政治目标的活动。

16.046　宣传心理战　psychological warfare by propaganda
运用宣传手段，向对象传递精心设计的信息，引导对方心理活动，使其改变或巩固已有的思想、态度和行为。

16.047　网络心理战　network psychological warfare
以计算机网络为载体，通过宣传、欺诈和威慑等手段，以影响对象的心理和行为的心理战活动。

16.048　战略心理战　strategic psychological operation
为达成战略目的，综合运用大众传播媒介和其他手段，对目标对象实施全局性、全过程心理和行为影响的活动。

16.049　战术心理战　tactical psychological operation
为促进具体战斗任务的完成，在军事战斗中对目标对象实施的心理影响活动。

16.050　经济心理战　economic psychological warfare
通过经济手段影响对象的心理和行为，使其向着有利于达成己方军事、政治目标的一种战略心理战活动。

16.051　文化心理战　cultural psychological warfare
通过文化传播和渗透，影响对方心理和行为，使其向着有利于达成己方军事、政治目标的一种战略心理战活动。

16.052　战役心理战　combat psychological operation

为达成战役目的，按照统一军事作战计划实施的服务于战役行动目标的心理战活动。

16.053　心理战防御　psychological defense

通过宣传教育和信息控制，增强国防观念，强化危机意识，坚定作战意志，抵御和反击对方心理影响的活动。

英 汉 索 引

A

ABBA counterbalancing　ABBA 平衡法　02.087

ability　能力　02.746

ability grouping　能力分组　03.279

ability test　能力测验　03.277

abnormal psychology　变态心理学　10.002

abnormal sexual behavior　性行为异常　10.084

absolute frequency　频数，* 次数　03.005

absolute sensitivity　绝对感受性　02.029

absolute threshold　绝对阈限　02.026

abstinence　禁戒　10.188

abstinence violation effect　破堤效应　10.121

abstraction　抽象　02.626

abstract-logic thinking　抽象逻辑思维　02.656

abstract thinking　抽象思维　02.655

abulia　意志缺失　10.101

academic achievement　学业成就　09.116

academic achievement test　学业成就测验　03.270

acalculia　失算症　10.055

acceleration effect　加速度效应　11.073

accident analysis　事故分析　11.101

accident proneness　事故倾向　11.100

acclimatization　习服　11.076

accommodation　顺应　06.010

acenesthesia　机体觉缺失　10.099

acetylcholine　乙酰胆碱　05.104

ACh　乙酰胆碱　05.104

achievement attributional theory　成就归因理论　12.014

achievement motivation　成就动机　09.056

achievement motivation theory　成就动机理论　12.015

achievement test　成就测验　03.269

achromatic color　非彩色　02.193

acoustic agnosia　听觉失认症　10.041

acoustic memory　听觉记忆　02.520

acoustic pressure level　声压级　02.282

acoustic reflex　听觉反射　02.299

acoustic shadow　声音阴影　02.298

acquisition　习得　02.126

act　动作　02.697

ACTH　促肾上腺皮质激素　05.084

action orientation　动作定向　14.024

action potential　动作电位　05.123

action research　行动研究　12.018

action stability　动作稳定性　02.698

activity theory　活动理论　04.039

actor-observer effect　行动者-观察者效应　07.045

act psychology　意动心理学　04.093

acute battlefield psychological stimulus response　急性战场心理应激反应　16.029

acute psychogenic reaction　急性心因性反应　10.198

AD　阿尔茨海默病　10.072

adaptation　适应　06.012

adaptive human-computer interface　自适应人机界面　11.019

adaptive instruction　适应性教学　09.106

adaptive mechanism of convict　罪犯适应机制　13.046

ADD　注意障碍　10.156

addiction behavior　成瘾行为　05.200

addictive personality　成瘾人格　08.022

additive color mixture　加色混合　02.217

ADHD　注意缺陷多动障碍　06.111

adjacent association　邻近联想，* 接近联想　02.588

adjustment　调整　06.013

adjustment disorder　适应障碍　10.129

Adlerian counseling　阿德勒咨询　15.024

Adlerian psychology　阿德勒心理学　10.006

adolescence　青少年期　06.035

adolescent growth spurt　青少年发育陡增　06.096

adoption study　领养研究　06.124

adrenal gland　肾上腺　05.078

adrenaline　肾上腺素　05.083

adrenocorticotropic hormone　促肾上腺皮质激素　05.084

adulthood　成年期　06.037

advance organizer　先行组织者　09.099

advertising psychology　广告心理学　01.018

aerial perspective　空气透视　02.412

aerospace ergonomics　航空航天工效学　11.009

aerospace psychology　航空航天心理学　11.003

aesthesiometer　触觉计　02.334

aesthetic feeling　美感　02.730

affection　情感　02.727

affective disorder　情感障碍　10.134

affective psychosis　情感性精神病　10.144

affiliation　亲和　06.014

affinitive drive　附属内驱力　09.060

afterimage　后像　02.245

AGCT　军队一般分类测验　16.002

age characteristics　年龄特征　06.047

aggression　侵犯，＊攻击　07.106

aggressive behavior　攻击行为　05.193

aging　老化　06.015

aging psychology　老年心理学　06.005

aging regressive behavior　衰老性退缩行为　06.101

agnosia　失认症　10.039

agonist　激动剂　05.098

agrammatism　语法缺失　10.054

agraphia　失写症　10.058

AI　人工智能　02.012

aircrew fatigue　飞行疲劳　11.085

alcohol addiction　酒精成瘾　10.181

alexia　失读症　10.050

alexithymia　述情障碍　10.133

algesia　痛觉　02.343

algesimeter　痛觉计，＊痛觉仪　02.346

algorithm　算法　02.686

all-or-none law　全或无定律　05.124

alpha coefficient　＊α系数　03.223

alternative hypothesis　备择假设　03.070

altruism　利他主义　07.061

altruistic behavior　利他行为　07.153

Alzheimer's disease　阿尔茨海默病　10.072

AM　算术平均数　03.029

ambiguity　歧义　02.809

ambivalence　矛盾心态　10.097

γ-aminobutyric acid　γ氨基丁酸　05.105

amnesia　遗忘症　10.066

amnestic aphasia　命名性失语症，＊遗忘性失语症

10.048

amnestic syndrome　遗忘综合征　10.067

amygdala　杏仁核　05.035

amygdaloid body　＊杏仁[复合]体　05.035

amygdaloid complex　＊杏仁[复合]体　05.035

amygdaloid nucleus　杏仁核　05.035

analogy　类比　02.627

anal stage　肛门期　06.028

analysis　分析　02.628

analysis by filtering　过滤式分析　02.629

analysis of covariance　协方差分析　03.103

analysis of variance　方差分析　03.100

analysis of variance of factorial design　析因设计方差
分析　03.102

analytical counseling　分析性咨询　15.026

analytical psychotherapy　分析性心理治疗　10.199

anchored instruction　锚定教学　09.030

anchoring effect　锚定效应　07.130

anchoring heuristics　锚定启发法，＊锚定试探法
02.160

anchor test　锚测验　03.244

androgen　雄激素　05.080

anesthesia　感觉缺失　10.098

anhedonia　快感缺失　10.100

Anima　阿尼玛　08.064

animal courtship behavior　动物求偶行为　05.194

animal psychology　动物心理学　05.007

Animus　阿尼姆斯　08.065

anomia　失范感　10.189

anomic aphasia　命名性失语症，＊遗忘性失语症
10.048

anorexia nervosa　神经性厌食症　10.145

anosmia　嗅觉缺乏　02.313

ANS　自主神经系统　05.071

antagonist　拮抗剂　05.097

anterograde amnesia　顺行性遗忘　05.205

anthropometry　人体测量学　11.010

anthropomorphism　拟人论　04.157

antibody-mediated immunity　＊抗体介导免疫　05.101

anticipation error　预期误差　02.041

antisocial behavior　反社会行为　13.021

antisociality　反社会性　13.020

antisocial personality　反社会人格　08.014

antisocial personality disorder　反社会型人格障碍

10.022

anxiety 焦虑 10.162

anxiety direction theory 焦虑方向理论 14.039

anxiety disorder 焦虑性障碍 10.141

anxiety-like behavior 类焦虑行为 05.196

anxiety neurosis 焦虑症，*焦虑性神经症 10.169

apathy 情感淡漠 10.136

aphasia 失语症 10.044

aphonia 失音症 10.057

apparent movement perception 似动知觉 02.422

apparent movement phenomenon 似动现象 02.421

apperception 统觉 04.173

appetitive behavior 欲望行为 05.198

applied psychology 应用心理学 01.012

apraxia 失用症 10.059

aptitude 能力倾向 02.747

aptitude test 能力倾向测验 03.280

aptitude-treatment interaction 能力倾向-教学处理交
互作用 09.100

archetype 原始意象 08.062

Aristotle illusion 亚里士多德错觉 02.450

arithmetic mean 算术平均数 03.029

Armed General Classification Test 军队一般分类测验
16.002

Armed Service Vocational Aptitude Battery 军队职业
能力倾向成套测验 16.004

Army Alpha and Beta Test 陆军甲乙种测验 16.006

Army Officer Selection Battery 陆军军官选拔测验
16.003

arousal 唤醒 14.033

articulation index 清晰度指数 11.069

artificial concept 人工概念 02.617

artificial intelligence 人工智能 02.012

ascending series 递增系列 02.036

Asch experiment 阿希实验 07.111

aspiration level 抱负水平 02.743

ASQ 归因方式问卷 03.334

assertiveness training 自信训练 15.039

assessment 评估 10.214

assessment center 评价中心 12.099

assimilation 同化 06.009

association 联想 02.575

association by causation 因果联想 02.589

association by contrast 对比联想 02.590

association by similarity 相似联想，*类似联想
02.591

associationism 联想主义 04.134

association law 联想律 02.577

association psychology 联想心理学 04.086

association value 联想值 02.582

associative learning 联想学习 05.178

associative memory 联想记忆 02.576

associative network model 联想网络模型 02.592

associative thinking 联想思维 02.660

ASVAB 军队职业能力倾向成套测验 16.004

ATI 能力倾向-教学处理交互作用 09.100

atmosphere effect 气氛效应 02.651

atomism 原子论 04.074

atomistic psychology 原子心理学 04.105

attachment 依恋 06.059

attending skill 倾听技术 15.075

attention 注意 02.464

attention control training 注意控制训练 14.072

attention deficit disorder 注意障碍 10.156

attention deficit hyperactivity disorder 注意缺陷多动
障碍 06.111

attention span 注意广度 02.471

attention style 注意方式 14.083

attenuation theory 衰减说 02.476

attitude 态度 07.021

attitude change 态度改变 07.022

attitude inoculation 态度免疫 07.023

attitude measurement 态度测量 07.026

attitude scale 态度量表 03.318

attraction 吸引 07.103

attribution 归因 07.027

attribution bias 归因偏向，*归因偏差 07.034

Attribution Styles Questionnaire 归因方式问卷
03.334

attribution theory 归因理论 07.035

audibility curve 可听度曲线 02.284

audibility range 听觉范围 02.279

audience effect 观众效应 14.056

audiogram 听力图 02.289

audiometer 听力计 02.278

audiometry 听力测量 02.277

audition 听觉 02.254

auditory acuity 听觉敏度 02.276

auditory adaptation　听觉适应　02.300

auditory afterimage　听觉后像　02.249

auditory center　听觉中枢　05.110

auditory display　听觉显示器　11.039

auditory fatigue　听觉疲劳　02.301

auditory flicker　听觉闪烁　02.302

auditory hallucination　幻听　02.303

auditory localization　听觉定位　02.394

auditory masking　听觉掩蔽　02.295

auditory perception　听知觉　02.393

auditory register　听觉登记　02.293

auditory threshold　听觉阈限　02.275

auditory threshold curve　听觉阈限曲线　02.285

auditory tolerance threshold curve　听觉耐受阈限曲线　02.286

Austrian school　奥地利学派　04.128

authentic assessment　真实性评价　09.117

authoritarianism　权威主义　07.062

authoritarian parenting　专制型教养　06.114

authoritarian personality　权威人格　08.026

authoritative parenting　权威型教养　06.115

autism　孤独症，*自闭症　10.102

autistic thinking　我向思维　02.669

autogenic relaxation　自生放松　14.063

autokinetic illusion　自主运动错觉　02.448

autokinetic movement　自主运动　02.425

automatic coding　自动编码　02.543

automatic item generation　自动项目产生，*自动项目生成　03.261

automatic thought　自动思维　15.062

autonomic learning　自主学习　09.052

autonomic nervous system　自主神经系统　05.071

autonomous morality　自律道德　06.091

availability heuristics　可得性启发法　02.159

AVE　破堤效应　10.121

aversive conditioning　厌恶条件反射，*厌恶条件作用　02.133

aversive therapy　厌恶疗法　15.032

aviation psychology　航空心理学　11.001

avoidance behavior　回避行为　07.154

avoidance learning　回避学习　05.185

avoidance training　回避性训练　02.713

avoidant personality　回避型人格　08.015

avoidant personality disorder　回避型人格障碍　10.023

axon　轴突　05.061

B

babbling　咿呀语　06.072

Babinski reflex　巴宾斯基反射　06.062

backward elimination　向后削去法　03.167

backward inference　逆向推理　02.647

backward masking　后向掩蔽　02.296

balance theory　平衡理论　07.041

basal ganglia　基底神经节　05.024

base rate　基础率　03.014

base-rate fallacy　基率谬误　07.046

basic anxiety　基本焦虑　08.088

battlefield psychological effect　战场心理效应　16.028

battle-mind training　战斗意识训练　16.041

Bayes' theorem　贝叶斯定理　03.076

Bayley Scales of Infant Development　贝利婴儿发展量表　03.326

BBB　血脑屏障　05.074

beat　音拍　02.274

behavioral decision making　行为决策　12.061

behavioral ecology　行为生态学　05.013

behavioral event interview　行为事件访谈　12.105

behavioral genetics　行为遗传学　05.012

behavioral medicine　行为医学　10.009

behavioral neuroscience　行为神经科学　05.011

behavioral science　行为科学　05.010

behavioral sensitization　行为敏感化　05.201

behavioral theory of leadership　领导行为理论　12.091

behavioral theory of learning　学习的行为理论　09.011

behavior disorder　行为障碍　10.127

behavior emergence　行为显现　05.187

behavior homology　行为同源　05.202

behaviorism　行为主义　04.130

behavioristic psychology　行为主义心理学　04.088

behavior modification　行为矫正　05.203

behavior therapy　行为疗法，*行为治疗　15.028

belief　信念　07.100

Bem Sex Role Inventory 贝姆性别角色调查表 08.093

between-group design 组间设计 02.080

Big Five Personality Inventory ＊大五人格问卷 08.096

Big Five personality model ＊大五人格模型 08.041

bilingualism 双语 02.792

bimodal distribution 双峰分布 03.118

binaural hearing 双耳听觉 02.256

binaural intensity difference 双耳强度差 02.397

binaural phase difference 双耳相位差 02.395

binaural time difference 双耳时差 02.396

Binet-Simon Scale of Intelligence 比奈–西蒙智力量表 03.327

binocular cue 双眼线索 02.415

binocular diplopia 双眼复视 02.416

binocular fusion 双眼视像融合 02.417

binocular parallax 双眼视差 02.408

binocular rivalry 双眼竞争 02.418

binomial distribution 二项分布 03.116

biodata 传记数据 12.102

biofeedback 生物反馈 05.125

biofeedback therapy 生物反馈疗法 15.037

biofeedback training 生物反馈训练 14.067

biographical method 传记法 02.105

biological determinism 生物决定论 04.033

biologism 生物主义 04.031

biomedical model 生物医学模式 10.013

biopsychology 生物心理学 05.003

biopsychosocial medical model 生物–心理–社会医学模式 10.014

bipolar disorder 双相障碍 10.140

bipolarity of feeling 情感两极性 02.731

birth trauma 出生创伤 10.079

biserial correlation 二列相关 03.127

black box theory 黑箱论 04.040

blind-positioning movement 盲目定位运动 11.099

blocking variable 区组变量 03.021

blood-brain barrier 血脑屏障 05.074

blood type theory of temperament 气质血型说 02.756

blue-yellow blindness 蓝黄色盲，＊第三色盲 02.236

body image 身体意象 10.132

body language 身体语言 07.097

borderline personality disorder 边缘型人格障碍 10.024

bottom-up processing 自下而上加工 02.487

Boulder model 博多模式 10.010

boundary 界限 15.088

brain 脑 05.016

brain stem 脑干 05.017

brainstorming 脑力激励 07.069

bright adaptation 明适应 02.167

brightness 明度 02.181

brightness constancy 明度恒常性 02.383

brightness contrast 明度对比 02.182

British empiricism 英国经验主义 04.070

broad-external attention 广阔–外部注意 14.085

broad-internal attention 广阔–内部注意 14.084

Broca's aphasia ＊布罗卡失语症 10.045

Broca's area 布罗卡区 05.049

Brown-Peterson paradigm 布朗–彼得森范式 02.535

BSID 贝利婴儿发展量表 03.326

burnout 心理倦怠 14.046

bystander effect 旁观者效应 07.092

C

CAI 计算机辅助教学 09.096

California Psychological Inventory 加州心理测验 08.099

cardinal trait 首要特质 08.030

career counseling 生涯咨询 15.107

career development 职业生涯发展 12.080

care of young 养育活动，＊护幼活动 05.197

cargo cult science 货机崇拜的科学 04.041

case study 个案研究 02.065

CAT 计算机化适应性测验 03.283

catastrophe model 激变模型 14.044

catecholamine 儿茶酚胺 05.107

categorical perception 分类知觉 02.367

categorical perception of speech 言语范畴知觉 02.795

categorical response data 分类反应数据 03.195

catharsis　宣泄　10.206

Cattell-Horn theory of intelligence　卡特尔智力理论　02.775

causal attribution　因果性归因　07.031

causal inference　因果推论　03.203

C1 component　C1 成分　05.145

CDS　儿向语言　06.075

ceiling effect　天花板效应　02.706

cell body　胞体　05.060

cell-mediated immunity　细胞介导免疫　05.102

centralism　中枢论　04.148

central limit theorem　中心极限定理　03.077

central nervous system　中枢神经系统　05.070

central sulcus　中央沟　05.054

central tendency　集中趋势　03.027

central tendency analysis　集中趋势分析　03.024

central trait　＊中心特质　08.030

central vision　中央视觉　02.175

centration　中心性　06.088

cerebellum　小脑　05.018

cerebral cortex　大脑皮质　05.041

cerebral dominance　大脑半球优势化　10.031

CFF　闪烁临界频率，＊闪光融合临界频率　02.241

CG　控制组，＊对照组　02.078

channel capacity　通道容量　02.475

character　性格　02.757

charismatic leadership theory　魅力型领导理论　12.094

Chicago school　芝加哥学派　04.123

child-directed speech　儿向语言　06.075

child psychology　儿童心理学　06.004

Children's Apperception Test　儿童统觉测验　03.307

chi-square distribution　χ^2分布　03.060

chi-square test　χ^2检验　03.091

choice reaction time　选择反应时，＊B 反应时　02.095

choleric temperament　胆汁质　02.753

chromatic adaptation　颜色适应，＊色调适应，＊色彩适应　02.213

chromatic color　彩色　02.192

chromaticity　色度　02.198

chromaticity diagram　色度图　02.199

chronic battlefield psychological stimulus response　慢性战场心理应激反应　16.030

chronic mild stress　慢性温和型应激　05.209

chronic pain　慢性疼痛　10.120

chronic strain　慢性疲劳　10.119

chunk　组块　02.534

cingulate gyrus　扣带回　05.034

circadian rhythm　昼夜节律　05.116

CIT　关键事件技术　12.106

clang color　音色　02.273

clarification　澄清　15.076

classical conditioning　经典条件反射，＊经典性条件作用　02.119

classical test theory　经典测验理论　03.286

classroom management　课堂管理　09.098

client-centered therapy　当事人中心疗法，＊来访者中心疗法　15.042

climacteric syndrome　更年期综合征　10.075

clinical psychology　临床心理学　10.001

clinical test　临床测验　03.290

closed-loop control　闭环控制　11.028

closed motor skill　闭锁性运动技能　14.008

cluster analysis　聚类分析　03.163

cluster sampling　聚类抽样，＊整群抽样　03.057

CNV　关联性负变，＊伴随负[电位]变化　05.146

cochlea　耳蜗　02.259

coding　编码　02.542

coding of controls　控制器编码　11.049

coding strategy　编码策略　02.544

ϕ coefficient　ϕ系数　03.049

coefficient of correlation　相关系数　03.048

coefficient of determination　决定系数　03.174

coefficient of multiple correlation　＊复相关系数　03.175

coefficient of multiple determination　复决定系数　03.175

coefficient of variation　变异系数　03.040

cognition　认知　02.001

cognitive ability　认知能力　12.108

cognitive anxiety　认知焦虑　14.041

cognitive apprenticeship　认知学徒制　09.027

cognitive behavioral therapy　认知行为疗法　15.059

cognitive consonance　认知和谐　07.114

cognitive development　认知发展　06.050

cognitive disorder　认知障碍　10.038

cognitive dissonance theory　认知失调理论　07.044

cognitive drive　认知内驱力　09.058

cognitive ergonomics 认知工效学 11.008

cognitive evaluation theory 认知评价理论 12.011

cognitive insight therapy 认识领悟疗法 15.027

cognitive map 认知地图 02.005

cognitive neuroscience 认知神经科学 05.009

cognitive personality theory 认知人格理论 08.003

cognitive process 认知过程 02.003

cognitive psychology 认知心理学 01.004

cognitive revolution 认知革命 04.029

cognitive skill 认知技能 02.006

cognitive sport psychology 认知运动心理学 14.003

cognitive strategy 认知策略 09.080

cognitive structure 认知结构 02.004

cognitive style 认知方式，* 认知风格 02.007

cognitive theory of learning 学习的认知理论 09.012

cognitive therapy 认知疗法 15.058

cognitive walkthrough 认知走查法 11.030

cohesion 凝聚力 07.058

cohesiveness 凝聚力 07.058

cohort 同层人 06.098

cold effect 冷效应 16.031

cold point 冷点 02.342

cold sensation 冷觉 02.339

collective unconscious 集体无意识，* 集体潜意识 08.061

collectivism 集体主义 07.063

color appearance system 色表系 02.206

color blindness 色盲 02.231

color blindness test 色盲测验 03.293

color circle 色[调]环 02.204

color constancy 颜色恒常性 02.382

color contrast 颜色对比，* 色对抗 02.215

color equation 颜色方程，* 配色公式 02.207

color matching 颜色匹配，* 配色 02.214

color-matching function * 色匹配函数 02.207

color mixture 颜色混合 02.216

color preference 颜色爱好 02.211

color-rendering index 显色指数 02.202

color-rendering properties of light source 光源显色性 11.043

color saturation 色饱和度，* 色饱和，* 色品 02.197

color square 颜色四方形 02.209

color temperature 色温，* 光源颜色温度 02.201

color tolerance 颜色宽容度 02.212

color triangle 颜色三角，* 原色三角 02.210

color vision 颜色视觉，* 色觉 02.190

color weakness 色弱，* 异常三色视觉 02.229

color wheel 色轮，* 混色轮 02.205

color zone 色区，* 颜色视野 02.200

Columbia school 哥伦比亚学派 04.127

combat fatigue * 作战疲劳 16.030

combat-oriented theory 战斗定向理论 16.020

combat psychiatric casualty 精神性战斗减员 16.026

combat psychological operation 战役心理战 16.052

combat stress reaction 作战应激反应 16.023

combinational learning 并列结合学习 09.040

combination tone 合音 02.267

comfortable temperature 舒适温度 11.075

common element theory 共同要素说 09.065

common therapeutic factor 共同治疗因素 15.072

common trait 共同特质 08.028

communality 共因子方差比，* 共同度 03.202

communication 沟通 07.093

communication network 沟通网络 12.066

community psychology 社区心理学 10.007

comparative cognition 比较认知 05.177

comparative psychology 比较心理学 05.002

compensation 代偿，* 补偿 05.115

compensation system 薪酬制度 12.034

compensatory tracking 补偿追踪 11.031

competence 胜任力 12.107

competency 胜任力 12.107

competition 竞争 07.101

complementary color 补色 02.195

completely randomized design 完全随机化设计 02.084

completion test 填充测验 03.192

complex 情结 08.050

compliance 依从，* 顺从 07.102

composite score 合成分数 03.208

compound tone 复合音 02.264

comprehension strategy 理解策略 02.793

comprehensive achievement test 综合成就测验 03.271

compulsion 强迫行为 10.178

compulsive personality disorder 强迫型人格障碍 10.025

computer-aided instruction 计算机辅助教学 09.096

computerized adaptive test 计算机化适应性测验 03.283

computer model 计算机模型 02.013

computer simulation 计算机模拟 02.014

computer-supported cooperative work 计算机支持的协同工作 11.053

concentrative meditation 集中性沉思 02.673

concept 概念 02.614

concept acquisition 概念习得，*概念获得 02.622

concept assimilation 概念同化 09.042

concept formation 概念形成 02.620

concept identification 概念确认 02.623

conception of science 科学观 04.042

concept learning 概念学习 09.041

concept structure 概念结构 02.621

conceptual change teaching 概念改变教学 09.044

conceptualization 概念化 15.093

conceptually driven process *概念驱动加工 02.486

conceptual system 概念体系 02.624

concreteness 具体化 15.077

concrete operational stage 具体运算阶段 06.025

concrete thinking 具体思维 02.654

concrete visual thinking 具体形象思维 02.666

concurrent estimation 同时估计 03.180

concurrent validity 同时效度 03.232

conditional knowledge 条件性知识 09.046

conditioned immunity 条件性免疫 05.100

conditioned place preference 条件性位置偏爱 05.117

conditioned reflex 条件反射 02.118

conditioned reinforcer 条件性强化物 02.156

conditioned response 条件反应 02.123

conditioned stimulus 条件刺激 02.121

conditioned taste aversion 味觉厌恶学习 05.118

condition of worth 价值条件 15.045

conduction aphasia 传导性失语症 10.049

cone cell 视锥细胞 05.162

confabulation 虚构症 10.123

confidence coefficient 置信系数 03.066

confidence interval 置信区间 03.065

confidence limit 置信限 03.067

confidentiality 保密 15.086

confirmatory factor analysis 验证性因素分析 03.156

conflict 冲突 07.108

conflict management 冲突管理 12.096

conformity 从众 07.110

confounding variable 混淆变量 02.063

confrontation 质对 15.080

confronting training 对抗训练法 16.038

congenital attribute 先天属性 06.060

congruent validity *相容效度 03.227

congruity theory 一致性理论，*调和理论 07.042

conjunctive concept 合取概念 02.618

connectionism psychology 联结主义心理学 04.085

consanguinity study 血缘关系研究 06.128

consciousness 意识 04.044

consensus 一致性 07.039

conservation 守恒 06.011

conservation-withdrawal response 保存–退缩反应 10.197

conservative focusing 保守性聚焦 02.636

consideration and initiating structure 体贴精神与主动结构 12.088

consistency 一贯性 07.040

consistency of estimator *评分者一致性 03.219

constant error 恒定误差 03.240

constructional apraxia 结构性失用症 10.060

constructive theory of learning 学习的建构理论 09.013

constructivism 建构主义，*构造主义 04.136

construct validity 构想效度，*结构效度 03.225

consultation 会商 15.108

consumer behavior 消费者行为 07.155

consumer psychology 消费心理学 12.002

content psychology 内容心理学 04.092

content validity 内容效度 03.229

context 语境 02.798

contextual intelligence 情境智力 02.772

contextual performance 周边绩效 12.067

contingency contract 相倚合约 09.021

contingency table 列联表 03.011

contingency theory of leadership 领导权变理论 12.090

contingent negative variation 关联性负变，*伴随负[电位]变化 05.146

continuity-discontinuity issue 连续性与阶段性问题 06.042

continuous motor skill 连续技能 14.011

continuous operation　连续军事操作　16.019

continuous reinforcement　连续强化　02.143

continuous variable　连续变量　03.016

contour　轮廓　02.374

control-display compatibility　控制–显示兼容性　11.052

control-display ratio　控制–显示比　11.051

control group　控制组，* 对照组　02.078

controlled association　控制联想，* 受控联想，* 限制联想　02.584

controlled variable　* 控制变量　02.079

controller　控制器　11.048

controls　控制器　11.048

controls resistance　控制器阻力　11.050

conventional morality　习俗道德　06.093

convergence effect　聚合效应　13.019

convergent thinking　辐合思维　02.664

convergent validity　聚合效度　03.227

conversion hysteria　转换性癔症，* 癔症躯体症状　10.105

cooing　喔啊声　06.071

cooperation　合作　07.113

cooperative learning　合作学习　09.031

coping strategy　应对策略　15.095

coping style　应对方式　15.094

Coriolis illusion　科里奥利错觉　11.079

corpus callosum　胼胝体　05.057

correction　修正值　03.241

correctional psychology　矫治心理学　13.012

correctional treatment of convict　罪犯心理矫治　13.053

corrective emotional experience　矫正性情绪体验　15.048

correct rejection　正确否定　02.115

correlation　相关　03.122

correlational research　相关研究　02.066

correlation analysis　相关分析　03.026

correlation matrix　相关矩阵　03.134

corresponding retinal points　视网膜对称点　02.170

cortex　皮质，* 皮层　05.040

corticotropin-releasing hormone　促肾上腺皮质释放激素　05.085

counseling psychology　咨询心理学　01.021

counterbalanced design　平衡设计　03.181

counter conditioning　对抗性条件作用　15.029

counterirritation　反向刺激法　10.200

countertransference　反向移情　15.051

CPI　加州心理测验　08.099

CPP　条件性位置偏爱　05.117

CR　条件反射　02.118，条件反应　02.123

cranial nerve　脑神经　05.068

craving　渴求　05.211

creative imagination　创造想象　02.503

creative personality　创造性人格　08.023

creative thinking　创造思维　02.662

crew resource management　机组资源管理，* 驾驶舱资源管理　11.086

CRF　连续强化　02.143

CRH　促肾上腺皮质释放激素　05.085

criminal affinity　犯罪亲和性　13.036

criminal habituation　犯罪习癖化　13.038

criminal motivation　犯罪动机　13.022

criminal personality　犯罪人格　13.027

criminal profiling　犯罪心理画像　13.033

criminal psychology　犯罪心理学　13.009

crisis intervention　危机干预　15.109

criterion　效标　03.236

criterion-referenced test　目标参照测验，* 标准参照测验　03.275

criterion-related validity　效标关联效度　03.237

critical flicker frequency　闪烁临界频率，* 闪光融合临界频率　02.241

critical fusion point in taste　味觉融合临界点　02.322

critical incident technique　关键事件技术　12.106

critical period　关键期　06.048

critical value　临界值　03.110

Cronbach's α coefficient　克龙巴赫 α 系数　03.223

cross-coupling rotation illusion　* 交叉耦合旋转错觉　11.079

cross-cultural management　跨文化管理　12.095

cross-cultural research　跨文化研究　04.049

cross-cultural test　* 跨文化测验　03.301

cross-functional team　交叉职能团队　12.046

cross-modality matching　跨通道匹配，* 交叉感觉匹配　02.024

cross-sectional design　横断设计　06.134

cross-transfer　交叉迁移　02.711

cross-validation　交叉效度分析　03.274

crystallized intelligence　晶体智力，＊晶态智力　02.776

CS　条件刺激　02.121

CSCW　计算机支持的协同工作　11.053

CSR　作战应激反应　16.023

CTT　经典测验理论　03.286

cue　线索　08.067

cue-dependent forgetting　线索性遗忘，＊线索依赖性遗忘　02.596

cued recall　线索回忆　02.565

culpability of victim　受害人可责性　13.060

cultural determinism　文化决定论　07.064

cultural-historical psychology　文化历史心理学　04.119

cultural integration　文化整合　07.065

cultural model　文化模式　04.177

cultural psychological warfare　文化心理战　16.051

cultural psychology　文化心理学　04.118

cultural turn　文化转向　04.176

culture fair test　文化公平测验　03.301

cumulative frequency polygon　累计频数图　03.010

cutaneous sensation　肤觉　02.327

CV　变异系数　03.040

cytokin　细胞因子　05.099

D

DA　多巴胺　05.108

daltonism　＊道尔顿症　02.231

dance therapy　舞蹈疗法　10.207

dark adaptation　暗适应　02.168

dark adaptation curve　暗适应曲线　02.169

Darwin reflex　＊达尔文反射　06.066

DAT　区分能力倾向测验　03.284

data collection　数据收集　03.194

data-driven process　＊数据驱动加工　02.487

DDST　丹佛儿童发展筛选测验，＊丹佛发育筛查测验　03.299

death instinct　死的本能　08.049

decentration　去中心性　06.087

decision making　决策　02.641

declarative knowledge　陈述性知识，＊描述性知识　09.045

declarative memory　陈述记忆　02.522

decoding　译码　02.546

deconditioning　去条件作用　02.125

deconstruction　解构　04.187

deductive inference　演绎推理　02.644

deep structure　深层结构　02.806

defense mechanism　防御机制　08.087

defensive attribution　防御性归因　07.033

deferred imitation　延迟模仿　06.058

degree of freedom　自由度　03.147

deindividuation　去个体化　07.088

delay of gratification　延迟满足　06.057

delirium　谵妄　10.124

delusion　妄想　10.149

delusional disorder　妄想性障碍　10.148

delusion of jealousy　嫉妒妄想　10.153

delusion of negation　否定妄想　10.150

delusion of persecution　被害妄想　10.154

delusion of reference　关系妄想　10.151

dementia　痴呆，＊失智　10.070

dendrite　树突　05.062

denial　否认　15.016

dentate gyrus　齿状回　05.038

Denver Development Screening Test　丹佛儿童发展筛选测验，＊丹佛发育筛查测验　03.299

dependent personality disorder　依赖型人格障碍　10.026

dependent variable　因变量　03.019

depersonalization　人格解体　10.019

depression　抑郁　10.139

depressive-like behavior　类抑郁行为　05.195

deprivation　剥夺　05.213

deprivation study　剥夺研究　06.125

depth cue　深度线索　02.410

depth of criminal behavior　犯罪行为深度　13.042

depth of processing　＊加工深度　02.481

depth perception　＊深度知觉　02.401

derivation theory of complexity　复杂性派生理论　02.799

derived score　导出分数　03.206

descending series　递减系列　02.037

descriptive statistics　描述统计　03.023

desynchronized wave　去同步化波　05.148

deterioration　衰退　10.061

determinism　决定论　04.156

detour behavior　迂回行为　05.199

detour problem　迂回问题　02.682

deuteranopia　绿色盲，*第二色盲　02.235

developmental age　发展年龄　02.015

developmental cognitive neuroscience　发展认知神经
　科学　06.002

developmental coordination disorder　发展性协调障碍，
　*发展性运动障碍　06.112

developmental crisis　发展危机　08.057

developmental disorder　发展障碍　06.108

developmental dyspraxia　发展性协调障碍，*发展性
　运动障碍　06.112

developmental norm　发展常模　06.045

developmental plasticity　发展可塑性　06.049

developmental psychology　发展心理学　01.008

developmental psychopathology　发展心理病理学
　06.001

developmental resilience　发展弹性　06.040

developmental stage　发展阶段　06.046

developmental trend　发展趋势　06.041

development of metacognition　元认知发展　06.051

deviation　离差　03.044

deviation intelligence quotient　离差智商　03.211

dexterity of action　动作灵活性　02.699

diary method　日记法　06.127

diathesis　素质　02.748

dichotic listening　双听技术　02.398

dichotomous items　二分项目　03.259

dichromatic vision　二色视觉　02.237

dichromatopsia　*二色性色盲　02.237

diencephalon　间脑　05.025

difference tone　差音　02.266

Differential Aptitude Tests　区分能力倾向测验
　03.284

differential emotion theory　情绪分化理论　06.020

differential item functioning　项目功能差异　03.199

differential limen method　差别阈限法　02.047

differential psychology　差异心理学　04.104

differential sensitivity　差别感受性　02.030

differential threshold　差别阈限　02.027

differentiation　分化　05.206

diffusion of responsibility　责任扩散　07.091

digit span　数字广度　03.235

dilemma problem　两难问题　02.683

direct inference　直接推理　02.648

direct instruction　直接教学　09.105

direction illusion　方向错觉　02.435

discontinuous motor skill　分立技能　14.010

discounting principle　打折扣原理　07.085

discourse　话语　04.162

discourse psychology　话语心理学　04.115

discursive social psychology　话语社会心理学
　07.002

discovery learning　发现学习　09.007

discrete variable　离散型变量　03.017

discriminant analysis　判别分析，*分辨法　03.161

discriminatility　*区分度　03.265

discrimination　分辨　02.239，歧视　07.120

discrimination index　鉴别指数　03.222

discrimination validity　区分效度　03.230

discriminative reaction time　辨别反应时，*C反应时
　02.096

dishabituation　去习惯化　06.123

disjunctive concept　析取概念　02.619

disorientation　定向障碍　10.126

dispersional tendency analysis　离中趋势分析　03.025

dispersion of liability for guilt　罪责扩散　13.058

displaced aggression　替代侵犯　07.107

dispositional attribution　本性归因，*素质归因
　07.028

dissociative fugue　解离性漫游症　10.110

dissociative identity disorder　*分离性身份障碍
　08.021

distance constancy　距离恒常性　02.386

distance cue　距离线索　02.414

distance perception　距离知觉　02.401

distinctiveness　特异性　07.038

distraction　分心　02.474

distress　苦恼　10.116

distribution of attention　注意分配　02.470

distributive justice　分配公平　12.042

divergence tendency　离中趋势　03.035

divergent thinking　发散思维　02.663

divided attention　分配性注意　02.469

domain-general theory　领域一般理论　06.021

domain-specific theory 领域特殊理论 06.022

door-in-the-face technique 留面子技术 07.122

dopamine 多巴胺 05.108

dorsal stream 背侧通道，＊枕颞通道 05.164

double blind 双盲 03.253

double dissociation 双重分离 02.072

double image 双像 02.419

Down syndrome 唐氏综合征 10.074

dramaturgy 拟剧论 07.066

dream interpretation 释梦 15.008

dream work 梦的工作 15.009

dreamy state 梦样状态 10.108

drinking center 饮水中枢 05.112

drive 内驱力 08.047

drive theory 内驱力理论 14.036

drug abuse 药物滥用 10.182

drug addiction ＊药物成瘾 10.183

drug dependence 药物依赖 10.183

dual attitude 双重态度 07.024

dual coding hypothesis 双重编码说 02.547

dualism 二元论 04.009

dual personality 双重人格 08.020

dual psychology 二重心理学 04.087

dual relationship 双重关系 15.087

Duncan multiple-range test 邓肯多重范围检验 03.142

duplex theory of vision 视觉双重说，＊视觉双重作用论，＊双视觉理论 02.227

duplicity theory of vision 视觉双重说，＊视觉双重作用论，＊双视觉理论 02.227

dynamic psychology 动力心理学 04.102

dynamic stereotype 动力定型 05.171

dynamic stereotype of crime 犯罪动力定型，＊犯罪动型 13.026

dynamic theory of personality 人格动力论 08.005

dynamic visual acuity 动态视敏度 11.067

dynorphin 强啡肽 05.094

dyscalculia 计算困难 06.110

dysgraphia 书写困难 10.056

dyslexia 阅读困难 10.052

dysthymia 心境恶劣 10.167

E

eardrum 耳膜，＊鼓膜 02.260

early childhood 童年早期 06.033

early experience 早期经验 05.204

early selective model 早期选择模型 02.478

Ebbinghaus illusion 艾宾豪斯错觉 02.451

echoic memory 声像记忆 02.521

echolalia 模仿言语 06.073

ECK 电痉挛休克，＊电休克 05.130

eclectic psychotherapy 折衷心理治疗 15.098

ecological approach 生态学方法 04.179

ecological psychology 生态心理学 04.109

ecological system theory 生态系统理论 06.018

economic principle of motion 动作经济原则 11.090

economic psychological warfare 经济心理战 16.050

educational psychology 教育心理学 01.013

Edwards Personal Preference Schedule 爱德华兹个人爱好量表 03.324

EEG 脑电图 05.139

effect of teacher expectancy 教师期望效应 09.112

effector 效应器 05.067

EG 实验组 02.077

ego 自我 08.044

egocentric speech 自我中心言语 06.080

egocentrism 自我中心 06.089

ego defense 自我防御 08.079

ego-enhancement drive 自我提高内驱力 09.059

ego-identity 自我同一性 06.055

ego-involved learner 自我卷入学习者 09.062

ego orientation 自我定向 14.022

ego psychology 自我心理学 04.098

eigenvalue 特征值，＊本征值 03.139

elaboration strategy 精细加工策略 09.082

electroconvulsive shock 电痉挛休克，＊电休克 05.130

electroencephalogram 脑电图 05.139

electrolytic lesion 电损毁 05.129

electrooculogram 眼电图 05.168

elementalism 元素主义 04.012

emic 主位 04.181

emotion 情绪 02.720

emotional dimension 情绪维度 02.722

emotional expression 表情 02.723

emotional intelligence 情绪智力 02.778

emotional memory 情绪记忆 02.524

emotional response 情绪反应 02.721

emotional support 情感支持 10.220

emotion regulation 情绪调节 10.221

empathy 共情，* 同感 15.052

empirical psychology 经验心理学 04.051

empirical thinking 经验思维 02.671

empirical validity 实证效度 03.231

empiricism 经验主义 04.067

empty nest 空巢 06.099

encoding specificity principle 编码特异性原则 02.462

encounter group 会心团体 15.105

endocrine gland 内分泌腺 05.077

endocrine system 内分泌系统 05.075

endogenous attention orienting 内源性注意定向 02.489

endorphin 内啡肽 05.093

endurance training 耐力训练 16.040

engineering anthropometry 工程人体测量学 11.011

engineering psychology 工程心理学 01.015

enkephalin 脑啡肽 05.095

enrichment study 丰富化研究 06.126

enthusiasm 热情 02.729

environmentalism 环境决定论 04.034

environmental psychology 环境心理学 11.005

EOG 眼电图 05.168

epilepsy 癫痫，* 癫痫 10.076

epileptic psychosis * 癫痫性精神病 10.157

epileptoid personality 癫痫性人格，* 癫痫性人格 08.016

epiphenomenalism 副现象论 04.021

episodic memory 情景记忆 02.525

epistemology 认识论 04.028

epithalamus 上丘脑 05.027

EPPS 爱德华兹个人爱好量表 03.324

EPQ 艾森克人格问卷 03.323

equal interval variable 等距变量 02.059

equal loudness contour 等响曲线 02.287

equal pitch contour 等高曲线 02.288

equilibratory sensation 平衡觉 02.357

equity theory 公平理论 07.067

equivalent form 等值复本 03.295

ergonomics 工效学 11.007

ERG theory ERG 理论 12.006

Erikson's eight stages of development 埃里克松八个发展阶段理论 08.058

Eros * 厄洛斯 08.048

ERP 事件相关电位 05.142

error 误差 02.040

error mean square 误差均方 03.105

error of the first kind * 第一类错误 03.078

error of the second kind * 第二类错误 03.079

error variance 误差方差 03.200

escape learning 逃脱学习 09.023

essentialism 本质主义 04.063

estrogen 雌激素 05.082

ethnocentric monoculturalism 民族中心主义一元文化论 04.178

ethnocentrism 民族中心主义，* 种族中心主义 04.066

ethology 习性学，* 动物行为学 05.014

euphoria 欣快症 10.107

evaluation of convict's mind 罪犯心理评估 13.043

evaluation of man-machine system 人机系统评价 11.015

event-related potential 事件相关电位 05.142

everyday concept 日常概念 02.615

evoked potential * 诱发电位 05.142

evolutionary psychology 进化心理学 04.114

exceptional child 特殊儿童 06.105

excitation 兴奋 05.172

executive function 执行功能 02.491

exercise 练习 02.702

exercise addiction 锻炼成瘾，* 运动成瘾 14.004

exercise adherence 锻炼坚持性 14.005

exercise psychology 锻炼心理学 14.001

exhibitionism 露阴癖，* 露阴症 10.089

existential counseling 存在心理治疗 15.040

existential psychology 存在心理学 04.097

exogenous attention orienting 外源性注意定向 02.490

expectancy 期望 02.127

expectancy effect 期望效应 09.111

expectancy theory 期望理论 12.009

expectancy wave * 期待波 05.146

experiential intelligence 经验智力 02.771

experiential learning　体验性学习　15.073

experimental control　实验控制　03.193

experimental design　实验设计　02.074

experimental dissociation　实验性分离　02.090

experimental group　实验组　02.077

experimental paradigm　实验范式　02.067

experimental psychology　实验心理学　01.003

experimental social psychology　实验社会心理学　07.001

experimenter effect　实验者效应　02.068

experiment of open window　开窗实验　02.070

expert teacher　专家型教师　09.114

explicit knowledge　外显知识　09.047

explicit learning　外显学习　09.051

explicit memory　外显记忆　02.515

exploratory behavior　探究行为　05.188

exploratory factor analysis　探索性因素分析　03.155

exposure therapy　暴露疗法　15.033

expressive aphasia　表达性失语症　10.045

expressive language disorder　表达性语言障碍　10.053

external attribution　外在归因　07.030

external imagery　外部表象　14.081

externalizing problem　外倾问题　02.684

external validity　外部效度　03.226

extinction　消退　02.128

extraneous variable　额外变量　02.079

extraversion　外向，* 外倾　02.759

extrinsic motivation　外在激励　12.032

extrinsic motivation of learning　学习的外在动机　09.054

eyeball accommodation　眼球调节　02.403

eye blink response　眨眼反射　05.166

eye movement　眼动　05.167

eyewitness testimony　目击证言　13.059

Eysenck Personality Questionnaire　艾森克人格问卷　03.323

F

face　面子　07.121

face validity　表面效度　03.228

facial expression　面部表情　02.724

facial recognition　面孔识别　02.456

factor analysis　因素分析　03.154

factorial validity　因素效度　03.233

factor loading　因素负荷　03.157

factor rotation　因素旋转　03.177

faculty psychology　官能心理学　04.099

failure orientation　失败定向　14.018

false alarm　虚报　02.114

false belief task　错误信念任务　06.084

family therapy　家庭疗法，* 家庭治疗　15.067

far transfer　远迁移　09.074

fast mapping　快速映射　06.078

fast pain　快痛，* 锐痛　02.347

F-distribution　*F* 分布　03.058

fear appeal　恐惧诱导　10.201

feature comparison model　特征比较模型　02.459

feature detector　特征觉察器　02.460

Fechner's law　费希纳定律　02.054

feedback　反馈　02.018

feedback of criminal mind　犯罪心理反馈　13.037

feedback-related negativity　反馈负波　05.150

feeding center　摄食中枢　05.113

feeling of self-value　自我价值感　07.171

feminist psychology　女性主义心理学　04.112

Fere phenomenon　费雷现象　02.420

fetishism　恋物癖，* 恋物症　10.094

FFM　人格五因素模型　08.041

field dependence　场依存性　02.766

field experiment　现场实验　07.013

field independence　场独立性　02.767

field psychology　场论心理学　04.094

field research　现场研究　07.014

field theory　场论　04.075

fighting morale　战斗士气　16.016

fight or flight response　或战或逃反应　10.196

figure-ground　图形–背景　02.369

filter model　过滤器模型　02.477

finger maze　手指迷津　02.717

first impression　第一印象　07.124

first language　第一语言　02.790

first signal system　第一信号系统　05.120

Fisher scoring　费希尔得分　03.108

Fisher's *Z* transformation　费希尔 *Z* 转换　03.107

fitness training　适应性训练　16.039

Fitts' law　菲茨定律　11.098

five-factor personality model　人格五因素模型　08.041

fixation　固着　08.055

fixation point　注视点　02.171

fixed facet　固定侧面　03.197

fixed role therapy　固定角色疗法　15.063

flash blindness　闪光盲　02.244

flash signal　闪光信号　11.045

flavor　气味　02.316

flexible working hours　弹性工作时间　12.028

flexitime　弹性工作时间　12.028

flextime　弹性工作时间　12.028

flicker-fusion apparatus　闪光融合器　02.243

flicker photometry　闪烁光度法　02.242

flight behavior　逃逸行为　05.189

flight illusion　飞行错觉　11.078

flight of thought　思维奔逸　10.147

flooding　冲击疗法　15.034

floor effect　地板效应　02.707

flow state　流畅状态　14.035

fluency of thinking　思维流畅性　02.674

fluid intelligence　流体智力，* 液态智力　02.777

flying behavior disorder　飞行行为障碍　11.084

fMRI　功能性磁共振成像　05.136

FN　反馈负波　05.150

focus gambling　博弈性聚焦　02.635

folk psychology　民族心理学　04.091

foot-in-the-door effect　登门槛效应　07.123

forced-choice method　迫选法　02.098

forced-choice test　迫选测验　03.251

forebrain　前脑　05.022

forensic psychology　司法心理学　13.001

forgetting　遗忘　02.594

forgetting curve　遗忘曲线　02.597

formal group　正式群体　07.050

formal operation　形式运算　02.693

formal operational stage　形式运算阶段　06.026

formatic reticularis　网状结构　05.020

form perception　形状知觉　02.390

forward association　顺行联想，* 顺向联想，* 限制联想　02.585

forward masking　前向掩蔽　02.297

forward selection　向前选择法　03.168

foundationalism　基础主义　04.062

foveal vision　中央窝视觉，* 中央凹视觉　02.176

fractionation method　分段法　02.051

frame of reference　参照框架　12.110

framing of decision　决策框架　02.694

free association　自由联想　02.583

free association analysis　自由联想法　15.007

free recall　自由回忆　02.563

frequency distribution　频数分布，* 次数分布，* 变量分布　03.006

frequency theory of hearing　听觉频率理论　02.305

Friedman test　弗里德曼检验　03.096

FRN　反馈负波　05.150

frontal lobe　额叶　05.045

frustration　挫折　07.125

frustration-aggression theory　挫折–侵犯理论　07.126

F-test　*F* 检验　03.081

functional asymmetry of cerebral hemispheres　大脑两半球功能不对称性　10.032

functional fixedness　功能固着　02.691

functionalism　机能主义　04.137

functional magnetic resonance imaging　功能性磁共振成像　05.136

functional psychology　机能心理学　04.100

fundamental color　原色，* 基色　02.194

fundamental tone　基音　02.262

G

GABA　γ 氨基丁酸　05.105

gain-loss effect　增减效应　07.127

galvanic skin response　皮肤电反应　02.019

gambler's fallacy　赌徒谬误　02.642

game theory　博弈论　07.068

Garcia effect　* 加西亚效应　05.118

GAS　一般适应综合征，* 普遍性适应综合征　10.194

gate control theory　闸门控制理论　05.133

genaralized other　概化他人　07.099

gender identity　性别认同　07.083

gender role　性别角色　07.081

gender schema　性别图式　07.082

general ability test　一般能力测验，*普通能力测验　03.278

general adaptation syndrome　一般适应综合征，*普遍性适应综合征　10.194

general factor　g 因素　02.773

generalizability theory　概化理论　03.196

generalization　概括　02.625

generalized anxiety disorder　广泛性焦虑症　10.170

general psychology　普通心理学　01.002

general transfer　一般迁移，*普遍迁移　09.068

generation gap　代沟　07.128

generative grammar　生成语法　02.802

generative learning　生成性学习　09.026

generative semantics　生成语义学　02.801

generative theory　生成理论　02.800

genetic determinism　遗传决定论　04.035

genetic epistemology　发生认识论　04.168

genetic psychology　发生心理学　06.003

Geneva school　*日内瓦学派　04.120

genuineness　真诚　15.047

geometrical optical illusion　几何视错觉　02.433

geometric average　几何平均数　03.031

geometric mean　几何平均数　03.031

Gesell Development Test　格塞尔发展测验　03.298

Gestalt field theory　格式塔场理论　04.076

Gestalt principle of organization　格式塔组织原则　02.377

Gestalt psychology　格式塔心理学　04.106

Gestalt therapy　格式塔疗法，*完形疗法　15.055

gesture expression　姿态表情　02.725

g factor　g 因素　02.773

gifted child　*天才儿童　06.104

glare　眩光　11.065

glass ceiling　玻璃天花板　12.081

glucocorticoid　糖皮质激素　05.086

glucocorticoid receptor　糖皮质激素受体　05.090

goal-directed learning　目标指向学习　09.057

goal-directed thinking　目的指向性思维　02.659

goal setting theory　目标设置理论　12.012

goal setting training　目标设置训练　14.066

gonad　性腺　05.079

good-at-competition athlete　比赛型运动员　14.025

good-at-training athlete　训练型运动员　14.026

Goodenough-Harris Drawing Test　古迪纳夫–哈里斯画人测验　03.300

good figure　良好图形　02.373

goodness of fit test　适合度检验，*拟合优度检验　03.098

GR　糖皮质激素受体　05.090

gradient of crime vice　犯罪恶性梯度　13.041

grammar　语法　02.797

graphical interface　图形界面　11.018

grasp reflex　抓握反射　06.066

gray matter　灰质　05.044

grooming behavior　修饰行为　05.190

group　群体　07.047

group climate　群体气氛　12.050

group cohesion　*群体凝聚力　07.058

group counseling　团体咨询　15.102

group decision making　群体决策　12.051

group dynamics　群体动力学，*团体动力学　04.108

group dynamics of crime　犯罪群体动力　13.029

group dynamics theory　群体动力学理论　12.052

group extremity shift　群体偏向　07.057

group norm　群体规范　07.053

group polarization　群体极化　07.056

group pressure　群体压力　07.054

group test　团体测验　03.288

group therapy　团体治疗　15.103

groupthink　群体思维，*小群体意识　07.055

growth curve model　生长曲线模型　03.120

growth group　成长团体　15.104

GT　概化理论　03.196

guanxi　关系　12.056

gustatory sensation　味觉　02.315

gustum　单味觉　02.318

H

habituation　习惯化　06.122

hallucination　幻觉　10.128

halo effect　光环效应，*晕轮效应　07.129

harmonic mean　调和平均数　03.032

Hawthorne effect　霍桑效应　12.017

health behavior　健康行为　10.218

health psychology　健康心理学　10.005

hearing　听觉　02.254

heat effect　热效应　16.032

hedonic theory of motivation　动机享乐说　02.739

Heider's attribution theory　海德归因理论　07.036

Helmholtz illusion　亥姆霍茨错觉　02.452

Helmholtz's theory of color vision　亥姆霍茨视觉说　02.225

Helmholtz's trichromatic theory　＊亥姆霍茨三色说　02.225

helplessness　无助　10.117

heredity　遗传　04.163

Hering's illusion　黑林错觉　02.437

Hering's theory of color vision　黑林视觉说，＊黑林四色说　02.226

hermeneutics　释义学　04.082

heteronomous morality　他律道德　06.090

heuristic bias　启发式偏差　12.063

heuristic evaluation　启发式评价　11.097

heuristics　启发法　02.157

hierarchical cluster　层次聚类法　03.165

hierarchical linear model　多层线性模型　03.121

hierarchical network model　层次网络模型　02.538

hierarchical structure　层峰结构　12.077

hierarchical theory of needs　需要层次论　04.158

hierarchy of needs　需要层次　08.072

higher mental process　高级心理过程　02.740

higher order conditioning　再次条件反射，＊高级条件作用　02.132

high-road transfer　高阶迁移　09.073

hippocampal formation　海马结构　05.039

hippocampus　海马　05.037

Hippocrates' theory of humor　希波克拉底体液说　08.035

histogram　直方图　03.009

historicism　历史主义　04.014

historiography　历史编纂学　04.015

histrionic personality disorder　表演型人格障碍　10.029

hit　击中　02.112

holism　整体论　02.762

holistic health　整体健康　10.217

Holland vocational model　霍兰德职业取向模型　12.083

home advantage　＊主场优势　14.057

home effect　主场效应　14.057

home-field advantage　＊主场优势　14.057

homeostasis　体内平衡，＊内环境平衡　02.360

homogeneity　同质性　03.022

homogeneity of variance　方差齐性　03.104

homosexuality　同性恋　10.096

horizontal-vertical illusion　横竖错觉　02.439

hormic psychology　策动心理学　04.084

horopter　视野单像区　02.409

hostile aggression　敌意性攻击　14.054

hostility　敌对　10.118

HPA　下丘脑–垂体–肾上腺轴　05.076

5-HT　5-羟色胺　05.106

human-computer dialogue　人机对话　11.021

human-computer interaction　人机交互[作用]　11.024

human error　人为失误，＊人误　07.176

human error analysis　人为失误分析　11.102

human factors　＊人因学　11.007

humanism　人本主义，＊人文主义　04.057

humanistic psychology　人本主义心理学　04.089

humanistic psychotherapy　人本主义心理治疗　15.041

human-machine system　人机系统　11.014

human reliability　人的可靠性　11.025

human resources management　人力资源管理　12.019

human transfer function　人的传递函数　11.026

humoral immunity　体液免疫　05.101

5-hydroxytryptamine　5-羟色胺　05.106

hyperlexia　高读症　06.109

hyperosmia　嗅觉过敏　02.314

hyperthymia　情感高涨　10.135

hypnosis　催眠　15.010

hypnotism　催眠术　10.205

hypochondriacal delusion　疑病妄想　10.152

hypochondriasis　疑病症　10.106

hypomnesia　记忆减退　10.065

hypophysis　垂体　05.030

hypothalamic-pituitary-adrenal axis　下丘脑–垂体–肾上腺轴　05.076

hypothalamus　下丘脑　05.028

hypothesis testing　假设检验　03.068

hypothesis testing theory　假设检验说　02.630

hysteria　癔症　10.104

I

ICC 项目特征曲线 03.257

iceberg profile 冰山剖面图 14.027

iconic memory 图像记忆 02.527

id 本我，*伊底 08.043

ideal self 理想自我 08.083

identifiability 识别力 03.201

identification 认同，*自居 06.016

identity 认同 06.016

id entity foreclosure 同一性拒斥 06.056

illuminance 照度 02.179

illusion 错觉 02.431

imageless thinking 无形象思维 02.667

imagery intervention 表象调节 14.059

imagery thinking 形象思维 02.665

imagery training 表象训练 14.060

imaginal memory 形象记忆 02.528

imagination 想象 02.501

imaginative image 想象表象 02.497

imitation learning 模仿学习 05.184

immature personality 不成熟人格 08.013

immediacy 即时性 15.083

immediate association 即时联想，*直接联想 02.586

immediate memory 瞬时记忆 02.516

implicit stereotype 内隐刻板印象 07.136

implicit association test 内隐联结测验 07.134

implicit attitude 内隐态度 07.025

implicit knowledge 内隐知识 09.048

implicit learning 内隐学习 09.050

implicit memory 内隐记忆 02.514

impossible figure 不可能图形 02.372

impression management 印象管理，*印象整饰 07.137

imprinting 印记 05.174

impulse 冲动 02.737

in-basket test 公文筐测验 12.100

incarceration 幽闭，*隔绝 16.009

incentive 诱因 08.068

independent group design *独立组设计 02.080

independent variable 自变量 03.018

indigenization 本土化 04.010

indigenous psychology 本土心理学 04.083

indirect inference 间接推理 02.649

individual constructivism 个体建构主义 09.024

individual difference 个体差异 02.741

individualism 个体主义 04.064

individualized instruction 个性化教学 09.095

individual need 个体需要 02.733

individual zone of optimal function theory 个体最佳功能区理论 14.031

induced color 诱导色 02.223

induced movement 诱导运动 02.426

inductive inference 归纳推理 02.646

industrial/organizational psychology 工业与组织心理学 01.017

inert knowledge 惰性知识 09.049

infancy 婴儿期 06.032

infantile autism 孤独症，*自闭症 10.102

inference 推理 02.643

inferential statistics 推论统计 03.061

inferiority complex 自卑情结 08.051

informal group 非正式群体 07.051

informal learning 非正式学习 09.009

information 信息 11.034

information display 信息显示 11.035

information function 信息函数 03.258

information matrix 信息矩阵 03.183

information overload 信息超负荷 11.063

information processing model 信息加工模型 02.011

information processing theory 信息加工理论 02.010

information retrieval 信息提取 02.009

information storage 信息储存 02.008

information trauma 信息损伤 16.043

information warfare 信息战 16.042

informed consent 知情同意 15.085

ingratiation 讨好 07.141

ingroup 内群体 07.048

inhibition 抑制 05.173

inkblot test 墨迹测验 03.305

innate behavior 先天行为 05.186

inner ear 内耳 02.257

inner speech 内部言语 06.079

inquiry learning 探究学习 09.032

insight　顿悟，＊领悟　02.677

insight theory　顿悟说　04.174

insomnia　失眠　10.112

inspiration　灵感　02.678

instinct　本能　05.207

instinct drift　本能漂移　02.016

instinctive theory of crime　犯罪本能说　13.040

instinct theory　本能说　04.170

instinct theory of motivation　动机本能说　02.738

instruction　指导语　03.266

instructional design　教学设计　09.104

instructional goal　教学目标　09.102

instructional psychology　教学心理学　09.002

instructional strategy　教学策略　09.103

instrumental aggression　工具性攻击　14.055

instrumental conditioning　＊工具性条件反射　02.134

instrumental value　工具性价值观　07.160

insufficient justification effect　不充分理由效应
　07.087

intake interview　接案谈话　15.091

integrated alerting　综合告警　11.047

integrationism　整合主义　04.180

integrative psychotherapy　整合心理治疗　15.099

intelligence　智力　02.749

intelligence quotient　智商　02.779

intelligence test　智力测验　03.276

intelligibility　＊可懂度　11.068

intensity　强度　02.178

intentionalism　意向论　04.078

intentional memorization　有意识记　02.549

interaction　交互作用　03.145

interactional justice　互动公平　12.041

interactionism　互动论　04.011

interest test　兴趣测验　03.282

interference theory　干扰理论　02.602

internal attribution　内在归因　07.029

internal frame of reference　内部参考系　15.043

internal imagery　内部表象　14.080

internalization　内化　07.112

internalizing problem　内倾问题　02.685

internal representation　内部表征　02.613

internal working model　内部工作模型　15.003

internet addiction disorder　网络成瘾　10.184

internet navigation　互联网导航　11.058

interpersonal distance　人际距离　07.139

interpersonal relation　人际关系　07.140

interpretation　解释　15.082

interrole conflict　角色间冲突　07.079

interrupted time-series design　中断时间序列设计
　02.089

interval estimation　区间估计　03.064

interval of uncertainty　不确定间距　02.038

interval scale　等距量表　03.315

interval schedule of reinforcement　强化间隔程式
　02.148

intervening variable　中介变量　03.020

interview method　访谈法　02.106

intonation expression　语调表情　02.726

intonation pattern　语调模式　02.794

intrarole conflict　角色内冲突　07.080

intrinsic motivation　内在激励　07.070

intrinsic motivation of learning　学习的内在动机
　09.055

introjection　内投射　15.022

introspection　内省　04.145

introspective method　内省法　04.146

introversion　内向，＊内倾　02.758

intuition　直觉　02.676

intuitionalism　直觉主义　04.053

intuitive-action thinking　直觉动作思维　02.658

intuitive thinking　直觉思维　02.657

inverted U hypothesis　倒 U 形假说　14.028

involuntary attention　无意注意，＊不随意注意
　02.466

involuntary imagination　无意想象，＊不随意想象
　02.505

involuntary movement　不随意运动　02.701

I/O psychology　工业与组织心理学　01.017

IQ　智商　02.779

irrational belief　非理性信念　15.061

IRT　项目反应理论　03.255

isolation　隔离　15.015

isosensitivity curve　＊等感受性曲线　02.116

itching sensation　痒觉　02.350

item analysis　项目分析　03.262

item characteristic curve　项目特征曲线　03.257

item characteristic function　项目特征函数　03.256

item difficulty　项目难度　03.264

item discrimination 项目区分度，＊项目鉴别力 03.265

item parameter 项目参数 03.263

item response theory 项目反应理论 03.255

J

JND ＊最小可觉差 02.027

jnd ＊最小可觉差 02.027

job analysis 岗位分析 12.029

job characteristic model 工作特征模型 12.037

job design 职位设计 12.035

job enlargement 工作扩大化 12.024

job enrichment 工作丰富化 12.023

job evaluation 岗位评价 12.030

job rotation 岗位轮换 12.036

job satisfaction 工作满意感 12.025

Jost's law 约斯特定律 02.607

judgement 判断 02.640

judicial psychology 审判心理学 13.005

just noticeable difference ＊最小可觉差 02.027

K

KAE 动觉后效 02.251

Kelley's attribution theory 凯利归因理论 07.037

Kendall's concordance coefficient 肯德尔和谐系数，＊肯德尔 W 系数 03.135

Kendall's consistency coefficient 肯德尔一致性系数，＊肯德尔 U 系数 03.136

key-word method 关键词法 02.553

kinesthesiometer 动觉计 02.353

kinesthesis 动觉 02.352

kinesthetic aftereffect 动觉后效 02.251

kinesthetic feedback 动觉反馈 14.078

kinesthetic imagery 动觉表象 02.496

kleptomania 偷窃癖 10.095

k-means clustering 快速聚类法，＊k 均值聚类法 03.164

Kuder-Richardson reliability 库德–理查森信度 03.218

Külpe school 屈尔珀学派 04.126

L

LAD 语言习得装置，＊语言获得机制 06.077

Landolt ring 蓝道环，＊兰道环视标 02.240

language acquisition device 语言习得装置，＊语言获得机制 06.077

language comprehension 语言理解 02.784

large sample 大样本 03.003

late adulthood 老年期 06.038

latent learning 潜伏学习 09.022

latent trait theory 潜在特质理论 03.287

lateralization of brain function 大脑功能偏侧化 10.033

lateral transfer 横向迁移，＊水平迁移 09.076

Latin square design 拉丁方设计 02.085

law of causation 因果律 02.581

law of color mixture 颜色混合律 02.219

law of complementary color 补色律 02.220

law of contiguity 接近律 02.578

law of contrast 对比律 02.580

law of effect 效果律 09.016

law of equipotentiality 等势原理 04.167

law of exercise 练习律 09.017

law of frequency 频因律 09.018

law of intermediary color 中间色律 02.221

law of parsimony 节约律 04.048

law of recency 近因律 09.019

law of similarity 相似律，＊类比律 02.579

law of substitution 代替律 02.222

law of vividness 显明律，＊显因律 02.608

LCU 生活变化单位 02.017

leaderless group discussion 无领导小组讨论 12.101

leader-member exchange theory 领导–成员交换理论 12.089

leadership 领导 12.084

learnability approach to language acquisition 语言可习

得性理论　06.076

learned behavior　习得行为　05.191

learned helplessness　习得性无助　08.091

learned taste aversion　味觉厌恶学习　05.118

learning　学习　09.004

learning disability　学习无能　09.093

learning disorder　学习障碍　09.092

learning motivation　学习动机　09.053

learning set　学习定势　09.078

learning strategy　学习策略　09.079

learning style　学习风格　09.094

learning theory　学习理论　09.010

learning theory of crime　犯罪学习理论　13.035

left-behind child　留守儿童　06.102

left handedness　左利手　10.034

legal consciousness　法律意识　13.013

length illusion　长度错觉　02.438

LES　生活事件量表　03.320

level of processing　加工水平　02.481

Lewin's change model　莱温变革模型　12.049

lexical ambiguity　词汇歧义　02.810

lexical hypothesis　词汇学假设　08.036

libido　力比多　08.046

lie detector　测谎仪　02.020

life-change unit　生活变化单位　02.017

life events　生活事件　10.017

Life Events Scale　生活事件量表　03.320

life instinct　生的本能　08.048

life-span perspective　毕生发展观　06.044

life stress　生活应激　10.191

life style　生活方式　15.025

life style disease　生活方式疾病　10.180

light-dark ratio　亮暗比　02.186

likelihood ratio　似然比，* 或然比　02.111

Likert scale　利克特量表　03.331

limbic system　边缘系统　05.033

limit method　极限法　02.042

linear perspective　线条透视　02.413

linear regression　线性回归　03.171

linear relation　线性关系　03.170

linear relationship　线性关系　03.170

link analysis　链分析　11.088

litigation psychology　诉讼心理学　13.002

localization of mental function　心理机能定位　04.166

locus of control　控制点　08.071

logarithmic law　* 对数定律　02.054

logical thinking　逻辑思维　02.653

longitudinal design　纵向设计　06.133

long-term memory　长时记忆　02.518

long-term potentiation　长时程增强　05.176

long-term psychotherapy　长程心理治疗　15.100

looking-glass self　镜像自我　07.162

loss　丧失　15.111

loudness　响度　02.272

low-road transfer　低阶迁移　09.072

LTM　长时记忆　02.518

LTP　长时程增强　05.176

LTT　潜在特质理论　03.287

luminance　亮度　02.183

luminance contrast　亮度对比　02.185

luminosity function　视见函数，* 光亮度函数　02.184

lust murderer　色情杀人狂　13.056

lymphatic temperament　黏液质　02.754

M

MA　心理年龄，* 智力年龄，* 智龄　03.246

Mach band　马赫带　02.187

MAF　最小可听野　02.281

magnetic resonance imaging　磁共振成像　05.135

magnetoencephalography　脑磁图　05.137

main effect　主效应　03.146

mainstream psychology　主流心理学　04.144

maintenance rehearsal　保持性复述　02.557

managerial grid theory　管理方格理论　12.092

managerial psychology　管理心理学　01.016

Mandala　曼荼罗　08.066

mania　躁狂症，* 躁狂发作　10.146

manic-depressive psychasis　* 躁狂抑郁性精神病　10.144

man-machine dialogue　人机对话　11.021

man-machine-environment system　人–机–环境系统　11.013

man-machine function allocation　人机功能分配

11.023

man-machine interface　人机界面　11.016

man-machine matching　人机匹配　11.022

man-machine system　人机系统　11.014

Mann-Whitney *U* test　曼–惠特尼 *U* 检验　03.095

MAP　最小可听压　02.280

marginal distribution　边缘分布　03.119

marginalization　离心趋势　04.186

marginal personality　边缘人格　08.024

marine psychology　航海心理学　11.004

Marr computational theory　马尔计算理论　02.461

marriage therapy　婚姻疗法　15.068

Marxist psychology　马克思主义心理学　04.113

masculinity-femininity　男性化–女性化　08.092

masking　掩蔽　02.294

Maslow's motivational hierarchy　* 马斯洛动机层次
08.072

Maslow's theory of human motivation　* 马斯洛人类动
机理论　04.158

masochism　受虐癖，* 受虐症　10.088

mass communication　大众沟通，* 大众传播　07.094

mastery learning　掌握学习　09.110

matched-group design　匹配组设计　02.076

matched samples *t*-test　配对样本 *t* 检验　03.084

matrix reasoning　矩阵推理　03.268

matrix structure　矩阵结构　12.078

maximization of morale　士气最大化　16.017

maximum likelihood method　最大似然法　03.141

Maxwell color triangle　* 麦克斯韦颜色三角　02.210

maze　迷津　02.715

maze learning　迷津学习　09.020

MBTI　迈尔斯–布里格斯人格类型测验　08.098

McCollough effect　麦科洛效应　02.252

MEA　手段–目的分析　02.687

meaningful learning　意义学习　09.005

meaningful memorization　意义识记　02.551

means-ends analysis　手段–目的分析　02.687

mean square　* 均方　03.038

mean-square of treatment　处理均方　03.042

measurement error　测量误差　03.238

measure of central tendency　集中量数　03.028

measure of difference　差异量数，* 离散量数　03.036

median　中数，* 中位数　03.033

mediation　调解　07.109

mediation response　中介反应　02.638

medical model　医学模式　10.012

medical psychology　医学心理学　01.014

meditation　冥想　15.038

medulla oblongata　延髓　05.019

MEG　脑磁图　05.137

melancholic temperament　抑郁质　02.755

memorization　识记　02.548

memory　记忆　02.506

memory illusion　记忆错觉　10.069

memory image　记忆表象　02.493

memory organization　记忆组织　02.512

memory search　记忆搜索　02.509

memory span　记忆广度　02.507

memory system　记忆系统　02.508

memory trace　记忆痕迹　02.605

mental activism　心理能动性　04.026

mental activity　心理活动　04.002

mental age　心理年龄，* 智力年龄，* 智龄　03.246

mental chemistry　心理化学　04.152

mental deterioration　精神衰退　10.062

mental development　心理发展　06.039

mental diagnosis of convict　罪犯心理诊断　13.048

mental disorder　心理障碍　10.083

mental disorder in epilepsy　癫痫性精神障碍　10.157

mental dysfunction　心理疾患　10.082

mental fatigue　心理疲劳　11.060

mental health　心理健康　10.216

mental illness　心理疾病　10.081

mental image　表象　02.492

mentalism　心理主义　04.153

mental lexicon　心理词典　02.813

mental mechanism of crime　犯罪心理机制　13.018

mental orientation in competition　比赛心理定向
14.015

mental phenomenon　心理现象　04.003

mental process　心理过程　04.004

mental retardation　智力落后，* 精神发育迟缓
06.107

mental rotation　心理旋转　02.498

mental scale　心理量表　03.311

mental scanning　心理扫描　02.499

mental set　心理定势　02.690

mental status　心理状态　04.005

mental test 心理测验 03.184

mental test for police 警察心理测验 03.289

mental trace of crime 犯罪心理痕迹 13.014

mental workload 心理[工作]负荷 11.061

meta-analysis 元分析 03.158

metacognition 元认知 02.002

metacognition strategy 元认知策略 09.085

metamemory 元记忆 02.513

metaphor 隐喻 04.184

meta theory 元理论 04.013

method of adjustment 调整法 02.043

method of average error * 平均差误法 02.043

method of constant stimulus 恒定刺激法 02.044

method of dichotomic classification 二分法 02.052

method of elimination 消除法 02.073

method of equal interval 等距法 02.048

method of least square 最小二乘法 03.106

method of magnitude estimation 数值评估法 02.050

method of median test 中数检验法 03.093

method of minimal change 最小变化法 02.045

method of paired comparison 对偶比较法 02.053

methodological behaviorism 方法学行为主义 04.132

methodology 方法论 04.027

methodology in psychology 心理学方法论 04.022

microdialysis 微透析 05.128

microelectrode 微电极 05.155

microelectrode array 微电极阵列 05.156

microgenetic design 微观发生设计 06.132

microinjection 微量注射 05.126

midbrain 中脑 05.031

middle childhood 童年中期 06.034

middle ear 中耳 02.258

midlife crisis 中年危机 06.100

mild cognitive impairment 轻度认知损伤 10.073

Milgram's obedience experiment 米尔格拉姆服从实验 07.105

military psychology 军事心理学 01.022

military stress 军事应激 16.021

mind 心理 04.001

mind-body interactionism 心身相互作用论，* 身心交感论 04.020

mind-body isomorphism 心身同型论 04.150

mind-body parallelism 心身平行论 04.019

mind-body problem 心身问题 04.018

mind of group crime 群体犯罪心理 13.028

mind of prisoner of war 战俘心理 16.035

minimum audible field 最小可听野 02.281

minimum audible pressure 最小可听压 02.280

Minnesota Multiphasic Personality Inventory 明尼苏达多相人格调查表 03.321

minority influence 少数人影响 07.089

mirror drawing 镜画 02.714

misconception 错误概念，* 迷思概念 09.043

mismatch negativity 失匹配负波 05.149

miss 漏报 02.113

missing data 缺失数据 03.112

mixed design 混合设计 02.086

MMN 失匹配负波 05.149

MMPI 明尼苏达多相人格调查表 03.321

mnemonics 记忆术 02.555

mode 众数 03.034

modernism 现代主义 04.061

modularity theory 模块论 02.463

molecular theory of memory 记忆分子理论 02.600

monaural hearing 单耳听觉 02.255

monism 一元论 04.008

monochromatism 全色盲，* 单色视觉 02.232

monochromator 单色仪 02.203

monocular depth cue 单眼深度线索 02.411

monocular movement parallax 单眼运动视差 02.407

mood 心境 02.744

mood disorder 心境障碍 10.138

moon illusion 月亮错觉 02.445

moral belief 道德信念 09.091

moral dilemma 道德两难 06.095

morale 士气 12.053

moral judgement 道德判断 09.088

moral reasoning 道德推理 09.090

Morgan's canon 摩尔根法则 04.047

Morita therapy 森田疗法 15.069

Moro reflex 莫罗反射 06.063

Morris water maze 莫里斯水迷津 05.181

motion illusion 运动错觉 02.446

motion parallax 运动视差 02.406

motion perception 运动知觉 14.075

motivated forgetting 动机性遗忘 02.595

motivation 动机 02.736

motivation of confession 供述动机 13.015

motivation theory　激励理论　12.008

motor area　运动区　05.047

motor coordination　运动协调　02.358

motor learning　运动学习　14.014

motor memory　运动记忆　02.526

movement afterimage　运动后像　02.250

movement imagery　运动表象　14.082

movement-related potential　运动关联电位　05.141

MRI　磁共振成像　05.135

Müller-Lyer illusion　米勒–莱尔错觉　02.440

multi-channel interface　多通道交互界面　11.020

multicollinearity　多重共线性　03.153

multiculturalism　多元文化论　04.077

multidimensional anxiety theory　多维焦虑理论　14.029

multilevel model　多水平模型　03.113

multiple analysis　多元分析　03.160

multiple comparison　多重比较　03.144

multiple correlation　多重相关　03.126

multiple functional display　多功能显示器　11.041

multiple intelligences theory　多元智力理论　06.052

multiple personality　多重人格　08.021

multiple regression　多元回归，* 多元线性回归　03.172

multiple relationship　双重关系　15.087

Munsell color solid　芒塞尔颜色立体　02.208

muscle sensation　肌觉　02.354

musical tone　乐音　02.268

music therapy　音乐疗法　15.070

mutism　缄默症　10.103

Myers-Briggs Type Indicator　迈尔斯–布里格斯人格类型测验　08.098

N

NA　去甲肾上腺素　05.109

N-Affil　归属需要　12.059

Nagel Chart Test　纳格尔图片测验　03.292

Nancy school　南锡学派　04.122

narcissistic personality disorder　自恋型人格障碍　10.030

narcolepsy　发作性睡病　10.111

narrative psychology　叙事心理学　04.117

narrative therapy　叙事疗法　15.066

narrow-external attention　狭窄–外部注意　14.087

narrow-internal attention　狭窄–内部注意　14.086

national character　国民性　07.144

native language　* 母语　02.790

nativistic theory　先天理论　04.155

natural concept　自然概念　02.616

natural experiment　自然实验　02.069

naturalistic observation　自然观察法　02.101

N400 component　N400 成分　05.144

NE　去甲肾上腺素　05.109

near transfer　近迁移　09.075

need　需要　02.732

need for affiliation　归属需要　12.059

negative afterimage　负后像　02.246

negative correlation　负相关　03.124

negative incentive　负诱因　08.070

negative reinforcement　负强化　02.140

negative transfer　负迁移　09.071

negativism　违拗症　10.113

negotiation　谈判　12.098

neo-behaviorism　新行为主义　04.131

neocortex　新皮质　05.042

Neonatal Behavioral Assessment Scale　新生儿行为评价量表　03.325

neonatal period　新生儿期　06.031

NEO-PI　NEO 人格调查表　08.096

neo-Piagetian theory　新皮亚杰理论　06.007

neo-psychoanalysis　新精神分析　04.139

nerve cell　* 神经细胞　05.059

nerve impulse　神经冲动，* 神经兴奋　05.122

nervous system　神经系统　05.069

nested design　嵌套设计　03.198

network psychological warfare　网络心理战　16.047

neural computation　神经计算　05.138

neural plasticity　神经可塑性　05.065

neurohormone　神经激素　05.087

neurolinguistics　神经语言学　02.781

neuron　神经元　05.059

neuropeptide　神经肽　05.092

neuropsychological test　神经心理测验　03.291

neuropsychology　神经心理学　05.006

neurosis 神经症 10.161

neuroticism 神经质 08.039

Neuroticism, Extroversion, Openness Personality Inventory NEO 人格调查表 08.096

neurotoxicology 神经毒理学 05.008

neurotransmitter 神经递质 05.103

neutral stimulus 中性刺激 02.120

newborn reflex 新生儿反射 06.061

Newman-Keuls test 纽曼–科伊尔斯检验 03.143

NMDAR N-甲基-D-天冬氨酸受体 05.091

N-methyl-D-aspartate receptor N-甲基-D-天冬氨酸受体 05.091

NMR 核磁共振 05.134

noctambulism 梦游症 10.109

noise 噪声 02.269

nominal scale 称名量表 03.314

non-associative learning 非联想学习 05.179

nonconscious 无意识，* 潜意识 04.045

nondeclarative memory * 非陈述记忆 02.523

nonnormal data 非正态数据 03.114

non-parametric test 非参数检验 03.092

non-participant observation 非参与性观察法 02.103

nonsense syllable 无意义音节 02.598

nonverbal communication 非言语沟通 07.096

noradrenaline 去甲肾上腺素 05.109

norepinephrine 去甲肾上腺素 05.109

norm 常模 03.245，规范 07.098

normal curve 正态曲线 03.052

normal distribution 正态分布 03.050

normalization 正态化 03.213

norm-referenced test 常模参照测验 03.297

nostalgia 思乡病 16.034

novice teacher 新手型教师 09.115

NS 中性刺激 02.120，神经系统 05.069

nuclear family 核心家庭 06.119

nuclear magnetic resonance 核磁共振 05.134

null hypothesis 虚无假设，* 零假设 03.069

nursing psychology 护理心理学 10.003

O

OB 组织行为 12.072

obedience 服从 07.104

object constancy 物体恒常性 02.385

objective item 客观题 03.250

objective test 客观测验 03.248

objectivism 客观主义 04.054

object permanence 客体永久性 06.086

oblique rotation 斜交旋转 03.179

observational learning 观察学习 09.037

observational method 观察法 02.100

observed score * 观察分数 03.205

obsessive-compulsive disorder 强迫症 10.168

OCB 组织公民行为 12.068

occipital lobe 枕叶 05.055

occupational choice 职业选择 12.082

occupational counseling 职业咨询 12.079

occupational psychology 职业心理学 07.003

OCD 强迫症 10.168

OD 组织发展 12.071

Oedipus complex 恋母情结，* 俄狄浦斯情结 08.054

offense with unconscious motivation 无意识动机犯罪 13.025

olfactometer 嗅觉计 02.312

olfactory area 嗅觉区 05.051

olfactory sensation 嗅觉 02.310

olfactory threshold 嗅觉阈限 02.311

one-factor analysis of variance 单因素方差分析 03.101

one-sample t-test 单样本 t 检验 03.083

one-sided test * 单侧检验 03.087

one-tailed test 单尾检验 03.087

open-end interview 开放性访谈 10.208

open field test 旷场试验 05.175

open-loop control 开环控制 11.027

open motor skill 开放性运动技能 14.009

operant conditioning 操作性条件反射，* 操作性条件作用 02.134

operant extinction 操作性消退 02.135

operational definition 操作性定义 02.064

operational thinking 操作思维 14.077

operative temperature 操作温度 11.074

opponent-process theory * 拮抗理论 02.226

oppositional defiant disorder 对立违抗性障碍 10.114

optical illusion 视错觉 02.432

optimal arousal 最佳唤醒 14.034

oral stage 口唇期 06.027

ordered recall *顺序回忆 02.564

ordinal scale 顺序量表 03.316

ordinal variable 顺序变量 02.060

organic mental disorder 器质性精神障碍 10.158

organic psychosis *器质性精神病 10.158

organismic valuing process 机体评估过程 15.044

organizational behavior 组织行为 12.072

organizational change 组织变革 12.075

organizational citizenship behavior 组织公民行为 12.068

organizational climate 组织气氛 12.070

organizational commitment 组织承诺 12.074

organizational culture 组织文化 12.069

organizational learning 组织学习 12.073

organizational psychological health of fighting unit 作战单元组织心理健康 16.015

organizational strategy 组织策略 09.083

organizational structure 组织结构 12.076

organization development 组织发展 12.071

orientation 定向力 10.125

orientation perception 方位知觉 02.402

orienting response 定向反应 05.170

originality of thinking 思维独创性 02.675

orthogonal rotation 正交旋转 03.178

OSB 陆军军官选拔测验 16.003

outgroup 外群体 07.049

overcompensation 过度补偿 15.019

overgeneralization 过度概化 06.081

overjustification effect 过度理由效应 07.086

overlearning 过度学习 09.087

oversocialization 过度社会化 07.011

overtone 倍音 02.265

overtraining 过度训练 14.032

P

pain control 疼痛控制 10.204

pain-prone personality 疼痛易感人格 08.018

pain spot 痛点 02.344

panic disorder 惊恐障碍 10.155

panpsychism 泛灵论 04.071

pansexualism 泛性论 08.052

paper-pencil maze 纸笔迷津 02.718

paper-pencil test 纸笔测验 03.191

paradigm 范式 04.161

paradigm theory 范式论 04.079

parallax 视差 02.405

parallel distributed processing model 并行分布加工模型,*PDP模型 02.480

parallel processing 并行加工 02.482

parallel search 并行搜索 02.484

parallel test 平行测验 03.296

parameter 参数 03.013

parameter estimation 参数估计 03.062

parametric statistical test 参数统计检验 03.140

paranoid personality disorder 偏执型人格障碍 10.027

paranoid psychosis *偏执性精神病 10.148

paraphrasing 释意 15.078

parapsychology 心灵学,*超心理学 04.017

parasympathetic nervous system 副交感神经系统 05.073

parathymia 情感倒错 10.137

parent-child relationship 亲子关系 06.118

parenting style 父母教养方式 06.113

parietal lobe 顶叶 05.053

Paris school 巴黎学派 04.121

partial correlation 偏相关 03.133

partial regression 偏回归 03.173

partial reinforcement 部分强化 02.144

partial reinforcement effect 部分强化效应 02.145

partial-report procedure 部分报告法 02.532

partial strategy 部分策略 02.632

participant observation 参与性观察法 02.102

participative management 参与管理 12.097

passionate love 激情之爱 07.175

passionate crime 激情犯罪 13.023

passive-aggressive personality 被动攻击性人格 08.017

path analysis 路径分析 03.166

path-goal theory 通路目标理论 12.013

pathological stealing *病理性偷窃 10.095

procedural justice　程序公平　12.040

procedural knowledge　程序性知识　02.703

procedural memory　程序记忆　02.523

process consultation　过程咨询　12.062

process-focus　过程定向　14.020

product analysis method　作品分析法　06.130

production system　产生式系统　02.688

product-moment correlation　积差相关　03.129

programmed instruction　程序教学　09.097

progressive amnesia　进行性遗忘　10.068

progressive relaxation　渐进放松　14.064

project-based learning　项目学习　09.033

projection　投射　15.021

projective identification　投射性认同　15.023

projective method　＊投射法　03.304

projective technique　＊投射法　03.304

projective test　投射测验　03.304

propositional code theory　命题编码理论　02.541

propositional network model　命题网络模型　02.539

propositional representation　命题表征　02.540

proprioception　本体感受　02.326

prosocial behavior　亲社会行为　07.152

prosopagnosia　面孔失认症　10.043

prospect theory　展望理论　12.016

protanopia　＊甲型色盲　02.233

protocol　口语记录　02.689

prototype　原型　02.457

prototype theory　原型说　02.458

proximal-distal development　由近及远发展　06.043

PSE　主观相等点　02.039

pseudodementia　假性痴呆　10.071

pseudohermaphrodism　假两性畸形　10.037

psychedelics　致幻剂　10.185

psychiatric social worker　精神病学社会工作者　10.210

psychic determinism　心灵决定论　04.016

psychic trauma　精神创伤　10.080

psychoacoustics　心理声学　02.253

psychoanalysis　精神分析　08.006

psychoanalytic theory　精神分析理论　08.007

psychobiography　心理传记学　08.001

psychodrama　心理剧　15.057

psychodynamics　心理动力学　04.107

psychogenic disorder　心因性障碍　10.115

psychokinesis　心灵致动　04.147

psycholinguistics　心理语言学　02.780

psychological analysis of convict　罪犯心理分析　13.050

psychological compatibility　心理相容性　16.008

psychological contract　心理契约　12.060

psychological counseling　心理咨询　15.001

psychological crisis of convict　罪犯心理危机　13.047

psychological defense　心理战防御　16.053

psychological ecology　心理生态学　04.110

psychological field　心理场　04.165

psychological file of convict　罪犯心理档案　13.052

psychological group　心理群体　04.006

psychological life space　心理生活空间　04.164

psychological operation　心理战　16.045

psychological reactance　心理逆反　07.116

psychological refractory period　心理不应期　14.088

psychological statistics　心理统计学　01.005

psychological tactics　心理战术　14.049

psychological test　心理测验　03.184

psychological training　心理训练　14.069

psychological training in hypothesized battlefield　虚拟战场心理训练　16.037

psychological warfare　心理战　16.045

psychological warfare by propaganda　宣传心理战　16.046

psychological weaning　心理断乳　06.097

psychological weapon　心理武器　16.044

psychologilization　心理化　10.122

psychology　心理学　01.001

psychology of aging　老年心理学　06.005

psychology of confession　供述心理学　13.007

psychology of interrogation　审讯心理学　13.004

psychology of investigation　侦查心理学　13.003

psychology of law　法律心理学　01.019

psychology of learning　学习心理学　09.001

psychology of physical education　体育心理学　14.002

psychology of reforming prisoner　罪犯改造心理学　13.010

psychology of testimony　证言心理学　13.008

psychology of victim　受害人心理学　13.011

psychometrics　心理测量学　01.006

psychomotor　心理运动　02.500

psychomotor ability　心理运动能力　11.059

psychoneuroimmunology 心理神经免疫学 05.005

psychoneuromuscular theory 心理神经肌肉理论 14.047

psychopathic personality 病态人格 08.019

psychopathology 心理病理学，* 精神病理学 10.008

psychopharmacology 心理药理学 05.004

psychophysical method 心理物理学方法 04.025

psychophysical scale 心理物理量表 03.312

psychophysics 心理物理学 02.021

psychophysiology 心理生理学 05.001

psychosexual stages of development 心理性欲发展阶段 08.053

psychosis 精神病 10.142

psychosocial deprivation 心理社会剥夺 07.117

psychosocial stress 心理社会应激 10.192

psychosomatic disease 心身疾病 10.131

psychosomatic disorder 心身障碍 10.130

psychotherapy 心理治疗 15.002

psychotherapy of convict 罪犯心理治疗 13.049

psychoticism 精神质 08.040

PTSD 创伤后应激障碍 10.160

puberty 青春期 06.036

public communication 大众沟通 07.094

public distance 公共距离 07.150

public opinion 舆论 07.145

public opinion poll 民意调查 07.146

Pulfrich effect 普尔弗里希效应 02.454

punisher 惩罚物 02.151

pure tone 纯音 02.263

Purkinje effect * 浦肯野效应 02.189

Purkinje phenomenon 浦肯野现象 02.189

Purkinje shift * 浦肯野位移 02.189

purposive behaviorism 目的行为主义 04.133

pursuitmeter 追踪器 02.428

pursuit tracking 尾随追踪 11.032

Pygmalion effect * 皮格马利翁效应 09.111

Q

Q sort Q 分类 08.100

quality of life 生活质量 10.015

quality of worklife 工作生活质量 12.022

quartile deviation 四分[位]差 03.037

quasi-experiment 准实验 02.071

quasi-experimental design 准实验设计，* 类似实验设计 03.182

questionnaire 问卷法 02.107

R

radiant-heat method 热辐射法 02.345

random group design 随机组设计 02.082

randomization 随机化 03.214

randomized block design 随机区组设计 02.083

random measurement error 随机测量误差 03.190

random sampling 随机抽样 03.054

range 全距 03.137

ranking method 等级[排列]法 02.049

rank order correlation 等级相关 03.130

rapid eye movement sleep 快速眼动睡眠 05.159

RAS 网状激活系统 05.021

rater's error 评定者误差 03.220

rating scale 评定量表 03.319

ratio intelligence quotient 比率智商 03.247

rational emotive behavior therapy 理情行为疗法 15.060

rational feeling 理智感 02.728

rationalism 理性主义 04.068

rationalization 合理化，* 文饰 08.090

rationalization of crime 犯罪合理化 13.034

rational psychology 理性心理学 04.050

ratio scale 比率量表 03.317

ratio schedule of reinforcement 强化比率程式 02.149

Raven's Progressive Matrices Test 雷文推理测验 03.302

raw score 原始分数 03.205

reach envelope 可达包络面 11.094

reaction formation 反向形成 15.014

reaction time 反应时 02.093

reaction to detention 拘禁反应 13.055

reactive psychosis * 反应性精神病 10.159

reactology 反应学 04.141

readiness potential ＊准备电位 05.141

reading disorder 阅读障碍 10.051

reading test 阅读测验 03.303

realism 实在论 04.073

reality 实在 04.160

reality therapy 现实疗法 15.064

reality thinking 现实性思维 02.670

real movement perception 真动知觉 02.423

real self 真实自我 08.082

reason by analogy 类推 02.695

reasoning 推理 02.643

REBT 理情行为疗法 15.060

recall 回忆 02.562

recall method 回忆法 02.566

recapitulation 复演说 04.172

receiver-operating characteristic curve 接受者操作特征曲线，＊ROC曲线 02.116

recency effect 近因效应 02.572

reception learning 接受学习 09.008

receptive field 感受野 05.160

receptor 受体 05.089

reciprocal determinism 交互决定论 04.036

reciprocal inhibition 交互抑制 15.030

reciprocal teaching 交互式教学 09.029

recognition 再认 02.559

recognition span 再认广度 02.560

recognition threshold 再认阈限 02.561

reconstruction method 重建法 02.568

recursive model 递归模型 03.169

red blindness 红色盲，＊第一色盲 02.234

red-green blindness 红绿色盲 02.233

reductionism 还原论 02.761

red weakness 红色弱 02.230

reference group 参照群体 07.052

referral 转介 15.089

reflection of feeling 情感反映 15.079

reflection of meaning 释意 15.078

reflex arc 反射弧 05.058

reflexology 反射学 04.142

reframing 重构 15.081

regression 退行 15.017

rehabilitation 康复 10.215

rehabilitation psychology 康复心理学 10.004

rehearsal 复述 02.556

rehearsal strategy 复述策略 09.081

reinforcement 强化 02.138

reinforcement contingency 强化相倚 02.142

reinforcement of criminal mind 犯罪心理强化 13.039

reinforcement theory 强化理论 02.137

reinforcer 强化物 02.152

rejection region 拒绝域 03.149

relapse 复发 05.212

relative deprivation 相对剥夺 07.118

relative standard deviation ＊相对标准差 03.040

relativism 相对主义 04.055

relaxation training 放松训练 14.061

relearning method ＊再学法 02.567

reliability 信度 03.215

REM 快速眼动睡眠 05.159

reminiscence 记忆恢复，＊复记 02.606

remote association 远隔联想，＊间接联想 02.587

repeated measures design 重复测量设计 03.152

representation 表征 02.494

representative heuristics 代表性启发法 02.158

repression 压抑 15.012

reproduction 再现 02.558

reproductive imagination 再造想象 02.502

reproductive thinking 再造思维 02.661

residual standard deviation 剩余标准差 03.041

resistance 阻抗 15.005

resonance theory 共鸣说 02.307

resource limitation model 有限资源模型 02.479

resource management strategy 资源管理策略 09.084

response 反应 02.091

response bias 反应偏向，＊反应偏差 02.092

response latency ＊反应潜伏期 02.093

response time 反应时 02.093

response variable 反应变量 02.061

retention 保持 02.593

retention curve ＊保持曲线 02.597

retest reliability 再测信度，＊重测信度 03.216

reticular activating system 网状激活系统 05.021

retinal disparity 视网膜像差 02.404

retinal illuminance 视网膜照度 02.180

retroactive inhibition 倒摄抑制 02.604

retroactive interference ＊倒摄干扰 02.604

reversal theory　逆转理论　14.038
reversible figure　可逆图形　02.370
reward　奖赏　05.210
rhetoric　修辞　04.185
right handedness　右利手　10.035
risky shift　冒险转移　07.090
ROC curve　接受者操作特征曲线，＊ROC 曲线　02.116
rod cell　视杆细胞　05.163
Rogers' self theory　罗杰斯自我论　08.081
Rokeach value system　罗克奇价值观系统　07.158
role　角色　07.071
role conflict　角色冲突　07.078
role deviation of convict　罪犯角色偏差　13.054
role expectation　角色期待　07.072
role identity　角色认同　07.073
role play　角色扮演　07.074

role positioning　角色定位　14.016
role schema　角色图式　07.075
role taking　角色承担，＊角色获得，＊角色采摘　07.076
role theory　角色理论　07.077
Romeo and Juliet effect　罗密欧与朱丽叶效应　07.174
rooting reflex　觅食反射　06.064
Rosenthal effect　＊罗森塔尔效应　09.111
rote learning　机械学习　09.006
rote memorization　机械识记　02.552
RP　＊准备电位　05.141
RSD　＊相对标准差　03.040
RT　反应时　02.093
Rubin's goblet profile figure　鲁宾酒杯–人面图　02.371
runner's high　跑步者高潮　14.006

S

sadism　施虐癖　10.087
safety psychology　安全心理学　11.006
sample　样本　03.002
sampling　抽样　03.053
sampling distribution　抽样分布　03.115
sanguine temperament　多血质　02.752
SAT　学业评价测验　03.273
saving method　节省法　02.567
scaffolding instruction　支架式教学　09.028
scale value　量表值　03.212
scatter diagram　散点图　03.012
scatterplot　散点图　03.012
schedule of reinforcement　强化程式　02.147
Scheffé test　沙菲检验　03.089
schema　图式　06.008
schema theory　图式理论　02.611
schizoid personality disorder　分裂样人格障碍　10.028
schizophrenia　精神分裂症　10.143
schizotypal personality disorder　＊分裂型人格障碍　10.028
Scholastic Assessment Test　学业评价测验　03.273
school of form-quality　形质学派　04.129
school psychology　学校心理学　09.003

scientism　科学主义　04.056
scientist-practitioner model　＊科学家–实践者模式　10.010
scorer reliability　评分者信度　03.219
scotopic vision　暗视觉　02.164
script　脚本　02.612
SD　睡眠剥夺　05.215
secondary memory　次级记忆　02.511
secondary need　派生需要，＊第二需要　02.735
secondary prevention　二级预防　10.212
secondary reinforcement　二级强化　02.141
secondary reinforcer　二级强化物　02.154
secondary trait　次要特质　08.031
second language　第二语言　02.791
second signal system　第二信号系统　05.121
selection time　选择时间　02.097
selective attention　选择性注意　02.468
selectivity of perception　知觉选择性　02.368
self-actualization　自我实现　08.073
self-archetype　自我的原始意象　08.063
self-concept　自我概念　08.075
self-control　自我控制　15.096
self-deception　自欺　15.020
self-defeating　自我挫败　10.063

self-determination theory　自我决定理论　09.063

self-disclosure　自我表露　07.163

self-efficacy　自我效能感　08.085

self-enhancement　自我提升　08.076

self-esteem　自尊　08.077

self-focus　主位定向　14.023

self-fulfilling prophecy　自我实现预言　07.164

self-handicapping　自我设障　07.161

self-help group　自助小组　15.106

self-identification　自我认同　07.166

self-monitoring　自我监控　07.169

self-perception theory　自我知觉理论　07.165

self-regulated learning　自我调节学习　09.086

self-regulation　自我调节　15.097

self-reinforcement　自我强化　08.080

self-report inventory　自陈问卷　03.313

self-schema　自我图式　07.168

self-serving bias　＊自利偏误　07.033

self-stimulation　自我刺激　05.119

self-suggestion training　自我暗示训练　14.058

self-verification　自我确证　08.078

self-worth　自我价值　07.170

self-worth orientation　自我价值定向　07.172

self-worth orientation theory　自我价值定向理论　07.020

semanteme　语义　02.814

semantic coding　语义编码　02.545

semantic memory　语义记忆　02.529

semantic network　语义网络　02.536

semantic priming　语义启动　02.570

semicircular canal　半规管　02.261

sensation　感觉　02.022

sensationalism　感觉主义　04.135

sense modality　感觉[通]道　02.023

sense of guilt　罪责感　13.057

sense of motion　动作感觉　14.079

sense of self-identity　自我认同感　07.167

sense of tactics　战术意识　14.051

sensitive period　＊敏感期　06.048

sensitivity　感受性　02.028

sensitivity training　敏感性训练　12.054

sensorimotor stage　感觉运动阶段　06.023

sensory adaptation　感觉适应　02.031

sensory aphasia　感觉性失语症　10.046

sensory coding　感觉编码　02.032

sensory contrast　感觉对比　02.033

sensory deprivation　感觉剥夺　05.214

sensory interaction　感觉间相互作用　02.035

sensory mix　感觉融合　02.034

sensory register　＊感觉登记　02.516

separation anxiety　分离性焦虑　10.166

septal area　隔区　05.036

sequential design　连续系列设计，＊序贯设计，＊队列设计　06.136

serial position curve　系列位置曲线　02.573

serial position effect　系列位置效应　02.574

serial processing　系列加工　02.483

serial recall　系列回忆　02.564

serial search　系列搜索　02.485

serotonin　＊血清素　05.106

serviceman psychological selection　军人心理选拔　16.001

serviceman psychological training　军人心理训练　16.007

set theory　定势理论　04.038

seven-factor personality model　人格七因素模型　08.042

sex facilitation　性别助长　07.142

sex identity　性别认同　07.083

sex role　性别角色　07.081

sexual abuse　性虐待　10.086

sexual deviation　性偏离　10.085

s factor　s 因素　02.774

shape constancy　形状恒常性　02.384

shape perception　形状知觉　02.390

shaping　塑造法　15.035

shared mental model　共享心智模型　12.048

shell shock　炮弹休克，＊弹震症　16.033

shifting of attention　注意转移　02.473

short-term memory　短时记忆　02.517

short-term psychotherapy　短程心理治疗　15.101

shuttle box　穿梭箱　05.180

signal detection　信号检测　02.109

signal detection theory　信号检测理论　02.108

signal light　信号灯　11.044

signal-to-noise distribution　信号噪声分布　02.110

significance level　显著性水平　03.150

significance of difference　差异显著性　03.080

significant other 重要他人 15.004

signified 所指 04.183

signifier 能指 04.182

sign language 手语 02.789

sign test 符号检验 03.094

simple reaction time 简单反应时，*A反应时 02.094

simulation 模拟 11.055

simulation method 模拟法 02.104

simulation training 模拟训练 14.065

simultaneous contrast 同时对比 02.188

simultaneous discrimination 同时性辨别 05.169

simultaneous scanning 同时性扫描 02.633

single-case experimental design 单被试实验设计 02.075

single-parent family 单亲家庭 06.120

single-word sentence 单词句 06.082

situated learning 情境学习 09.034

situational attribution 情境归因 07.032

situational interview 情境面试 12.104

situational test 情境测验 03.308

Sixteen Personality Factor Questionnaire 十六种人格因素问卷 03.322

size constancy 大小恒常性 02.388

size illusion 大小错觉 02.434

size perception 大小知觉 02.391

size-weight illusion 形重错觉 02.449

skewed distribution 偏态分布 03.117

skill 技能 02.696

Skinner box 斯金纳箱 02.136

sleep 睡眠 05.157

sleep center 睡眠中枢 05.114

sleep deprivation 睡眠剥夺 05.215

sleeper effect 睡眠者效应 07.133

sleepwalking disorder *睡行症 10.109

slow pain 慢痛，*钝痛 02.348

slow wave sleep 慢波睡眠 05.158

small probability event 小概率事件 03.075

social cognition 社会认知 07.004

social anxiety 社交焦虑 10.165

social cognitive neuroscience 社会认知神经科学 07.005

social cohesion 社会凝聚力 07.060

social comparison theory 社会比较理论 07.015

social constructivism 社会建构主义 09.025

social-cultural-historical school 社会文化历史学派，*维列鲁学派 04.143

social desirability 社会称许性 12.109

social exchange theory 社会交换理论 07.016

social faciliation 社会助长，*社会促进 07.143

social identity theory 社会认同理论 07.017

social impact theory 社会影响理论 07.018

social interest 社会兴趣 07.009

socialization 社会化 07.010

social learning theory 社会学习理论 09.014

social loafing 社会惰怠效应 12.058

social network 社会网络 12.055

social norms 社会规范 07.008

social penetration theory 社会渗透理论 07.019

social phobia 社交恐怖症 10.172

social psychology 社会心理学 01.010

social readjustment 社会再适应 10.018

social representation 社会表征 07.007

social schema 社会图式 07.006

social support 社会支持 10.219

social taboo 社会禁忌 04.171

sociobiology 社会生物学 05.015

sociocultural theory 社会文化理论 06.019

sociometric technique 社会测量技术 07.012

sociotechnical system 社会技术系统 12.064

soldier load 士兵负荷 16.018

solution-focused therapy 焦点解决疗法 15.065

soma 胞体 05.060

somatic anxiety 躯体焦虑 14.040

somatization 躯体化 10.064

somnambulism 梦游症 10.109

sound cage 音笼，*听觉定向测定 02.292

sound level meter 声级计 02.283

source trait 根源特质 08.032

Soviate psychology 苏俄心理学 04.140

SP P物质 05.096

space perception 空间知觉 02.399

space phobia 广场恐怖症，*旷野恐怖症 10.174

space psychology 航天心理学 11.002

spatial disorientation in flight 飞行空间定向障碍 11.081

spatial orientation in flight 飞行空间定向 11.080

Spearman-Brown formula 斯皮尔曼–布朗公式 03.221

Spearman's rank correlation　斯皮尔曼等级相关　03.131

specialized achievement test　专项成就测验　03.272

special perception　专门化知觉　14.076

specific factor　s 因素　02.774

specific function theory of pain　痛觉特殊功能说　02.351

specific phobia　特定恐怖症　10.173

specific transfer　特殊迁移，* 具体迁移　09.067

spectral color　光谱色　02.191

speech activity　言语活动　02.782

speech articulation　言语清晰度　02.786

speech communication　言语通信　11.057

speech intelligibility　言语可懂度　11.068

speech perception　言语知觉　02.783

speech production　言语生成　02.785

speed test　速度测验　03.309

sphericity test　球形检验　03.090

spiral curriculum　螺旋式课程　09.101

spiritualism　唯灵论　04.072

split brain　割裂脑　10.036

split-half reliability　分半信度　03.217

split personality　分裂人格　08.025

spoken language　口头语言　02.787

spontaneous potential　自发电位　05.140

spontaneous recovery　自发性恢复　02.129

spontaneous remission effect　自然缓解作用　15.110

sport anxiety　运动焦虑　14.042

sport anxiety symptom　运动焦虑症　14.043

sport cognition　运动认知　14.074

sport psychology　运动心理学　01.020

spreading activation model　激活扩散模型　02.537

SRT　简单反应时，* A 反应时　02.094

stability of attention　注意稳定性　02.472

STAD　学生小组成就区分法　09.109

stage theory　阶段说　02.228

staircase method　阶梯法　02.046

standard deviation　标准差　03.039

standard error　标准误差　03.043

standard error of estimate　* 标准估计误差　03.041

standard error of measurement　测量标准误差　03.189

standardized test　标准化测验　03.294

standard normal distribution　标准正态分布　03.051

standard score　标准分数，* 基分数　03.209

Stanford-Binet Intelligence Scale　斯坦福–比奈智力量表　03.328

stanine　标准九分　03.210

state anxiety　状态焦虑　10.163

state confidence　状态自信　14.052

station illusion　站台错觉　02.453

statistic　统计量　03.004

statistical analysis　统计分析　03.072

statistical chart　统计图　03.008

statistical decision　统计决策　03.073

statistical probability　统计概率　03.071

statistical significance　统计显著性　03.074

statistical table　统计表　03.007

statistic of test　检验统计量　03.109

stepwise regression analysis　逐步回归分析　03.159

stereoscope　立体镜　02.429

stereoscopic perception　立体知觉　02.400

stereotaxic technique　立体定位技术　05.131

stereotype　刻板印象　07.135

stereotype reaction　刻板反应　10.179

Stevens' law　史蒂文斯定律　02.057

stigma　污名　07.138

Stile-Crawford effect　斯泰尔–克劳福德效应　02.768

stimulus dimension　刺激维度　11.033

stimulus discrimination　刺激辨别　02.131

stimulus generalization　刺激泛化　02.130

stimulus variable　刺激变量　02.058

STM　短时记忆　02.517

storage　储存　02.554

stranger anxiety　陌生人焦虑　06.069

strange situation test　陌生情境测试　02.161

strategic psychological operation　战略心理战　16.048

stratified sampling　分层抽样　03.055

stress　应激　05.208

stress casualty　应激减员　16.027

stress control training　应激控制训练　14.071

stress coping strategy　应激应对策略　10.193

stress management　应激管理　10.195

stress offence　应激犯罪　13.024

stressor　应激源　10.190

stress-related disorder　应激相关障碍　10.159

stress training　应激训练　16.036

stroboscope　动景器　02.427

Strong-Campbell Interest Inventory　斯特朗–坎贝尔兴

T

taste frequency theory 味觉频率理论 02.325

taste tetrahedron 味觉四面体 02.323

taste threshold 味觉阈限 02.320

TAT 主题统觉测验 03.306

t-distribution *t* 分布 03.059

teacher-centered instruction 教师中心教学 09.108

teaching efficacy 教学效能感 09.113

team adaptation and coordination training 团队适应和协调训练 16.012

team building 团队建设 12.043

team diversity 团队多样性 12.044

team efficacy 团队效能感 12.047

team leader training 团队领导训练 16.011

team spirit 团队精神 16.010

teamwork skill 团队协作技能 16.013

technological aesthetics 技术美学 11.012

telegraphic speech 电报式言语 06.074

telencephalon 端脑 05.023

teleology 目的论 04.154

temperament 气质 02.750

temperament type 气质类型 02.751

temperature effect 温度效应 11.072

temperature sensation 温度觉 02.337

temporal lobe 颞叶 05.052

temporal summation 时间总和作用 02.333

terminal value 终极性价值观 07.159

territorial behavior 领地行为 05.192

territoriality 领域性 07.151

tertiary prevention 三级预防 10.213

test anxiety 测验焦虑 03.187

test bias 测验偏向，*测验偏差 03.242

test construction 编制测验 03.285

test item 测验项目 03.243

test manual 测验手册 03.188

test method 测验法 03.185

test of criminal mind 犯罪心理测验，*犯罪心理测谎 13.032

test of independence 独立性检验 03.086

testosterone 睾酮 05.081

test-retest reliability 再测信度，*重测信度 03.216

test score 测验分数 03.204

test standardization 测验标准化 03.186

thalamus 丘脑 05.026

Thanatos *塞纳托斯 08.049

Thematic Apperception Test 主题统觉测验 03.306

theoretical psychology 理论心理学 01.007

theoretical thinking 理论思维 02.672

theory of character function type 性格机能类型论 02.760

theory of common mediation 共同中介说 02.637

theory of componental intelligence *成分智力说 02.770

theory of formal discipline 形式训练说 09.064

theory of functional system 机能系统理论 04.138

theory of hearing 听觉理论 02.304

theory of limited memory storage 记忆容量有限理论 02.599

theory of perceived ability 能力感理论 14.037

theory of specific nerve energy 神经特殊能量学说 04.151

theory of tabula rasa 白板说 04.169

theory X X 理论 12.003

theory Y Y 理论 12.004

theory Z Z 理论 12.005

thermalgesia 热痛觉 02.349

thinking 思维 02.652

thinking aloud 出声思维 02.668

thought control training 思维控制训练 14.073

three-dimensional display 三维显示器，*3D 显示器 11.042

three-factor personality model 人格三因素模型 08.038

three-line relaxation 三线放松 14.062

threshold 阈限 02.025

time-accuracy trade-off 速度–准确性权重 14.089

time and action study 时间动作研究 11.089

time and motion study 时间动作研究 11.089

time-lag design 时间滞后设计 06.135

time limit 时限 03.252

timeliness 适时 15.084

time management 时间管理 10.016

time perception 时间知觉 02.364

tip-of-the-tongue phenomenon 话到嘴边现象，*舌尖现象 02.610

T maze T 形迷津 05.182

TMS 经颅磁刺激 05.127

toilet training 排便训练 06.068

token economy 代币法 15.036

token reinforcer　代币强化物　02.155

tolerence　容忍度　03.176

tonal gap　音隙　02.290

tonal island　音岛　02.291

top-down processing　自上而下加工　02.486

topological psychology　拓扑心理学　04.095

TOT phenomenon　话到嘴边现象，＊舌尖现象　02.610

touch receptive field　触觉感受野　02.331

touch sensation　触觉　02.328

touch spot　触点　02.330

trace theory　痕迹理论　02.601

training transfer　训练迁移　09.069

trait　特质　08.027

trait activation theory　特质激活理论　12.010

trait anxiety　特质焦虑　10.164

trait profile　特质图　08.034

trait theory　特质理论　02.763

trait theory of leadership　领导特质理论　12.093

tranquillizer　镇静剂　10.186

transactional leadership　交易型领导　12.085

transactive memory system　交互记忆系统　12.065

transcortical aphasia　经皮质失语症，＊跨皮质失语症　10.047

transcranial magnetic stimulation　经颅磁刺激　05.127

transfer　迁移　02.710

transference　移情　15.050

transfer of learning　学习迁移　09.066

transformational grammar　转换语法　02.803

transformational leadership　变革型领导　12.086

transformational rule　转换规则　02.804

transpersonal psychology　超个人心理学　04.111

transsexualism　易性癖　10.092

transvestism　异装癖　10.091

trauma　创伤　10.078

traveling wave theory　行波说　02.308

tree diagram　树形图，＊树状图　02.808

trend test　趋势检验　03.097

trial and error　尝试错误，＊试误　09.015

trial and error theory　尝试错误说　02.712

triangular theory of love　爱情三角理论　07.173

triarchic theory of intelligence　智力三元论　02.770

tritanopia　蓝黄色盲，＊第三色盲　02.236

true score　真分数，＊T 分数　03.207

trust　信任　12.057

t-test　*t* 检验　03.082

tube theory　＊三维[度]理论　07.037

twin study　双生子研究　06.129

twisted cord illusion　拧绳错觉　02.443

two-factor theory　双因素理论　12.007

two-parameter logistic model　双参数逻辑斯谛模型　03.267

two-point limen　两点阈　02.332

two-sided test　＊双侧检验　03.088

two-stage sampling　两阶段抽样法　03.056

two-tailed test　双尾检验　03.088

two-word sentence　双词句　06.083

type A behavior pattern　A 型行为类型　10.175

type A personality　A 型人格　08.010

type B behavior pattern　B 型行为类型　10.176

type B personality　B 型人格　08.011

type C behavior pattern　C 型行为类型　10.177

type D personality　D 型人格　08.012

type Ⅰ error　Ⅰ 型错误　03.078

type Ⅱ error　Ⅱ 型错误　03.079

type theory　类型论　02.764

U

unbiased estimator　无偏估计量　03.111

unconditional positive regard　无条件积极关注　08.084

unconditioned reflex　非条件反射　02.117

unconditioned response　无条件反应　02.124

unconditioned stimulus　无条件刺激　02.122

unconscious　无意识，＊潜意识　04.045

unconscious inference　无意识推理　02.650

underload　低负荷　11.062

understanding　理解　04.043

unintentional memorization　无意识记　02.550

uninvolved parenting　放任型教养　06.117

universalism　普适主义　04.058

universality　普遍性　15.074

US　无条件刺激　02.122

usability test　可用性测试　11.096

user experience　用户体验　11.056

user research　用户研究　11.095

US Unified Tri-Service Cognitive Performance
　Assessment Battery　美国三军统一认知绩效评估测
　验　16.005

unfinished business　未完成事务　15.056

UTCPAB　美国三军统一认知绩效评估测验　16.005

V

Vail model　魏尔模式　10.011

validity　效度，＊测验有效性　03.224

value　价值观　07.156

value orientation　价值取向　07.157

values clarification　价值澄清　09.089

variable　变量　03.015

variance　方差，＊变异数　03.038

vector psychology　向量心理学　04.096

velocity constancy　速度恒常性　02.387

ventral stream　腹侧通道，＊枕顶通道　05.165

ventral thalamus　＊腹侧丘脑　05.029

ventricle　脑室　05.032

verbal communication　言语沟通　07.095

verbal report　口头报告，＊言语报告　02.099

vertical transfer　纵向迁移，＊垂直迁移　09.077

vibration adaptation　振动适应　02.356

vibration effect　振动效应　11.071

vibration sensation　振动觉　02.355

vicarious learning　＊替代学习　09.037

vicarious reinforcement　替代强化　02.146

victim's scotoma　受害人盲点症　13.062

victim's sequelae　受害人后遗症　13.061

Vienna school　维也纳学派　04.125

vigilance　警觉，＊警戒　11.064

Vincent curve　文森特曲线　02.709

virtual reality　虚拟现实　11.054

virtual team　虚拟团队　12.045

visceral nervous system　＊内脏神经系统　05.071

visceral sensation　内脏感觉　02.359

vision　视觉　02.162

visionary leadership　愿景型领导　12.087

visual acuity　视敏度　02.238

visual adaptation　视觉适应　02.166

visual afterimage　视觉后像　02.248

visual agnosia　视觉失认症　10.042

visual angle　视角　02.172

visual cliff　视崖　06.070

visual coding　视觉编码　11.036

visual cortex　视皮质　05.056

visual display　视觉显示器　11.037

visual display terminal　视觉显示终端　11.038

visual fatigue　视觉疲劳　11.066

visual field　视野　02.173

visual image　视觉表象　02.495

visual memory　视觉记忆　02.519

visual-motor behavioral rehearsal　视觉–运动行为演练
　14.068

visual noise　视觉噪声　02.392

visual perception　视知觉　02.389

visual threshold　视觉阈限　02.165

vocational aptitude test　职业能力倾向测验　03.281

vocational interest blank　职业兴趣问卷　03.333

volley theory　排放说　02.309

voluntarism　唯意志论，＊唯意志主义　04.080

voluntary attention　有意注意，＊随意注意　02.465

voluntary imagination　有意想象，＊随意想象　02.504

voluntary movement　随意运动　02.700

voyeurism　窥阴癖，＊窥阴症　10.090

W

WAIS　韦克斯勒成人智力量表，＊韦氏成人智力量表
　03.330

warming up decrement　热身损耗　14.013

warm sensation　温觉　02.338

warm spot　温点　02.341

warmth　温情　15.053

warm-up effect　预热效应　07.131

war neurosis　战争神经症　16.024

warning signal　告警信号　11.046

war psychosis　战争精神病　16.025

wartime mental disorder　战时心理障碍　16.022

waterfall illusion　瀑布错觉　02.447

α wave α 波 05.151

β wave β 波 05.152

θ wave θ 波 05.153

δ wave δ 波 05.154

weapons effect 武器效应 07.132

Weber's fraction 韦伯分数 02.056

Weber's law 韦伯定律 02.055

Weber's ratio * 韦伯比例 02.056

Wechsler Adult Intelligence Scale 韦克斯勒成人智力量表，* 韦氏成人智力量表 03.330

Wechsler Intelligence Scale for Children 韦克斯勒儿童智力量表，* 韦氏儿童智力量表 03.329

weighted mean 加权平均数 03.030

weightlessness 失重，* 零重力 11.077

Wernicke's aphasia * 韦尼克失语症 10.046

Wernicke's area 韦尼克区 05.050

western psychology 西方心理学 04.007

what pathway * 什么通路 05.165

where pathway * 何处通路 05.164

white matter 白质 05.043

whole-report procedure 全部报告法 02.531

whole strategy 整体策略 02.631

Whorfian hypothesis 沃夫假设 02.639

Wilcoxon's signed rank test 威尔科克森符号秩检验 03.099

will 意志 02.745

will training 意志训练 14.070

WISC 韦克斯勒儿童智力量表，* 韦氏儿童智力量表 03.329

withdrawal symptom 戒断症状 10.187

within-group design 组内设计 02.081

within-subject design * 被试内设计 02.081

word superiority effect 词优势效应 02.796

work-family balance 工作家庭平衡 12.027

working alliance 工作同盟 15.049

working memory 工作记忆 02.530

working through 修通 15.006

workplace design 工作场所设计 11.091

work posture 工作姿势 11.093

work space 工作空间 11.092

work stress 工作压力 12.026

written language 书面语言 02.788

Wundt illusion 冯特错觉 02.442

Würzburg school * 维茨堡学派 04.126

Y

Yerkes-Dodson law 耶基斯–多德森定律 02.719

Y maze Y 形迷津 05.183

Z

Zeigarnik effect 蔡加尼克效应 02.609

Zeitgeist 时代精神 04.037

zero correlation 零相关 03.132

zone of proximal development 最近发展区 06.085

z score * z 分数 03.209

Z-test Z 检验 03.085

Zürich school 苏黎世学派 04.124

汉 英 索 引

A

B

比较认知　comparative cognition　05.177

比较心理学　comparative psychology　05.002

比率量表　ratio scale　03.317

比率智商　ratio intelligence quotient　03.247

比奈–西蒙智力量表　Binet-Simon Scale of Intelligence　03.327

比赛心理定向　mental orientation in competition　14.015

比赛型运动员　good-at-competition athlete　14.025

毕生发展观　life-span perspective　06.044

闭环控制　closed-loop control　11.028

闭锁性运动技能　closed motor skill　14.008

边缘分布　marginal distribution　03.119

边缘人格　marginal personality　08.024

边缘系统　limbic system　05.033

边缘型人格障碍　borderline personality disorder　10.024

编码　coding　02.542

编码策略　coding strategy　02.544

编码特异性原则　encoding specificity principle　02.462

编制测验　test construction　03.285

变革型领导　transformational leadership　12.086

变量　variable　03.015

* 变量分布　frequency distribution　03.006

变态心理学　abnormal psychology　10.002

* 变异数　variance　03.038

变异系数　coefficient of variation, CV　03.040

辨别反应时　discriminative reaction time　02.096

* 标准参照测验　criterion-referenced test　03.275

标准差　standard deviation　03.039

标准分数　standard score　03.209

* 标准估计误差　standard error of estimate　03.041

标准化测验　standardized test　03.294

标准九分　stanine　03.210

标准误差　standard error　03.043

标准正态分布　standard normal distribution　03.051

表层结构　surface structure　02.805

表达性失语症　expressive aphasia　10.045

表达性语言障碍　expressive language disorder　10.053

表面色　surface color　02.196

表面特质　surface trait　08.033

表面效度　face validity　03.228

表情　emotional expression　02.723

表象　mental image　02.492

表象调节　imagery intervention　14.059

表象训练　imagery training　14.060

表演型人格障碍　histrionic personality disorder　10.029

表征　representation　02.494

冰山剖面图　iceberg profile　14.027

并列结合学习　combinational learning　09.040

并行分布加工模型　parallel distributed processing model, PDP model　02.480

并行加工　parallel processing　02.482

并行搜索　parallel search　02.484

* 病理性偷窃　pathological stealing　10.095

病态人格　psychopathic personality　08.019

α 波　α wave　05.151

β 波　β wave　05.152

θ 波　θ wave　05.153

δ 波　δ wave　05.154

波根多夫错觉　Poggendorff illusion　02.436

玻璃天花板　glass ceiling　12.081

剥夺　deprivation　05.213

剥夺研究　deprivation study　06.125

博多模式　Boulder model　10.010

博弈论　game theory　07.068

博弈性聚焦　focus gambling　02.635

* 补偿　compensation　05.115

补偿追踪　compensatory tracking　11.031

补色　complementary color　02.195

补色律　law of complementary color　02.220

不成熟人格　immature personality　08.013

不充分理由效应　insufficient justification effect　07.087

不可能图形　impossible figure　02.372

不确定间距　interval of uncertainty　02.038

* 不随意想象　involuntary imagination　02.505

不随意运动　involuntary movement　02.701

* 不随意注意　involuntary attention　02.466

布朗–彼得森范式　Brown-Peterson paradigm　02.535

布罗卡区　Broca's area　05.049

* 布罗卡失语症　Broca's aphasia　10.045

部分报告法　partial-report procedure　02.532

部分策略　partial strategy　02.632

部分强化　partial reinforcement　02.144

D

大小恒常性　size constancy　02.388

大小知觉　size perception　02.391

大样本　large sample　03.003

* 大众传播　mass communication, public communication　07.094

大众沟通　mass communication, public communication　07.094

代币法　token economy　15.036

代币强化物　token reinforcer　02.155

代表性启发法　representative heuristics　02.158

代偿　compensation　05.115

代沟　generation gap　07.128

代替律　law of substitution　02.222

丹佛儿童发展筛选测验　Denver Development Screening Test, DDST　03.299

* 丹佛发育筛查测验　Denver Development Screening Test, DDST　03.299

单被试实验设计　single-case experimental design　02.075

* 单侧检验　one-sided test　03.087

单词句　single-word sentence　06.082

单耳听觉　monaural hearing　02.255

单亲家庭　single-parent family　06.120

* 单色视觉　monochromatism　02.232

单色仪　monochromator　02.203

单尾检验　one-tailed test　03.087

单味觉　gustum　02.318

单眼深度线索　monocular depth cue　02.411

单眼运动视差　monocular movement parallax　02.407

单样本 t 检验　one-sample t-test　03.083

单因素方差分析　one-factor analysis of variance　03.101

胆汁质　choleric temperament　02.753

* 弹震症　shell shock　16.033

当前定向　present-focus　14.019

当事人中心疗法　client-centered therapy　15.042

导出分数　derived score　03.206

* 倒摄干扰　retroactive interference　02.604

倒摄抑制　retroactive inhibition　02.604

倒 U 形假说　inverted U hypothesis　14.028

道德两难　moral dilemma　06.095

道德判断　moral judgement　09.088

道德推理　moral reasoning　09.090

道德信念　moral belief　09.091

* 道尔顿症　daltonism　02.231

登门槛效应　foot-in-the-door effect　07.123

* 等感受性曲线　isosensitivity curve　02.116

等高曲线　equal pitch contour　02.288

等级[排列]法　ranking method　02.049

等级相关　rank order correlation　03.130

等距变量　equal interval variable　02.059

等距法　method of equal interval　02.048

等距量表　interval scale　03.315

等势原理　principle of equipotentiality, law of equipotentiality　04.167

等响曲线　equal loudness contour　02.287

等值复本　equivalent form　03.295

邓肯多重范围检验　Duncan multiple-range test　03.142

低常儿童　subnormal child　06.103

低负荷　underload　11.062

低阶迁移　low-road transfer　09.072

敌对　hostility　10.118

敌意性攻击　hostile aggression　14.054

底丘脑　subthalamus　05.029

地板效应　floor effect　02.707

递归模型　recursive model　03.169

递减系列　descending series　02.037

递增系列　ascending series　02.036

* 第二类错误　error of the second kind　03.079

* 第二色盲　deuteranopia　02.235

第二信号系统　second signal system　05.121

* 第二需要　secondary need　02.735

第二语言　second language　02.791

* 第三色盲　tritanopia, blue-yellow blindness　02.236

* 第一类错误　error of the first kind　03.078

* 第一色盲　red blindness　02.234

第一信号系统　first signal system　05.120

* 第一需要　primary need　02.734

第一印象　first impression　07.124

第一语言　first language　02.790

癫痫　epilepsy　10.076

癫痫性精神障碍　mental disorder in epilepsy　10.157

癫痫性人格　epileptoid personality　08.016

* 癫痫　epilepsy　10.076

* 癫痫性精神病　epileptic psychosis　10.157

* 癫痫性人格　epileptoid personality　08.016

点二列相关　point biserial correlation　03.128

点估计　point estimate　03.063

电报式言语 telegraphic speech 06.074
电痉挛休克 electroconvulsive shock, ECK 05.130
电损毁 electrolytic lesion 05.129
* 电休克 electroconvulsive shock, ECK 05.130
顶峰体验 peak experience 08.074
顶叶 parietal lobe 05.053
定势理论 set theory 04.038
定向反应 orienting response 05.170
定向力 orientation 10.125
定向障碍 disorientation 10.126
动机 motivation 02.736
动机本能说 instinct theory of motivation 02.738
动机享乐说 hedonic theory of motivation 02.739
动机性遗忘 motivated forgetting 02.595
动景器 stroboscope 02.427
动觉 kinesthesis 02.352
动觉表象 kinesthetic imagery 02.496
动觉反馈 kinesthetic feedback 14.078
动觉后效 kinesthetic aftereffect, KAE 02.251
动觉计 kinesthesiometer 02.353
动力定型 dynamic stereotype 05.171
动力心理学 dynamic psychology 04.102
动态视敏度 dynamic visual acuity 11.067
动物求偶行为 animal courtship behavior 05.194
动物心理学 animal psychology 05.007
* 动物行为学 ethology 05.014
动作 act 02.697
动作电位 action potential 05.123
动作定向 action orientation 14.024
动作感觉 sense of motion 14.079
动作经济原则 economic principle of motion 11.090
动作灵活性 dexterity of action 02.699
动作稳定性 action stability 02.698
督导 supervision 15.090
独立性检验 test of independence 03.086
* 独立组设计 independent group design 02.080
赌徒谬误 gambler's fallacy 02.642
端脑 telencephalon 05.023
短程心理治疗 short-term psychotherapy 15.101

短时记忆 short-term memory, STM 02.517
短语结构语法 phrase structure grammar 02.807
锻炼成瘾 exercise addiction 14.004
锻炼坚持性 exercise adherence 14.005
锻炼心理学 exercise psychology 14.001
* 队列设计 sequential design 06.136
对比联想 association by contrast 02.590
对比律 law of contrast 02.580
对抗性条件作用 counter conditioning 15.029
对抗训练法 confronting training 16.038
对立违抗性障碍 oppositional defiant disorder 10.114
对偶比较法 method of paired comparison 02.053
对人知觉 person perception 07.147
* 对数定律 logarithmic law 02.054
* 对照组 control group, CG 02.078
* 钝痛 slow pain 02.348
顿悟 insight 02.677
顿悟说 insight theory 04.174
多巴胺 dopamine, DA 05.108
多层线性模型 hierarchical linear model 03.121
多重比较 multiple comparison 03.144
多重共线性 multicollinearity 03.153
多重人格 multiple personality 08.021
多重相关 multiple correlation 03.126
多重项目 polytomous items 03.260
多导[生理]记录仪 polygraph 05.132
多功能显示器 multiple functional display 11.041
* 多级记分项目 polytomous items 03.260
多水平模型 multilevel model 03.113
多通道交互界面 multi-channel interface 11.020
多维焦虑理论 multidimensional anxiety theory 14.029
多血质 sanguine temperament 02.752
多元分析 multiple analysis 03.160
多元回归 multiple regression 03.172
多元文化论 multiculturalism 04.077
* 多元线性回归 multiple regression 03.172
多元智力理论 multiple intelligences theory 06.052
惰性知识 inert knowledge 09.049

E

* 俄狄浦斯情结 Oedipus complex 08.054
额外变量 extraneous variable 02.079

额叶 frontal lobe 05.045
* 厄洛斯 Eros 08.048

儿茶酚胺　catecholamine　05.107
儿童统觉测验　Children's Apperception Test　03.307
儿童心理学　child psychology　06.004
儿向语言　child-directed speech, CDS　06.075
耳膜　eardrum　02.260
耳蜗　cochlea　02.259
二重心理学　dual psychology　04.087
二分法　method of dichotomic classification　02.052
二分项目　dichotomous items　03.259

二级强化　secondary reinforcement　02.141
二级强化物　secondary reinforcer　02.154
二级预防　secondary prevention　10.212
二列相关　biserial correlation　03.127
二色视觉　dichromatic vision　02.237
* 二色性色盲　dichromatopsia　02.237
二项分布　binomial distribution　03.116
二元论　dualism　04.009

F

发散思维　divergent thinking　02.663
发生认识论　genetic epistemology　04.168
发生心理学　genetic psychology　06.003
发现学习　discovery learning　09.007
发展常模　developmental norm　06.045
发展阶段　developmental stage　06.046
发展可塑性　developmental plasticity　06.049
发展年龄　developmental age　02.015
发展趋势　developmental trend　06.041
发展认知神经科学　developmental cognitive neuroscience　06.002
发展弹性　developmental resilience　06.040
发展危机　developmental crisis　08.057
发展心理病理学　developmental psychopathology　06.001
发展心理学　developmental psychology　01.008
发展性协调障碍　developmental coordination disorder, developmental dyspraxia　06.112
* 发展性运动障碍　developmental coordination disorder, developmental dyspraxia　06.112
发展障碍　developmental disorder　06.108
发作性睡病　narcolepsy　10.111
法律心理学　psychology of law　01.019
法律意识　legal consciousness　13.013
反馈　feedback　02.018
反馈负波　feedback-related negativity, FRN, FN　05.150
反社会人格　antisocial personality　08.014
反社会行为　antisocial behavior　13.021
反社会型人格障碍　antisocial personality disorder　10.022
反社会性　antisociality　13.020

反射弧　reflex arc　05.058
反射学　reflexology　04.142
反向刺激法　counterirritation　10.200
反向形成　reaction formation　15.014
反向移情　countertransference　15.051
反应　response　02.091
反应变量　response variable　02.061
* 反应偏差　response bias　02.092
反应偏向　response bias　02.092
* 反应潜伏期　response latency　02.093
反应时　reaction time, response time, RT　02.093
* A 反应时　simple reaction time, SRT　02.094
* B 反应时　choice reaction time　02.095
* C 反应时　discriminative reaction time　02.096
* 反应性精神病　reactive psychosis　10.159
反应学　reactology　04.141
犯罪本能说　instinctive theory of crime　13.040
犯罪动机　criminal motivation　13.022
犯罪动力定型　dynamic stereotype of crime　13.026
* 犯罪动型　dynamic stereotype of crime　13.026
犯罪恶性梯度　gradient of crime vice　13.041
犯罪合理化　rationalization of crime　13.034
犯罪亲和性　criminal affinity　13.036
犯罪群体动力　group dynamics of crime　13.029
犯罪人格　criminal personality　13.027
犯罪习癖化　criminal habituation　13.038
* 犯罪心理测谎　test of criminal mind　13.032
犯罪心理测验　test of criminal mind　13.032
犯罪心理反馈　feedback of criminal mind　13.037
犯罪心理痕迹　mental trace of crime　13.014
犯罪心理画像　criminal profiling　13.033
犯罪心理机制　mental mechanism of crime　13.018

犯罪心理结构　structure of criminal mind　13.016

犯罪心理强化　reinforcement of criminal mind　13.039

犯罪心理学　criminal psychology　13.009

犯罪心理预测　prediction of criminal mind　13.030

犯罪心理预防　prevention of criminal mind　13.031

犯罪行为深度　depth of criminal behavior　13.042

犯罪学习理论　learning theory of crime　13.035

犯罪综合动因论　synthetic agent theory of crime　13.017

泛灵论　panpsychism　04.071

泛性论　pansexualism　08.052

范式　paradigm　04.161

范式论　paradigm theory　04.079

方差　variance　03.038

方差分析　analysis of variance　03.100

方差齐性　homogeneity of variance　03.104

方法论　methodology　04.027

方法学行为主义　methodological behaviorism　04.132

方位知觉　orientation perception　02.402

方向错觉　direction illusion　02.435

防御机制　defense mechanism　08.087

防御性归因　defensive attribution　07.033

访谈法　interview method　02.106

放任型教养　uninvolved parenting　06.117

放松训练　relaxation training　14.061

飞行错觉　flight illusion　11.078

飞行空间定向　spatial orientation in flight　11.080

飞行空间定向障碍　spatial disorientation in flight　11.081

飞行疲劳　aircrew fatigue　11.085

飞行行为障碍　flying behavior disorder　11.084

飞行员工作负荷　pilot workload　11.083

飞行员情景意识　pilot situational awareness　11.082

非彩色　achromatic color　02.193

非参数检验　non-parametric test　03.092

非参与性观察法　non-participant observation　02.103

* 非陈述记忆　nondeclarative memory　02.523

非理性信念　irrational belief　15.061

非联想学习　non-associative learning　05.179

非条件反射　unconditioned reflex　02.117

非言语沟通　nonverbal communication　07.096

非正式群体　informal group　07.051

非正式学习　informal learning　09.009

非正态数据　nonnormal data　03.114

菲茨定律　Fitts' law　11.098

费雷现象　Fere phenomenon　02.420

费希尔得分　Fisher scoring　03.108

费希尔 Z 转换　Fisher's Z transformation　03.107

费希纳定律　Fechner's law　02.054

分半信度　split-half reliability　03.217

分辨　discrimination　02.239

* 分辨法　discriminant analysis　03.161

F 分布　F-distribution　03.058

t 分布　t-distribution　03.059

χ^2 分布　chi-square distribution　03.060

分层抽样　stratified sampling　03.055

分段法　fractionation method　02.051

分化　differentiation　05.206

Q 分类　Q sort　08.100

分类反应数据　categorical response data　03.195

分类知觉　categorical perception　02.367

分离性焦虑　separation anxiety　10.166

* 分离性身份障碍　dissociative identity disorder　08.021

分立技能　discontinuous motor skill　14.010

分裂人格　split personality　08.025

* 分裂型人格障碍　schizotypal personality disorder　10.028

分裂样人格障碍　schizoid personality disorder　10.028

分配公平　distributive justice　12.042

分配性注意　divided attention　02.469

* T 分数　true score　03.207

* z 分数　z score　03.209

分析　analysis　02.628

分析性心理治疗　analytical psychotherapy　10.199

分析性咨询　analytical counseling　15.026

分心　distraction　02.474

丰富化研究　enrichment study　06.126

冯特错觉　Wundt illusion　02.442

否定妄想　delusion of negation　10.150

否认　denial　15.016

肤觉　cutaneous sensation　02.327

弗里德曼检验　Friedman test　03.096

服从　obedience　07.104

符号互动理论　symbolic interactionism　07.043

符号化　symbolization　15.046

符号检验　sign test　03.094

符号学习理论　symbol learning theory　14.030

辐合思维　convergent thinking　02.664

父母教养方式　parenting style　06.113

负后像　negative afterimage　02.246

负迁移　negative transfer　09.071

负强化　negative reinforcement　02.140

负相关　negative correlation　03.124

负诱因　negative incentive　08.070

附属内驱力　affinitive drive　09.060

复发　relapse　05.212

复合音　compound tone　02.264

* 复记　reminiscence　02.606

复决定系数　coefficient of multiple determination 03.175

复述　rehearsal　02.556

复述策略　rehearsal strategy　09.081

* 复相关系数　coefficient of multiple correlation 03.175

复演说　recapitulation　04.172

复杂性派生理论　derivation theory of complexity 02.799

副交感神经系统　parasympathetic nervous system 05.073

副现象论　epiphenomenalism　04.021

* 腹侧丘脑　ventral thalamus　05.029

腹侧通道　ventral stream　05.165

G

概化理论　generalizability theory, GT　03.196

概化他人　genaralized other　07.099

概括　generalization　02.625

概念　concept　02.614

概念改变教学　conceptual change teaching　09.044

概念化　conceptualization　15.093

* 概念获得　concept acquisition　02.622

概念结构　concept structure　02.621

* 概念驱动加工　conceptually driven process　02.486

概念确认　concept identification　02.623

概念体系　conceptual system　02.624

概念同化　concept assimilation　09.042

概念习得　concept acquisition　02.622

概念形成　concept formation　02.620

概念学习　concept learning　09.041

干扰理论　interference theory　02.602

感光细胞　photoreceptor cell　05.161

感觉　sensation　02.022

感觉编码　sensory coding　02.032

感觉剥夺　sensory deprivation　05.214

* 感觉登记　sensory register　02.516

感觉对比　sensory contrast　02.033

感觉间相互作用　sensory interaction　02.035

感觉缺失　anesthesia　10.098

感觉融合　sensory mix　02.034

感觉适应　sensory adaptation　02.031

感觉[通]道　sense modality　02.023

感觉性失语症　sensory aphasia　10.046

感觉运动阶段　sensorimotor stage　06.023

感觉主义　sensationalism　04.135

感受性　sensitivity　02.028

感受野　receptive field　05.160

肛门期　anal stage　06.028

岗位分析　job analysis　12.029

岗位轮换　job rotation　12.036

岗位评价　job evaluation　12.030

高读症　hyperlexia　06.109

* 高峰体验　peak experience　08.074

* 高级条件作用　higher order conditioning　02.132

高级心理过程　higher mental process　02.740

高阶迁移　high-road transfer　09.073

高原期　plateau period　02.708

高原现象　plateau phenomenon　14.012

睾酮　testosterone　05.081

告警信号　warning signal　11.046

哥伦比亚学派　Columbia school　04.127

割裂脑　split brain　10.036

格塞尔发展测验　Gesell Development Test　03.298

格式塔场理论　Gestalt field theory　04.076

格式塔疗法　Gestalt therapy　15.055

格式塔心理学　Gestalt psychology　04.106

格式塔组织原则　Gestalt principle of organization 02.377

* 隔绝　incarceration　16.009

11.043

*光源颜色温度 color temperature 02.201

广场恐怖症 agoraphobia, space phobia 10.174

广泛性焦虑症 generalized anxiety disorder 10.170

广告心理学 advertising psychology 01.018

广阔–内部注意 broad-internal attention 14.084

广阔–外部注意 broad-external attention 14.085

归纳推理 inductive inference 02.646

归属需要 need for affiliation, N-Affil 12.059

归因 attribution 07.027

归因方式问卷 Attribution Styles Questionnaire, ASQ 03.334

归因理论 attribution theory 07.035

*归因偏差 attribution bias 07.034

归因偏向 attribution bias 07.034

规范 norm 07.098

国民性 national character 07.144

过程定向 process-focus 14.020

过程咨询 process consultation 12.062

过度补偿 overcompensation 15.019

过度概化 overgeneralization 06.081

过度理由效应 overjustification effect 07.086

过度社会化 oversocialization 07.011

过度学习 overlearning 09.087

过度训练 overtraining 14.032

过滤器模型 filter model 02.477

过滤式分析 analysis by filtering 02.629

H

海德归因理论 Heider's attribution theory 07.036

海马 hippocampus 05.037

海马结构 hippocampal formation 05.039

亥姆霍茨错觉 Helmholtz illusion 02.452

*亥姆霍茨三色说 Helmholtz's trichromatic theory 02.225

亥姆霍茨视觉说 Helmholtz's theory of color vision 02.225

航海心理学 marine psychology 11.004

航空航天工效学 aerospace ergonomics 11.009

航空航天心理学 aerospace psychology 11.003

航空心理学 aviation psychology 11.001

航天心理学 space psychology 11.002

合成分数 composite score 03.208

合理化 rationalization 08.090

合取概念 conjunctive concept 02.618

合音 combination tone 02.267

合作 cooperation 07.113

合作学习 cooperative learning 09.031

*何处通路 where pathway 05.164

核磁共振 nuclear magnetic resonance, NMR 05.134

核心家庭 nuclear family 06.119

黑林错觉 Hering's illusion 02.437

黑林视觉说 Hering's theory of color vision 02.226

*黑林四色说 Hering's theory of color vision 02.226

黑箱论 black box theory 04.040

痕迹理论 trace theory 02.601

恒定刺激法 method of constant stimulus 02.044

恒定误差 constant error 03.240

横断设计 cross-sectional design 06.134

横竖错觉 horizontal-vertical illusion 02.439

横向迁移 lateral transfer 09.076

红绿色盲 red-green blindness 02.233

红色盲 red blindness 02.234

红色弱 red weakness 02.230

后经验主义 post empiricism 04.069

后实证主义 post positivism 04.060

后习俗道德 postconventional morality 06.094

后现代主义 post modernism 04.065

后向掩蔽 backward masking 02.296

后像 afterimage 02.245

互动公平 interactional justice 12.041

互动论 interactionism 04.011

互联网导航 internet navigation 11.058

护理心理学 nursing psychology 10.003

*护幼活动 care of young 05.197

话到嘴边现象 tip-of-the-tongue phenomenon, TOT phenomenon 02.610

话语 discourse 04.162

话语社会心理学 discursive social psychology 07.002

话语心理学 discourse psychology 04.115

还原论 reductionism 02.761

环境决定论 environmentalism 04.034

环境心理学　environmental psychology　11.005
幻觉　hallucination　10.128
幻听　auditory hallucination　02.303
唤醒　arousal　14.033
换位思考　perspective taking　07.084
灰质　gray matter　05.044
回避行为　avoidance behavior　07.154
回避型人格　avoidant personality　08.015
回避型人格障碍　avoidant personality disorder　10.023
回避性训练　avoidance training　02.713
回避学习　avoidance learning　05.185
回忆　recall　02.562
回忆法　recall method　02.566

会商　consultation　15.108
会心团体　encounter group　15.105
婚姻疗法　marriage therapy　15.068
混合设计　mixed design　02.086
* 混色轮　color wheel　02.205
混淆变量　confounding variable　02.063
活动理论　activity theory　04.039
* 或然比　likelihood ratio　02.111
或战或逃反应　fight or flight response　10.196
货机崇拜的科学　cargo cult science　04.041
霍兰德职业取向模型　Holland vocational model　12.083
霍桑效应　Hawthorne effect　12.017

J

击中　hit　02.112
机能系统理论　theory of functional system　04.138
机能心理学　functional psychology　04.100
机能主义　functionalism　04.137
机体觉缺失　acenesthesia　10.099
机体评估过程　organismic valuing process　15.044
机械识记　rote memorization　02.552
机械学习　rote learning　09.006
机组资源管理　crew resource management　11.086
肌觉　muscle sensation　02.354
积差相关　product-moment correlation　03.129
积极心理学　positive psychology　04.116
基本焦虑　basic anxiety　08.088
基础率　base rate　03.014
基础主义　foundationalism　04.062
基底神经节　basal ganglia　05.024
* 基分数　standard score　03.209
基率谬误　base-rate fallacy　07.046
* 基色　fundamental color, primary color　02.194
基音　fundamental tone　02.262
激变模型　catastrophe model　14.044
激动剂　agonist　05.098
激活扩散模型　spreading activation model　02.537
激励理论　motivation theory　12.008
激情犯罪　passionate crime　13.023
激情之爱　passionate love　07.175
即时联想　immediate association　02.586

即时性　immediacy　15.083
极限法　limit method　02.042
急性心因性反应　acute psychogenic reaction　10.198
急性战场心理应激反应　acute battlefield psychological stimulus response　16.029
* 集体潜意识　collective unconscious　08.061
集体无意识　collective unconscious　08.061
集体主义　collectivism　07.063
集中量数　measure of central tendency　03.028
集中趋势　central tendency　03.027
集中趋势分析　central tendency analysis　03.024
集中性沉思　concentrative meditation　02.673
嫉妒妄想　delusion of jealousy　10.153
几何平均数　geometric mean, geometric average　03.031
几何视错觉　geometrical optical illusion　02.433
计算机辅助教学　computer-aided instruction, CAI　09.096
计算机化适应性测验　computerized adaptive test, CAT　03.283
计算机模拟　computer simulation　02.014
计算机模型　computer model　02.013
计算机支持的协同工作　computer-supported cooperative work, CSCW　11.053
计算困难　dyscalculia　06.110
记忆　memory　02.506
记忆表象　memory image　02.493

角色扮演　role play　07.074

*角色采摘　role taking　07.076

角色承担　role taking　07.076

角色冲突　role conflict　07.078

角色定位　role positioning　14.016

*角色获得　role taking　07.076

角色间冲突　interrole conflict　07.079

角色理论　role theory　07.077

角色内冲突　intrarole conflict　07.080

角色期待　role expectation　07.072

角色认同　role identity　07.073

角色图式　role schema　07.075

绝对感受性　absolute sensitivity　02.029

绝对阈限　absolute threshold　02.026

军队一般分类测验　Armed General Classification Test, AGCT　16.002

军队职业能力倾向成套测验　Armed Service Vocational Aptitude Battery, ASVAB　16.004

军人心理选拔　serviceman psychological selection　16.001

军人心理训练　serviceman psychological training　16.007

军事心理学　military psychology　01.022

军事应激　military stress　16.021

*均方　mean square　03.038

*k 均值聚类法　k-means clustering　03.164

K

卡特尔智力理论　Cattell-Horn theory of intelligence　02.775

开窗实验　experiment of open window　02.070

开放性访谈　open-end interview　10.208

开放性运动技能　open motor skill　14.009

开环控制　open-loop control　11.027

凯利归因理论　Kelley's attribution theory　07.037

康复　rehabilitation　10.215

康复心理学　rehabilitation psychology　10.004

*抗体介导免疫　antibody-mediated immunity　05.101

科里奥利错觉　Coriolis illusion　11.079

科学观　conception of science　04.042

*科学家–实践者模式　scientist-practitioner model　10.010

科学主义　scientism　04.056

可达包络面　reach envelope　11.094

可得性启发法　availability heuristics　02.159

*可懂度　intelligibility　11.068

可逆图形　reversible figure　02.370

可听度曲线　audibility curve　02.284

可用性测试　usability test　11.096

渴求　craving　05.211

克龙巴赫 α 系数　Cronbach's α coefficient　03.223

刻板反应　stereotype reaction　10.179

刻板印象　stereotype　07.135

客观测验　objective test　03.248

客观题　objective item　03.250

客观主义　objectivism　04.054

客体永久性　object permanence　06.086

课堂管理　classroom management　09.098

肯德尔和谐系数　Kendall's concordance coefficient　03.135

*肯德尔 W 系数　Kendall's concordance coefficient　03.135

*肯德尔 U 系数　Kendall's consistency coefficient　03.136

肯德尔一致性系数　Kendall's consistency coefficient　03.136

空巢　empty nest　06.099

空间知觉　space perception　02.399

空气透视　aerial perspective　02.412

恐怖症　phobia　10.171

恐惧诱导　fear appeal　10.201

*控制变量　controlled variable　02.079

控制点　locus of control　08.071

控制联想　controlled association　02.584

控制器　controls, controller　11.048

控制器编码　coding of controls　11.049

控制器阻力　controls resistance　11.050

控制–显示比　control-display ratio　11.051

控制–显示兼容性　control-display compatibility　11.052

控制组　control group, CG　02.078

口唇期　oral stage　06.027

口头报告　verbal report　02.099

口头语言　spoken language　02.787

口语记录　protocol　02.689
扣带回　cingulate gyrus　05.034
苦恼　distress　10.116
库德–理查森信度　Kuder-Richardson reliability　03.218
* 跨皮质失语症　transcortical aphasia　10.047
跨通道匹配　cross-modality matching　02.024
* 跨文化测验　cross-cultural test　03.301
跨文化管理　cross-cultural management　12.095
跨文化研究　cross-cultural research　04.049
快感缺失　anhedonia　10.100

快速聚类法　k-means clustering　03.164
快速眼动睡眠　rapid eye movement sleep, REM　05.159
快速映射　fast mapping　06.078
快痛　fast pain　02.347
宽容型教养　permissive parenting　06.116
旷场试验　open field test　05.175
* 旷野恐怖症　agoraphobia, space phobia　10.174
窥阴癖　voyeurism　10.090
* 窥阴症　voyeurism　10.090

L

拉丁方设计　Latin square design　02.085
* 来访者中心疗法　client-centered therapy　15.042
莱温变革模型　Lewin's change model　12.049
* 兰道环视标　Landolt ring　02.240
蓝道环　Landolt ring　02.240
蓝黄色盲　tritanopia, blue-yellow blindness　02.236
老化　aging　06.015
老年期　late adulthood　06.038
老年心理学　aging psychology, psychology of aging　06.005
雷文推理测验　Raven's Progressive Matrices Test　03.302
类比　analogy　02.627
* 类比律　law of similarity　02.579
类焦虑行为　anxiety-like behavior　05.196
* 类属学习　subordinate learning　09.038
* 类似联想　association by similarity　02.591
* 类似实验设计　quasi-experimental design　03.182
类推　reason by analogy　02.695
类型论　type theory　02.764
类抑郁行为　depressive-like behavior　05.195
累计频数图　cumulative frequency polygon　03.010
冷点　cold point　02.342
冷觉　cold sensation　02.339
冷效应　cold effect　16.031
离差　deviation　03.044
离差平方和　sum of deviation square　03.045
离差智商　deviation intelligence quotient　03.211
* 离散量数　measure of difference　03.036
离散型变量　discrete variable　03.017

离心趋势　marginalization　04.186
离中趋势　divergence tendency　03.035
离中趋势分析　dispersional tendency analysis　03.025
理解　understanding　04.043
理解策略　comprehension strategy　02.793
ERG 理论　ERG theory　12.006
* P-O-X 理论　P-O-X triads　07.041
X 理论　theory X　12.003
Y 理论　theory Y　12.004
Z 理论　theory Z　12.005
理论思维　theoretical thinking　02.672
理论心理学　theoretical psychology　01.007
理情行为疗法　rational emotive behavior therapy, REBT　15.060
理想自我　ideal self　08.083
理性心理学　rational psychology　04.050
理性主义　rationalism　04.068
理智感　rational feeling　02.728
力比多　libido　08.046
历史编纂学　historiography　04.015
历史主义　historicism　04.014
立体定位技术　stereotaxic technique　05.131
立体镜　stereoscope　02.429
立体知觉　stereoscopic perception　02.400
利克特量表　Likert scale　03.331
利他行为　altruistic behavior　07.153
利他主义　altruism　07.061
连续变量　continuous variable　03.016
连续技能　continuous motor skill　14.011
连续军事操作　continuous operation　16.019

M

08.072

*马斯洛人类动机理论 Maslow's theory of human motivation 04.158

迈尔斯–布里格斯人格类型测验 Myers-Briggs Type Indicator, MBTI 08.098

麦科洛效应 McCollough effect 02.252

*麦克斯韦颜色三角 Maxwell color triangle 02.210

曼–惠特尼 *U* 检验 Mann-Whitney *U* test 03.095

曼荼罗 Mandala 08.066

慢波睡眠 slow wave sleep 05.158

慢痛 slow pain 02.348

慢性疲劳 chronic strain 10.119

慢性疼痛 chronic pain 10.120

慢性温和型应激 chronic mild stress 05.209

慢性战场心理应激反应 chronic battlefield psychological stimulus response 16.030

芒塞尔颜色立体 Munsell color solid 02.208

盲目定位运动 blind-positioning movement 11.099

矛盾心态 ambivalence 10.097

锚测验 anchor test 03.244

锚定教学 anchored instruction 09.030

锚定启发法 anchoring heuristics 02.160

*锚定试探法 anchoring heuristics 02.160

锚定效应 anchoring effect 07.130

冒险转移 risky shift 07.090

美感 aesthetic feeling 02.730

美国三军统一认知绩效评估测验 US Unified Tri-Service Cognitive Performance Assessment Battery, UTCPAB 16.005

魅力型领导理论 charismatic leadership theory 12.094

梦的工作 dream work 15.009

梦样状态 dreamy state 10.108

梦游症 noctambulism, somnambulism 10.109

迷津 maze 02.715

迷津学习 maze learning 09.020

*迷思概念 misconception 09.043

米尔格拉姆服从实验 Milgram's obedience experiment 07.105

米勒–莱尔错觉 Müller-Lyer illusion 02.440

觅食反射 rooting reflex 06.064

*幂[函数]定律 power law 02.057

面部表情 facial expression 02.724

面孔失认症 prosopagnosia 10.043

面孔识别 facial recognition 02.456

面子 face 07.121

描述统计 descriptive statistics 03.023

*描述性知识 declarative knowledge 09.045

民意调查 public opinion poll 07.146

民族心理学 folk psychology 04.091

民族中心主义 ethnocentrism 04.066

民族中心主义一元文化论 ethnocentric monoculturalism 04.178

*敏感期 sensitive period 06.048

敏感性训练 sensitivity training 12.054

明度 brightness 02.181

明度对比 brightness contrast 02.182

明度恒常性 brightness constancy 02.383

明尼苏达多相人格调查表 Minnesota Multiphasic Personality Inventory, MMPI 03.321

明视觉 photopic vision 02.163

明适应 bright adaptation 02.167

冥想 meditation 15.038

命名性失语症 amnestic aphasia, anomic aphasia 10.048

命题编码理论 propositional code theory 02.541

命题表征 propositional representation 02.540

命题网络模型 propositional network model 02.539

模仿学习 imitation learning 05.184

模仿言语 echolalia 06.073

模块论 modularity theory 02.463

模拟 simulation 11.055

模拟法 simulation method 02.104

模拟训练 simulation training 14.065

模式识别 pattern recognition 02.455

*PDP 模型 parallel distributed processing model, PDP model 02.480

摩尔根法则 Morgan's canon 04.047

陌生情境测试 strange situation test 02.161

陌生人焦虑 stranger anxiety 06.069

莫里斯水迷津 Morris water maze 05.181

莫罗反射 Moro reflex 06.063

墨迹测验 inkblot test 03.305

*母语 native language 02.790

目标参照测验 criterion-referenced test 03.275

目标设置理论 goal setting theory 12.012

目标设置训练 goal setting training 14.066

目标指向学习 goal-directed learning 09.057

目的论　teleology　04.154
目的行为主义　purposive behaviorism　04.133

目的指向性思维　goal-directed thinking　02.659
目击证言　eyewitness testimony　13.059

N

纳格尔图片测验　Nagel Chart Test　03.292
耐力训练　endurance training　16.040
男性化–女性化　masculinity-femininity　08.092
南锡学派　Nancy school　04.122
难度测验　power test　03.310
脑　brain　05.016
脑磁图　magnetoencephalography, MEG　05.137
脑电图　electroencephalogram, EEG　05.139
脑啡肽　enkephalin　05.095
脑干　brain stem　05.017
脑力激励　brainstorming　07.069
脑神经　cranial nerve　05.068
脑室　ventricle　05.032
内部表象　internal imagery　14.080
内部表征　internal representation　02.613
内部参考系　internal frame of reference　15.043
内部工作模型　internal working model　15.003
内部言语　inner speech　06.079
内耳　inner ear　02.257
内啡肽　endorphin　05.093
内分泌系统　endocrine system　05.075
内分泌腺　endocrine gland　05.077
内化　internalization　07.112
* 内环境平衡　homeostasis　02.360
* 内倾　introversion　02.758
内倾问题　internalizing problem　02.685
内驱力　drive　08.047
内驱力理论　drive theory　14.036
内群体　ingroup　07.048
内容效度　content validity　03.229
内容心理学　content psychology　04.092
内投射　introjection　15.022
内向　introversion　02.758
内省　introspection　04.145

内省法　introspective method　04.146
内隐记忆　implicit memory　02.514
内隐刻板印象　implicit stereotype　07.136
内隐联结测验　implicit association test　07.134
内隐态度　implicit attitude　07.025
内隐学习　implicit learning　09.050
内隐知识　implicit knowledge　09.048
内源性注意定向　endogenous attention orienting　02.489
内在归因　internal attribution　07.029
内在激励　intrinsic motivation　07.070
内脏感觉　visceral sensation　02.359
* 内脏神经系统　visceral nervous system　05.071
能力　ability　02.746
能力测验　ability test　03.277
能力分组　ability grouping　03.279
能力感理论　theory of perceived ability　14.037
能力倾向　aptitude　02.747
能力倾向测验　aptitude test　03.280
能力倾向–教学处理交互作用　aptitude-treatment interaction, ATI　09.100
能指　signifier　04.182
* 拟合优度检验　goodness of fit test　03.098
拟剧论　dramaturgy　07.066
拟人论　anthropomorphism　04.157
逆向推理　backward inference　02.647
逆转理论　reversal theory　14.038
年龄特征　age characteristics　06.047
黏液质　lymphatic temperament　02.754
颞叶　temporal lobe　05.052
拧绳错觉　twisted cord illusion　02.443
凝聚力　cohesion, cohesiveness　07.058
纽曼–科伊尔斯检验　Newman-Keuls test　03.143
女性主义心理学　feminist psychology　04.112

P

排便训练　toilet training　06.068
排放说　volley theory　02.309

派生需要　secondary need　02.735
判别分析　discriminant analysis　03.161

判断　judgement　02.640

旁观者效应　bystander effect　07.092

跑步者高潮　runner's high　14.006

炮弹休克　shell shock　16.033

配对样本 *t* 检验　matched samples *t*-test　03.084

* 配色　color matching　02.214

* 配色公式　color equation　02.207

蓬佐错觉　Ponzo illusion　02.441

* 皮层　cortex　05.040

* 皮尔逊相关　Pearson correlation　03.129

皮肤电反应　galvanic skin response　02.019

* 皮格马利翁效应　Pygmalion effect　09.111

皮亚杰理论　Piagetian theory　06.006

皮亚杰学派　Piagetian school　04.120

皮质　cortex　05.040

匹配组设计　matched-group design　02.076

偏回归　partial regression　03.173

偏见　prejudice　07.119

偏态分布　skewed distribution　03.117

偏相关　partial correlation　03.133

偏执型人格障碍　paranoid personality disorder　10.027

* 偏执性精神病　paranoid psychosis　10.148

胼胝体　corpus callosum　05.057

频数　absolute frequency　03.005

频数分布　frequency distribution　03.006

频因律　law of frequency　09.018

ABBA 平衡法　ABBA counterbalancing　02.087

平衡觉　equilibratory sensation　02.357

平衡理论　balance theory　07.041

平衡设计　counterbalanced design　03.181

* 平均差误法　method of average error　02.043

平行测验　parallel test　03.296

评定量表　rating scale　03.319

评定者误差　rater's error　03.220

评分者信度　scorer reliability　03.219

* 评分者一致性　consistency of estimator　03.219

评估　assessment　10.214

评价中心　assessment center　12.099

迫选测验　forced-choice test　03.251

迫选法　forced-choice method　02.098

破堤效应　abstinence violation effect, AVE　10.121

* 浦肯野位移　Purkinje shift　02.189

浦肯野现象　Purkinje phenomenon　02.189

* 浦肯野效应　Purkinje effect　02.189

* 普遍迁移　general transfer　09.068

普遍性　universality　15.074

* 普遍性适应综合征　general adaptation syndrome, GAS　10.194

普尔弗里希效应　Pulfrich effect　02.454

普雷马克原理　Premack principle　02.150

普适主义　universalism　04.058

* 普通能力测验　general ability test　03.278

普通心理学　general psychology　01.002

瀑布错觉　waterfall illusion　02.447

Q

* 期待波　expectancy wave　05.146

期望　expectancy　02.127

期望理论　expectancy theory　12.009

期望效应　expectancy effect　09.111

歧视　discrimination　07.120

歧义　ambiguity　02.809

启动　priming　02.569

启发法　heuristics　02.157

启发式偏差　heuristic bias　12.063

启发式评价　heuristic evaluation　11.097

气氛效应　atmosphere effect　02.651

气味　flavor　02.316

气质　temperament　02.750

气质类型　temperament type　02.751

气质血型说　blood type theory of temperament　02.756

* 器质性精神病　organic psychosis　10.158

器质性精神障碍　organic mental disorder　10.158

迁移　transfer　02.710

前额皮质　prefrontal cortex　05.046

前脑　forebrain　05.022

* 前摄干扰　proactive interference　02.603

前摄抑制　proactive inhibition　02.603

前习俗道德　preconventional morality　06.092

前向掩蔽　forward masking　02.297

* 前运动电位　premotor potential　05.141

前运算阶段 preoperational stage 06.024

前注意加工 preattentive processing 02.488

潜伏学习 latent learning 09.022

* 潜意识 nonconscious, unconscious 04.045

潜在特质理论 latent trait theory, LTT 03.287

嵌套设计 nested design 03.198

强度 intensity 02.178

强啡肽 dynorphin 05.094

强化 reinforcement 02.138

强化比率程式 ratio schedule of reinforcement 02.149

强化程式 schedule of reinforcement 02.147

强化间隔程式 interval schedule of reinforcement 02.148

强化理论 reinforcement theory 02.137

强化物 reinforcer 02.152

强化相倚 reinforcement contingency 02.142

强迫行为 compulsion 10.178

强迫型人格障碍 compulsive personality disorder 10.025

强迫症 obsessive-compulsive disorder, OCD 10.168

5-羟色胺 5-hydroxytryptamine, 5-HT 05.106

亲和 affiliation 06.014

亲社会行为 prosocial behavior 07.152

亲子关系 parent-child relationship 06.118

侵犯 aggression 07.106

青春期 puberty 06.036

青少年发育陡增 adolescent growth spurt 06.096

青少年期 adolescence 06.035

轻度认知损伤 mild cognitive impairment 10.073

倾听技术 attending skill 15.075

清晰度指数 articulation index 11.069

情感 affection 02.727

情感淡漠 apathy 10.136

情感倒错 parathymia 10.137

情感反映 reflection of feeling 15.079

情感高涨 hyperthymia 10.135

情感两极性 bipolarity of feeling 02.731

情感性精神病 affective psychosis 10.144

情感障碍 affective disorder 10.134

情感支持 emotional support 10.220

情结 complex 08.050

情景记忆 episodic memory 02.525

情境测验 situational test 03.308

情境归因 situational attribution 07.032

情境面试 situational interview 12.104

情境学习 situated learning 09.034

情境智力 contextual intelligence 02.772

情绪 emotion 02.720

情绪反应 emotional response 02.721

情绪分化理论 differential emotion theory 06.020

情绪记忆 emotional memory 02.524

情绪调节 emotion regulation 10.221

情绪维度 emotional dimension 02.722

情绪智力 emotional intelligence 02.778

丘脑 thalamus 05.026

球形检验 sphericity test 03.090

* 区分度 discriminatility 03.265

区分能力倾向测验 Differential Aptitude Tests, DAT 03.284

区分效度 discrimination validity 03.230

区间估计 interval estimation 03.064

区组变量 blocking variable 03.021

* ROC 曲线 receiver-operating characteristic curve, ROC curve 02.116

屈尔珀学派 Külpe school 04.126

躯体化 somatization 10.064

躯体焦虑 somatic anxiety 14.040

躯体虐待 physical abuse 10.077

趋势检验 trend test 03.097

去个体化 deindividuation 07.088

去甲肾上腺素 noradrenaline, NA, norepinephrine, NE 05.109

去条件作用 deconditioning 02.125

去同步化波 desynchronized wave 05.148

去习惯化 dishabituation 06.123

去中心性 decentration 06.087

全部报告法 whole-report procedure 02.531

全或无定律 all-or-none law 05.124

全距 range 03.137

全色盲 monochromatism 02.232

权威人格 authoritarian personality 08.026

权威型教养 authoritative parenting 06.115

权威主义 authoritarianism 07.062

缺失数据 missing data 03.112

群体 group 07.047

群体动力学 group dynamics 04.108

群体动力学理论 group dynamics theory 12.052

群体犯罪心理 mind of group crime 13.028
群体规范 group norm 07.053
群体极化 group polarization 07.056
群体决策 group decision making 12.051
* 群体凝聚力 group cohesion 07.058

群体偏向 group extremity shift 07.057
群体气氛 group climate 12.050
群体思维 groupthink 07.055
群体压力 group pressure 07.054

R

热辐射法 radiant-heat method 02.345
热情 enthusiasm 02.729
热身损耗 warming up decrement 14.013
热痛觉 thermalgesia 02.349
热效应 heat effect 16.032
人本主义 humanism 04.057
人本主义心理学 humanistic psychology 04.089
人本主义心理治疗 humanistic psychotherapy 15.041
人差方程 personal equation 02.742
人的传递函数 human transfer function 11.026
人的可靠性 human reliability 11.025
人格 personality 08.008
* 人格测评 personality assessment 08.094
人格测验 personality test 08.097
NEO 人格调查表 Neuroticism, Extroversion, Openness Personality Inventory, NEO-PI 08.096
人格动力论 dynamic theory of personality 08.005
人格发展 personality development 08.056
人格改变 personality change 10.020
人格结构 personality structure 02.765
人格解体 depersonalization 10.019
人格类型 personality type 08.009
人格理论 personality theory 08.002
人格量表 personality scale 02.769
人格面具 persona 08.059
人格评估 personality assessment 08.094
人格七因素模型 seven-factor personality model 08.042
人格三因素模型 three-factor personality model 08.038
人格特质 personality trait 08.029
人格维度 personality dimension 08.037
人格问卷 Personality Questionaire 08.095
人格五因素模型 five-factor personality model, FFM 08.041
人格心理学 personality psychology 01.011

人格障碍 personality disorder 10.021
人工概念 artificial concept 02.617
人工智能 artificial intelligence, AI 02.012
人机对话 man-machine dialogue, human-computer dialogue 11.021
人机功能分配 man-machine function allocation 11.023
人–机–环境系统 man-machine-environment system 11.013
人机交互[作用] human-computer interaction 11.024
人机界面 man-machine interface 11.016
人机匹配 man-machine matching 11.022
人机系统 man-machine system, human-machine system 11.014
人机系统评价 evaluation of man-machine system 11.015
人际关系 interpersonal relation 07.140
人际距离 interpersonal distance 07.139
人力资源管理 human resources management 12.019
人事心理学 personnel psychology 12.001
人体测量学 anthropometry 11.010
人为失误 human error 07.176
人为失误分析 human error analysis 11.102
* 人文主义 humanism 04.057
* 人误 human error 07.176
* 人因学 human factors 11.007
人员选拔 personnel selection 12.020
人–职岗位匹配 person-job fit 12.039
人–组织匹配 person-organization fit 12.038
认识领悟疗法 cognitive insight therapy 15.027
认识论 epistemology 04.028
认同 (1)identity (2)identification 06.016
认知 cognition 02.001
认知策略 cognitive strategy 09.080
认知地图 cognitive map 02.005
认知发展 cognitive development 06.050

认知方式　cognitive style　02.007

* 认知风格　cognitive style　02.007

认知革命　cognitive revolution　04.029

认知工效学　cognitive ergonomics　11.008

认知过程　cognitive process　02.003

认知和谐　cognitive consonance　07.114

认知技能　cognitive skill　02.006

认知焦虑　cognitive anxiety　14.041

认知结构　cognitive structure　02.004

认知疗法　cognitive therapy　15.058

认知内驱力　cognitive drive　09.058

认知能力　cognitive ability　12.108

认知评价理论　cognitive evaluation theory　12.011

认知人格理论　cognitive personality theory　08.003

认知神经科学　cognitive neuroscience　05.009

认知失调理论　cognitive dissonance theory　07.044

认知心理学　cognitive psychology　01.004

认知行为疗法　cognitive behavioral therapy　15.059

认知学徒制　cognitive apprenticeship　09.027

认知运动心理学　cognitive sport psychology　14.003

认知障碍　cognitive disorder　10.038

认知走查法　cognitive walkthrough　11.030

任务定向　task orientation　14.021

任务分析　task analysis　11.087

任务绩效　task performance　12.033

任务卷入学习者　task-involved learner　09.061

任务凝聚力　task cohesion　07.059

日常概念　everyday concept　02.615

日记法　diary method　06.127

* 日内瓦学派　Geneva school　04.120

容忍度　tolerence　03.176

* 锐痛　fast pain　02.347

S

* 塞纳托斯　Thanatos　08.049

三段论　syllogism　02.645

三级预防　tertiary prevention　10.213

* 三维[度]理论　tube theory　07.037

三维显示器　three-dimensional display　11.042

三线放松　three-line relaxation　14.062

散点图　scatterplot, scatter diagram　03.012

丧失　loss　15.111

* 色饱和　color saturation　02.197

色饱和度　color saturation　02.197

色表系　color appearance system　02.206

* 色彩适应　chromatic adaptation　02.213

色[调]环　color circle　02.204

* 色调适应　chromatic adaptation　02.213

色度　chromaticity　02.198

色度图　chromaticity diagram　02.199

* 色对抗　color contrast　02.215

* 色觉　color vision　02.190

色轮　color wheel　02.205

色盲　color blindness　02.231

色盲测验　color blindness test　03.293

* 色匹配函数　color-matching function　02.207

* 色品　color saturation　02.197

色情杀人狂　lust murderer　13.056

色区　color zone　02.200

色弱　color weakness　02.229

色温　color temperature　02.201

森田疗法　Morita therapy　15.069

沙菲检验　Scheffé test　03.089

闪光盲　flash blindness　02.244

* 闪光融合临界频率　critical flicker frequency, CFF　02.241

闪光融合器　flicker-fusion apparatus　02.243

闪光信号　flash signal　11.045

闪烁光度法　flicker photometry　02.242

闪烁临界频率　critical flicker frequency, CFF　02.241

上丘脑　epithalamus　05.027

上位学习　superordinate learning　09.039

少数人影响　minority influence　07.089

* 舌尖现象　tip-of-the-tongue phenomenon, TOT phenomenon　02.610

社会比较理论　social comparison theory　07.015

社会表征　social representation　07.007

社会测量技术　sociometric technique　07.012

社会称许性　social desirability　12.109

* 社会促进　social faciliation　07.143

社会惰怠效应　social loafing　12.058

社会规范　social norms　07.008

社会化　socialization　07.010

社会技术系统　sociotechnical system, STS　12.064

声级计　sound level meter　02.283

声像记忆　echoic memory　02.521

声压级　acoustic pressure level　02.282

声音阴影　acoustic shadow　02.298

胜任力　competence, competency　12.107

剩余标准差　residual standard deviation　03.041

失败定向　failure orientation　14.018

失读症　alexia　10.050

失范感　anomia　10.189

失眠　insomnia　10.112

失匹配负波　mismatch negativity, MMN　05.149

失认症　agnosia　10.039

失算症　acalculia　10.055

失写症　agraphia　10.058

失音症　aphonia　10.057

失用症　apraxia　10.059

失语症　aphasia　10.044

* 失智　dementia　10.070

失重　weightlessness　11.077

施虐癖　sadism　10.087

十六种人格因素问卷　Sixteen Personality Factor
　　Questionnaire, 16PF　03.322

时代精神　Zeitgeist　04.037

时间动作研究　time and motion study, time and action
　　study　11.089

时间管理　time management　10.016

时间知觉　time perception　02.364

时间滞后设计　time-lag design　06.135

时间总和作用　temporal summation　02.333

时限　time limit　03.252

识别力　identifiability　03.201

识记　memorization　02.548

* 实践者模式　practioner model　10.011

实践智力　practical intelligence　12.021

实验范式　experimental paradigm　02.067

实验控制　experimental control　03.193

实验设计　experimental design　02.074

实验社会心理学　experimental social psychology
　　07.001

实验心理学　experimental psychology　01.003

实验性分离　experimental dissociation　02.090

实验者效应　experimenter effect　02.068

实验组　experimental group, EG　02.077

实用主义　pragmatism　04.052

实在　reality　04.160

实在论　realism　04.073

实证效度　empirical validity　03.231

实证主义　positivism　04.059

史蒂文斯定律　Stevens' law　02.057

士兵负荷　soldier load　16.018

士气　morale　12.053

士气最大化　maximization of morale　16.017

事故分析　accident analysis　11.101

事故倾向　accident proneness　11.100

事后比较　post hoc comparison　03.151

事件相关电位　event-related potential, ERP　05.142

视差　parallax　02.405

视错觉　optical illusion　02.432

视杆细胞　rod cell　05.163

视见函数　luminosity function　02.184

视角　visual angle　02.172

视觉　vision　02.162

视觉编码　visual coding　11.036

视觉表象　visual image　02.495

视觉后像　visual afterimage　02.248

视觉记忆　visual memory　02.519

视觉疲劳　visual fatigue　11.066

视觉失认症　visual agnosia　10.042

视觉适应　visual adaptation　02.166

视觉双重说　duplex theory of vision, duplicity theory
　　of vision　02.227

* 视觉双重作用论　duplex theory of vision, duplicity
　　theory of vision　02.227

视觉显示器　visual display　11.037

视觉显示终端　visual display terminal　11.038

视觉阈限　visual threshold　02.165

视觉–运动行为演练　visual-motor behavioral rehearsal
　　14.068

视觉噪声　visual noise　02.392

视敏度　visual acuity　02.238

视皮质　visual cortex　05.056

视网膜对称点　corresponding retinal points　02.170

视网膜像差　retinal disparity　02.404

视网膜照度　retinal illuminance　02.180

视崖　visual cliff　06.070

视野　visual field　02.173

视野单像区　horopter　02.409

视野计　perimeter　02.174

视知觉 visual perception 02.389

视锥细胞 cone cell 05.162

* 试误 trial and error 09.015

适合度检验 goodness of fit test 03.098

适时 timeliness 15.084

适应 adaptation 06.012

适应性教学 adaptive instruction 09.106

适应性训练 fitness training 16.039

适应障碍 adjustment disorder 10.129

释梦 dream interpretation 15.008

释义学 hermeneutics 04.082

释意 paraphrasing, reflection of meaning 15.078

手段–目的分析 means-ends analysis, MEA 02.687

手语 sign language 02.789

手指迷津 finger maze 02.717

守恒 conservation 06.011

首属群体 primary group 16.014

首要特质 cardinal trait 08.030

首因效应 primacy effect 02.571

受暗示性 suggestibility 15.011

受害人后遗症 victim's sequelae 13.061

受害人可责性 culpability of victim 13.060

受害人盲点症 victim's scotoma 13.062

受害人心理学 psychology of victim 13.011

* 受控联想 controlled association 02.584

受虐癖 masochism 10.088

* 受虐症 masochism 10.088

受体 receptor 05.089

书面语言 written language 02.788

书写困难 dysgraphia 10.056

舒适温度 comfortable temperature 11.075

述情障碍 alexithymia 10.133

树突 dendrite 05.062

树形图 tree diagram 02.808

* 树状图 tree diagram 02.808

* 数据驱动加工 data-driven process 02.487

数据收集 data collection 03.194

数值评估法 method of magnitude estimation 02.050

数字广度 digit span 03.235

衰减说 attenuation theory 02.476

衰老性退缩行为 aging regressive behavior 06.101

衰退 deterioration 10.061

双参数逻辑斯谛模型 two-parameter logistic model, 2PLM 03.267

* 双侧检验 two-sided test 03.088

双重编码说 dual coding hypothesis 02.547

双重分离 double dissociation 02.072

双重关系 multiple relationship, dual relationship 15.087

双重人格 dual personality 08.020

双重态度 dual attitude 07.024

双词句 two-word sentence 06.083

双耳强度差 binaural intensity difference 02.397

双耳时差 binaural time difference 02.396

双耳听觉 binaural hearing 02.256

双耳相位差 binaural phase difference 02.395

双峰分布 bimodal distribution 03.118

双盲 double blind 03.253

双生子研究 twin study 06.129

* 双视觉理论 duplex theory of vision, duplicity theory of vision 02.227

双听技术 dichotic listening 02.398

双尾检验 two-tailed test 03.088

双相障碍 bipolar disorder 10.140

双像 double image 02.419

双眼复视 binocular diplopia 02.416

双眼竞争 binocular rivalry 02.418

双眼视差 binocular parallax 02.408

双眼视像融合 binocular fusion 02.417

双眼线索 binocular cue 02.415

双因素理论 two-factor theory 12.007

双语 bilingualism 02.792

* 水平迁移 lateral transfer 09.076

睡眠 sleep 05.157

睡眠剥夺 sleep deprivation, SD 05.215

睡眠者效应 sleeper effect 07.133

睡眠中枢 sleep center 05.114

* 睡行症 sleepwalking disorder 10.109

吮吸反射 sucking reflex 06.065

* 顺从 compliance 07.102

* 顺向联想 forward association 02.585

顺行联想 forward association 02.585

顺行性遗忘 anterograde amnesia 05.205

顺序变量 ordinal variable 02.060

* 顺序回忆 ordered recall 02.564

顺序量表 ordinal scale 03.316

顺应 accommodation 06.010

瞬时记忆 immediate memory 02.516

T

W

系列回忆　serial recall　02.564

系列加工　serial processing　02.483

系列搜索　serial search　02.485

系列位置曲线　serial position curve　02.573

系列位置效应　serial position effect　02.574

* α系数　alpha coefficient　03.223

φ系数　φ coefficient, phi coefficient　03.049

系统反馈　system feedback　11.029

系统脱敏　systematic desensitization　15.031

系统误差　systematic error　03.239

细胞介导免疫　cell-mediated immunity　05.102

细胞因子　cytokin　05.099

狭窄–内部注意　narrow-internal attention　14.086

狭窄–外部注意　narrow-external attention　14.087

下丘脑　hypothalamus　05.028

下丘脑–垂体–肾上腺轴　hypothalamic-pituitary-adrenal axis, HPA　05.076

下位学习　subordinate learning　09.038

下意识　subconscious　04.046

先天理论　nativistic theory　04.155

先天属性　congenital attribute　06.060

先天行为　innate behavior　05.186

先行组织者　advance organizer　09.099

显明律　law of vividness　02.608

显色指数　color-rendering index　02.202

* 3D 显示器　three-dimensional display　11.042

* 显因律　law of vividness　02.608

显著性水平　significance level　03.150

现场实验　field experiment　07.013

现场研究　field research　07.014

现代主义　modernism　04.061

现实疗法　reality therapy　15.064

现实性思维　reality thinking　02.670

* φ现象　phi phenomenon　02.421

现象心理学　phenomenological psychology　04.103

现象学　phenomenology　04.081

线索　cue　08.067

线索回忆　cued recall　02.565

线索性遗忘　cue-dependent forgetting　02.596

* 线索依赖性遗忘　cue-dependent forgetting　02.596

线条透视　linear perspective　02.413

线性关系　linear relation, linear relationship　03.170

线性回归　linear regression　03.171

* 限制联想　controlled association　02.584

* 相对标准差　relative standard deviation, RSD　03.040

相对剥夺　relative deprivation　07.118

相对主义　relativism　04.055

相关　correlation　03.122

相关分析　correlation analysis　03.026

相关矩阵　correlation matrix　03.134

相关系数　coefficient of correlation　03.048

相关研究　correlational research　02.066

* 相容效度　congruent validity　03.227

相似联想　association by similarity　02.591

相似律　law of similarity　02.579

相似原则　principle of similarity　02.380

相倚合约　contingency contract　09.021

响度　loudness　02.272

想象　imagination　02.501

想象表象　imaginative image　02.497

向后削去法　backward elimination　03.167

向量心理学　vector psychology　04.096

向前选择法　forward selection　03.168

项目参数　item parameter　03.263

项目反应理论　item response theory, IRT　03.255

项目分析　item analysis　03.262

项目功能差异　differential item functioning　03.199

* 项目鉴别力　item discrimination　03.265

项目难度　item difficulty　03.264

项目区分度　item discrimination　03.265

项目特征函数　item characteristic function　03.256

项目特征曲线　item characteristic curve, ICC　03.257

项目学习　project-based learning　09.033

消除法　method of elimination　02.073

消费心理学　consumer psychology　12.002

消费者行为　consumer behavior　07.155

消退　extinction　02.128

小概率事件　small probability event　03.075

小脑　cerebellum　05.018

* 小群体意识　groupthink　07.055

效标　criterion　03.236

效标关联效度　criterion-related validity　03.237

效度　validity　03.224

效果律　law of effect　09.016

效应器　effector　05.067

协方差分析　analysis of covariance　03.103

斜交旋转　oblique rotation　03.179

心境　mood　02.744
心境恶劣　dysthymia　10.167
心境障碍　mood disorder　10.138
心理　mind　04.001
心理病理学　psychopathology　10.008
心理不应期　psychological refractory period　14.088
心理测量学　psychometrics　01.006
心理测验　mental test, psychological test　03.184
心理场　psychological field　04.165
心理词典　mental lexicon　02.813
心理定势　mental set　02.690
心理动力学　psychodynamics　04.107
心理断乳　psychological weaning　06.097
心理发展　mental development　06.039
心理[工作]负荷　mental workload　11.061
心理过程　mental process　04.004
心理化　psychologilization　10.122
心理化学　mental chemistry　04.152
心理活动　mental activity　04.002
心理机能定位　localization of mental function　04.166
心理疾病　mental illness　10.081
心理疾患　mental dysfunction　10.082
心理健康　mental health　10.216
心理剧　psychodrama　15.057
心理倦怠　burnout　14.046
心理量表　mental scale　03.311
心理能动性　mental activism　04.026
心理逆反　psychological reactance　07.116
心理年龄　mental age, MA　03.246
心理疲劳　mental fatigue　11.060
心理契约　psychological contract　12.060
心理群体　psychological group　04.006
心理扫描　mental scanning　02.499
心理社会剥夺　psychosocial deprivation　07.117
心理社会应激　psychosocial stress　10.192
心理神经肌肉理论　psychoneuromuscular theory　14.047
心理神经免疫学　psychoneuroimmunology　05.005
心理生活空间　psychological life space　04.164
心理生理学　psychophysiology　05.001
心理生态学　psychological ecology　04.110
心理声学　psychoacoustics　02.253
心理统计学　psychological statistics　01.005
心理武器　psychological weapon　16.044

心理物理量表　psychophysical scale　03.312
心理物理学　psychophysics　02.021
心理物理学方法　psychophysical method　04.025
心理现象　mental phenomenon　04.003
心理相容性　psychological compatibility　16.008
心理性欲发展阶段　psychosexual stages of development　08.053
心理旋转　mental rotation　02.498
心理选材　talent selection by psychology　14.048
心理学　psychology　01.001
心理学方法论　methodology in psychology　04.022
心理学体系　systems of psychology　04.023
心理学系统观　systematic approach in psychology　04.024
心理训练　psychological training　14.069
心理药理学　psychopharmacology　05.004
心理语言学　psycholinguistics　02.780
心理运动　psychomotor　02.500
心理运动能力　psychomotor ability　11.059
心理战　psychological warfare, psychological operation　16.045
心理战防御　psychological defense　16.053
心理战术　psychological tactics　14.049
心理障碍　mental disorder　10.083
心理治疗　psychotherapy　15.002
心理主义　mentalism　04.153
心理传记学　psychobiography　08.001
心理状态　mental status　04.005
心理咨询　psychological counseling　15.001
心灵决定论　psychic determinism　04.016
心灵学　parapsychology　04.017
心灵致动　psychokinesis, PK　04.147
心身疾病　psychosomatic disease　10.131
心身平行论　mind-body parallelism　04.019
心身同型论　mind-body isomorphism　04.150
心身问题　mind-body problem　04.018
心身相互作用论　mind-body interactionism　04.020
心身障碍　psychosomatic disorder　10.130
心因性障碍　psychogenic disorder　10.115
欣快症　euphoria　10.107
新精神分析　neo-psychoanalysis　04.139
新皮亚杰理论　neo-Piagetian theory　06.007
新皮质　neocortex　05.042
新生儿反射　newborn reflex　06.061

虚拟现实 virtual reality 11.054

虚拟战场心理训练 psychological training in hypothesized battlefield 16.037

虚无假设 null hypothesis 03.069

需要 need 02.732

需要层次 hierarchy of needs 08.072

需要层次论 hierarchical theory of needs 04.158

* 序贯设计 sequential design 06.136

叙事疗法 narrative therapy 15.066

叙事心理学 narrative psychology 04.117

嗅觉 olfactory sensation 02.310

嗅觉过敏 hyperosmia 02.314

嗅觉计 olfactometer 02.312

嗅觉区 olfactory area 05.051

嗅觉缺乏 anosmia 02.313

嗅觉阈限 olfactory threshold 02.311

宣传心理战 psychological warfare by propaganda 16.046

宣泄 catharsis 10.206

选择反应时 choice reaction time 02.095

选择时间 selection time 02.097

选择性注意 selective attention 02.468

眩光 glare 11.065

学生小组成就区分法 student teams-achievement division, STAD 09.109

学生中心教学 student-centered instruction 09.107

学习 learning 09.004

学习策略 learning strategy 09.079

学习的建构理论 constructive theory of learning 09.013

学习的内在动机 intrinsic motivation of learning 09.055

学习的认知理论 cognitive theory of learning 09.012

学习的外在动机 extrinsic motivation of learning 09.054

学习的行为理论 behavioral theory of learning 09.011

学习定势 learning set 09.078

学习动机 learning motivation 09.053

学习风格 learning style 09.094

学习理论 learning theory 09.010

学习迁移 transfer of learning 09.066

学习无能 learning disability 09.093

学习心理学 psychology of learning 09.001

学习障碍 learning disorder 09.092

学校心理学 school psychology 09.003

学业成就 academic achievement 09.116

学业成就测验 academic achievement test 03.270

学业评价测验 Scholastic Assessment Test, SAT 03.273

血脑屏障 blood-brain barrier, BBB 05.074

* 血清素 serotonin 05.106

血缘关系研究 consanguinity study 06.128

训练迁移 training transfer 09.069

训练型运动员 good-at-training athlete 14.026

Y

压觉 pressure sensation 02.335

压觉适应 pressure sensation adaptation 02.336

压抑 repression 15.012

压制 suppression 15.013

亚里士多德错觉 Aristotle illusion 02.450

延迟满足 delay of gratification 06.057

延迟模仿 deferred imitation 06.058

延髓 medulla oblongata 05.019

* 言语报告 verbal report 02.099

言语范畴知觉 categorical perception of speech 02.795

言语沟通 verbal communication 07.095

言语活动 speech activity 02.782

言语可懂度 speech intelligibility 11.068

言语清晰度 speech articulation 02.786

言语生成 speech production 02.785

言语通信 speech communication 11.057

言语知觉 speech perception 02.783

颜色爱好 color preference 02.211

颜色对比 color contrast 02.215

颜色方程 color equation 02.207

颜色恒常性 color constancy 02.382

颜色混合 color mixture 02.216

颜色混合律 law of color mixture 02.219

颜色宽容度 color tolerance 02.212

颜色匹配 color matching 02.214

音隙　tonal gap　02.290
音乐疗法　music therapy　15.070
饮水中枢　drinking center　05.112
隐喻　metaphor　04.184
印记　imprinting　05.174
印象管理　impression management　07.137
* 印象整饰　impression management　07.137
英国经验主义　British empiricism　04.070
婴儿期　infancy　06.032
应对策略　coping strategy　15.095
应对方式　coping style　15.094
应激　stress　05.208
应激犯罪　stress offence　13.024
应激管理　stress management　10.195
应激减员　stress casualty　16.027
应激控制训练　stress control training　14.071
应激相关障碍　stress-related disorder　10.159
应激训练　stress training　16.036
应激应对策略　stress coping strategy　10.193
应激源　stressor　10.190
应用心理学　applied psychology　01.012
用户体验　user experience　11.056
用户研究　user research　11.095
优选言语干扰级–4　preferred speech interference level-4　11.070
幽闭　incarceration　16.009
由近及远发展　proximal-distal development　06.043
游戏疗法　play therapy　15.071
有限资源模型　resource limitation model　02.479
有意后注意　post voluntary attention　02.467
有意识记　intentional memorization　02.549
有意想象　voluntary imagination　02.504
有意注意　voluntary attention　02.465
右利手　right handedness　10.035
诱导色　induced color　02.223
诱导运动　induced movement　02.426
* 诱发电位　evoked potential　05.142
诱因　incentive　08.068
迂回问题　detour problem　02.682
迂回行为　detour behavior　05.199
愉快中枢　pleasure center　05.111
舆论　public opinion　07.145
语调表情　intonation expression　02.726
语调模式　intonation pattern　02.794

语法　grammar　02.797
语法缺失　agrammatism　10.054
语境　context　02.798
* 语言获得机制　language acquisition device, LAD　06.077
语言可习得性理论　learnability approach to language acquisition　06.076
语言理解　language comprehension　02.784
语言习得装置　language acquisition device, LAD　06.077
语义　semanteme　02.814
语义编码　semantic coding　02.545
语义记忆　semantic memory　02.529
语义启动　semantic priming　02.570
语义网络　semantic network　02.536
语音音高　pitch of speech sound　02.271
预测效度　predictive validity　03.234
预期误差　anticipation error　02.041
预热效应　warm-up effect　07.131
欲望行为　appetitive behavior　05.198
阈下知觉　subliminal perception　02.363
阈限　threshold　02.025
元分析　meta-analysis　03.158
元记忆　metamemory　02.513
元理论　meta theory　04.013
元认知　metacognition　02.002
元认知策略　metacognition strategy　09.085
元认知发展　development of metacognition　06.051
元素主义　elementalism　04.012
原色　fundamental color, primary color　02.194
* 原色三角　color triangle　02.210
原生需要　primary need　02.734
原始分数　raw score　03.205
原始意象　archetype　08.062
原型　prototype　02.457
原型说　prototype theory　02.458
原子论　atomism　04.074
原子心理学　atomistic psychology　04.105
远隔联想　remote association　02.587
远迁移　far transfer　09.074
愿景型领导　visionary leadership　12.087
约斯特定律　Jost's law　02.607
月亮错觉　moon illusion　02.445
乐音　musical tone　02.268

正强化 positive reinforcement 02.139
正确否定 correct rejection 02.115
正式群体 formal group 07.050
正态分布 normal distribution 03.050
正态化 normalization 03.213
正态曲线 normal curve 03.052
正相关 positive correlation 03.123
正诱因 positive incentive 08.069
证言心理学 psychology of testimony 13.008
支持性心理治疗 supportive psychotherapy 15.054
支架式教学 scaffolding instruction 09.028
芝加哥学派 Chicago school 04.123
知觉 perception 02.362
知觉防御 perceptual defense 02.365
知觉恒常性 perceptual constancy 02.381
知觉后效 perceptual aftereffect 02.424
知觉警觉 perceptual vigilance 02.366
* 知觉敏感 perceptual vigilance 02.366
知觉歪曲 perceptual distortion 02.430
知觉选择性 selectivity of perception 02.368
知觉组织 perceptual organization 02.376
知情同意 informed consent 15.085
执行功能 executive function 02.491
直方图 histogram 03.009
直接教学 direct instruction 09.105
* 直接联想 immediate association 02.586
直接推理 direct inference 02.648
直觉 intuition 02.676
直觉动作思维 intuitive-action thinking 02.658
直觉思维 intuitive thinking 02.657
直觉主义 intuitionalism 04.053
职位设计 job design 12.035
职业能力倾向测验 vocational aptitude test 03.281
职业生涯发展 career development 12.080
职业心理学 occupational psychology 07.003
职业兴趣问卷 vocational interest blank 03.333
职业选择 occupational choice 12.082
职业咨询 occupational counseling 12.079
纸笔测验 paper-pencil test 03.191
纸笔迷津 paper-pencil maze 02.718
指导语 instruction 03.266
质对 confrontation 15.080
秩和 sum of ranks 03.138
致幻剂 psychedelics 10.185

智力 intelligence 02.749
智力测验 intelligence test 03.276
智力落后 mental retardation 06.107
* 智力年龄 mental age, MA 03.246
智力三元论 triarchic theory of intelligence 02.770
* 智龄 mental age, MA 03.246
智商 intelligence quotient, IQ 02.779
置信区间 confidence interval 03.065
置信系数 confidence coefficient 03.066
置信限 confidence limit 03.067
中断时间序列设计 interrupted time-series design 02.089
中耳 middle ear 02.258
中间色律 law of intermediary color 02.221
中介变量 intervening variable 03.020
中介反应 mediation response 02.638
中脑 midbrain 05.031
中年危机 midlife crisis 06.100
中枢论 centralism 04.148
中枢神经系统 central nervous system 05.070
中数 median 03.033
中数检验法 method of median test 03.093
* 中位数 median 03.033
中心极限定理 central limit theorem 03.077
* 中心特质 central trait 08.030
中心性 centration 06.088
中性刺激 neutral stimulus, NS 02.120
* 中央凹视觉 foveal vision 02.176
中央沟 central sulcus 05.054
中央视觉 central vision 02.175
中央窝视觉 foveal vision 02.176
终极性价值观 terminal value 07.159
* 种族中心主义 ethnocentrism 04.066
众数 mode 03.034
重要他人 significant other 15.004
周边绩效 contextual performance 12.067
周边视觉 peripheral vision 02.177
轴突 axon 05.061
昼夜节律 circadian rhythm 05.116
逐步回归分析 stepwise regression analysis 03.159
主场效应 home effect 14.057
* 主场优势 home advantage, home-field advantage 14.057
主成分分析 principal component analysis 03.162